디지털 공학

논리회로 설계와 응용

백주기 | 장홍주 공저

since1973 도서출판 +iT
성안당 .com

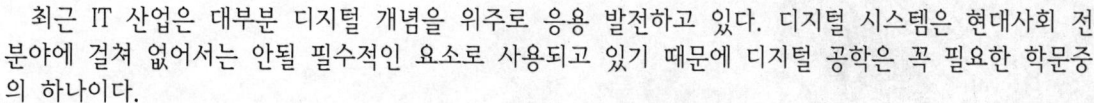

최근 IT 산업은 대부분 디지털 개념을 위주로 응용 발전하고 있다. 디지털 시스템은 현대사회 전 분야에 걸쳐 없어서는 안될 필수적인 요소로 사용되고 있기 때문에 디지털 공학은 꼭 필요한 학문중 의 하나이다.

디지털 공학이란 IT 분야의 가장 기본적인 학문으로 원하는 규격을 불함수로 표현하고 간소화하여 가장 효율적인 디지털회로로 구현하는 법을 익히는 학문이다. 실무측면의 디지털 공학에서는 상용 화된 IC들의 DATA BOOK를 이해하고 응용할 수 있는 능력을 배양하는 것이 무엇보다 중요하다.

본 교재는 IT분야의 기초과목인 디지털공학의 입문서로써 IT분야의 산업종사자들도 참조할 수 있 도록 디지털 시스템의 기본이론에서 설계와 응용까지 다루면서 가능하면 쉽고 간결하게 설명하려고 노력하였다. 또한 각 부분을 설계 후에 관련 IC 사용법을 익히도록 문제와 연습문제를 통해 유도 제 시하였다.

본 교재의 특성을 요약하면 다음과 같다.
1. 가장 기본적인 이론에 충실하였다.
2. 설명 보다는 그림과 표로 대신하였다.
3. 설계과정을 순서대로 설명하여 쉽게 이해하도록 하였다.
4. 설계 후에 바로 응용할 수 있도록 문제를 제시하였다.
5. 설계 후에 IC 활용법을 익히도록 문제를 통해 유도하였다.

본 교재는 다음과 같이 구성하였다.

□ 1편 : 수의 체계와 불 대수
● 1장 : 수의 체계로 10진수을 N진수로 변환하는 과정을 설명
● 2장 : N진수와 디지털 코드로 2진수, 16진수등을 10진수로 변환하고 각종 코드를 설명
● 3장 : 불 대수와 논리 게이트로 AND, OR, NOT, NAND, NOR 게이트를 설명
● 4장 : 디지털 IC로 TTL과 CMOS 특성을 설명

□ 2편 : 논리회로
● 5장 : 조합논리회로 설계의 기초로 간략화와 조합논리회로 설계방법을 설명
● 6장 : 조합논리회로의 설계로 가산기, 감산기를 위주로 설명
● 7장 : MSI 논리회로로 디코더, MUX, ROM 구성과 응용에 대해 설명
● 8장 : 플립플롭으로 RS, JK, D, T 플립플롭을 설명
● 9장 : 순서논리회로로 플립플롭을 이용한 순서논리회로 설계과정을 설명

□ 3편 : 카운터
● 10장 : 비동기식 카운터로 2진카운터, 리셋형과 직접형 카운터의 설계등을 설명
● 11장 : 동기식카운터와 시프트 레지스터등에 관한 설계과정과 구성에 대해 설명

이 책은 기초 이론을 바탕으로 설계 능력을 배양하도록 구성하였으며 특히 IC 데이터 북의 활용 능력을 위해 최신 기본 게이트 IC들의 특성을 비교분석하였다. 이 교재에서는 시뮬레이션 툴에 대해 서는 설명하지 않았지만 복잡한 회로 같은 경우에는 시뮬레이션 툴을 이용하여 그 결과를 확인시키 도록 하는 것이 보다 효율적일 것이라 생각된다. 그리고 교재에 나오는 대부분의 데이터 시트는 저 자가 직접 운용하는 포럼의 데이터시트 자료실에 올려 편의를 제공하고 있으며 독자들의 학습효과를 배양하기 위해 차후에 동영상 서비스를 제공하려고 한다.

나름대로 쉽게 설명하려고 하였으나 미흡한점이 많았으리라 사료되므로 독자들의 의견을 수렴하여 수정 보완하겠다.

저자

차 례

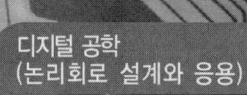

차 례

차 례

디지털 공학
(논리회로 설계와 응용)

차 례

제 1 편

수의 체계와 불 대수

제 1 장 수의 체계

아날로그 신호는 연속적인 신호이고 디지털 신호는 불연속적인 신호이다. 그 예를 들면 〈그림 1.1〉과 같다.

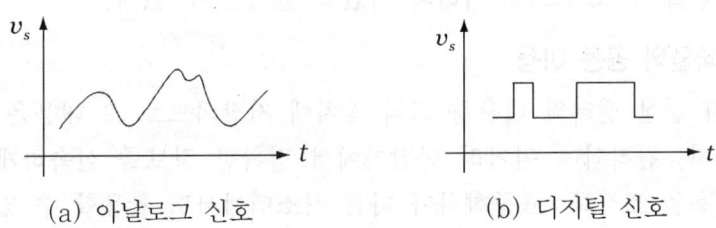

(a) 아날로그 신호   (b) 디지털 신호

〈그림 1.1〉 아날로그 신호와 디지털 신호

① 아날로그 신호의 특징

(1) 한번 잡음과 일그러짐이 존재하면 제거하기가 매우 어렵고 이들로 인한 손상의 영향은 누적되고, 잡음은 송신기, 채널, 수신기에서 부가된다.

(2) 만일 통신 시스템이 장거리에 걸쳐 있고 채널은 여러 개의 증폭기를 포함하고 있다면 거리가 멀어질수록 잡음의 영향이 커지게 되고 신호 대 잡음비는 신호원으로부터 거리가 증가함에 따라 점점 감소하게 된다.

(3) 일반적으로 발생하는 대부분의 신호는 아날로그 신호이다.

② 디지털 신호의 특징

(1) 잡음과 일그러짐이 있는 경우에도 신호가 1인지 0인지를 어려움 없이 정확하게 결정할 수 있다. 디지털 신호에서는 펄스의 2진값만이 정보이므로 일그러짐은

정보전송에 아무런 영향을 받지 않게 된다

(2) 오류가 완전히 제거될 수 없으나 신호 레벨과 비트 속도 등을 조정하여 오류의 발생률을 적게 나타나도록 할 수 있다.

(3) 아날로그 신호를 디지털 신호로 변환할 때 발생되는 오류는 약간의 정보 손실과 잡음과 일그러짐을 수반하지만 이것은 유도되는 오류량을 정확히 예측할 수 있으며 임의의 필요한 값으로 감소시킬 수 있다.

(4) 다중화와 교환이 편리하다.

(5) 원거리 고속 통신에 의한 거리와 시간의 절약

오프라인 시스템과 달리 전산 센터로부터 원거리에 떨어진 단말기에서 컴퓨터를 이용할 경우 입력 데이터가 발생하는 즉시 단말기로부터 입력되어 즉시 처리 결과를 얻을 수 있으므로 거리와 시간을 절약할 수 있다.

(6) 대용량 파일의 공동 이용

정보가 전산 센터의 대용량 기억 장치에 저장되므로 그 내용은 항상 최신의 상태로 유지, 관리되며 원거리 단말기에서 정확한 정보를 신속하게 얻을 수 있다. 파일 내용을 조직화, 표준화하여 다른 시스템에서도 활용할 수 있도록 하며 효율적인 정보 이용과 개발 및 보수의 비용을 절감할 수도 있다.

(7) 복잡하고 더 많은 대역폭이 필요(압축기술로 극복)하다.

(8) 기타

① 재생(regeneration)이 용이하다.
② 오류의 검출 및 정정이 가능하다.
③ 디지털 시스템의 구성이 용이하고, 신뢰도, 융통성을 가지며, 가격이 저렴하다.
④ 암호화 및 보완이 용이하다.
⑤ 데이터를 정확하게 계산할 수있다.

③ 아날로그 및 디지털 신호의 전송

(1) 아날로그 및 디지털 데이터 통신

아날로그 및 디지털 데이터와 아날로그 및 디지털 신호관계의 관계를 살펴보면 〈표 1.1〉과 같다.

<표 1.1> 데이터와 신호 관계

	아날로그 신호	디지털 신호
아날로그 데이터	아날로그 데이터와 같은 스펙트럼을 갖는 신호로 부호화되거나 다른 영역의 스펙트럼으로 부호화	아날로그 데이타가 코덱(CODEC)에 의해 디지털 신호로 부호화
디지털 데이터	디지털 데이터가 모뎀에 의해 아날로그 신호로 부호화	디지털 데이터가 두개의 이진값을 표현하는 두개의 전압값으로 구성된 디지털 신호로 부호화

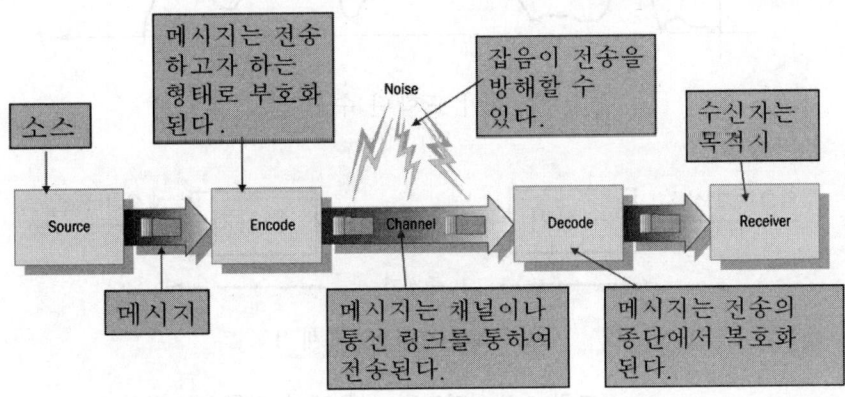

<그림 1.2> 통신 시스템 모델

(2) 아날로그 및 디지털 신호와 전송관계

아날로그 및 디지털 신호를 어떻게 전송하는가를 비교하면 <표 1.2>와 같다.

<표 1.2> 아날로그 신호와 디지털 신호

	아날로그 신호	디지털 신호
아날로그 데이터	증폭기를 통해 전송	아날로그 신호가 디지털 데이터를 표현한다고 가정하면 중계기를 통해 전송
디지털 데이터	사용 안함	디지털 데이터나 아날로그 데이터의 디지털 부호화의 결과인 디지털 신호를 중계기를 통해 전송

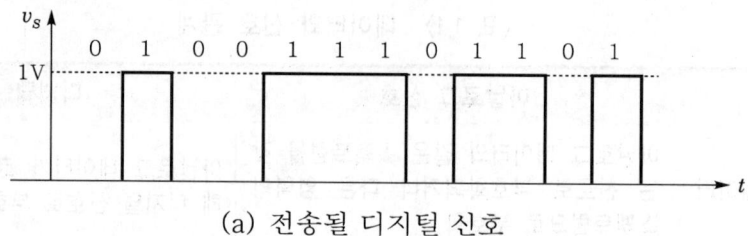

(a) 전송될 디지털 신호

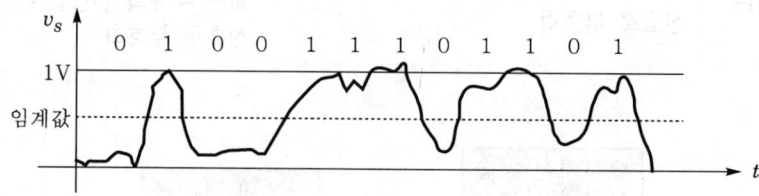

(b) 잡음이 포함된 수신 신호

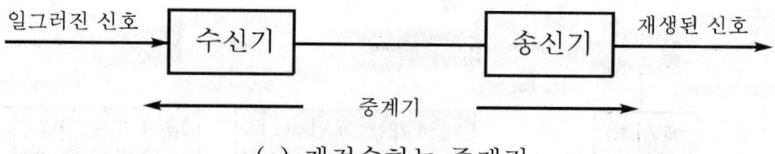

(c) 재전송하는 중계기

〈그림 1.3〉 디지털 신호에서 잡음

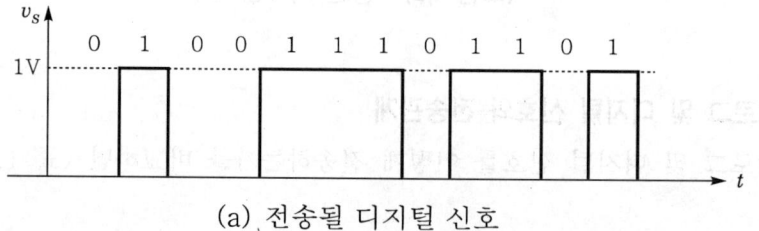

(a) 전송될 디지털 신호

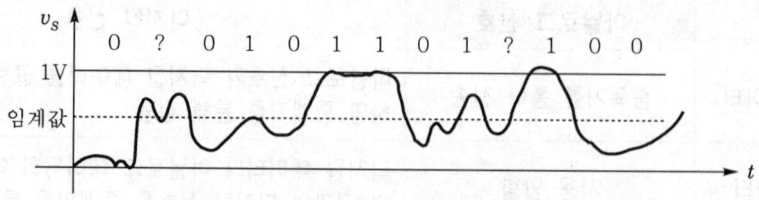

(b) 디지털 신호와 과도한 잡음

〈그림 1.4〉 디지털 신호에서 과도한 잡음

10진수

수의 체계(number system)라는 것은 물건의 수를 나타내기 위한 기호(symbol)로 사용하는 부호(code)이다. 10진수 체계(decimal number system)는 0, 1, 2, 3, 4, 5, 6, 7, 8, 9라는 10개의 기호를 사용한다. 10진수 계는 기수(基數 : base 또는 radix)가 10이라는 것이다.

예를 들어 56이란 수의 크기를 나타내려 한다면 숫자 5는 크기 50을 나타내고 숫자 6은 크기 6을 나타낸다. 그러므로 10진수에서 각각의 숫자 위치는 양의 크기를 나타내고 웨이트(weight; 가중치)라 한다. 가중치를 10^0로부터 시작되며 오른쪽에서 왼쪽으로 10의 누승으로 증가한다.

$$56 = 5 \times 10^1 + 6 \times 10^0 = 5 \times 10 + 6 \times 1 = 50 + 6$$

여기서 숫자 5의 웨이트는 $10(10^1)$이고 숫자 6의 웨이트는 $1(10^0)$이다.

10진 소수 0.3758은 다음 식으로 표현할 수 있다.

$$0.3758 = 3 \times 10^{-1} + 7 \times 10^{-2} + 5 \times 10^{-3} + 8 \times 10^{-4}$$
$$= 3 \times 0.1 + 7 \times 0.01 + 5 \times 0.001 + 8 \times 0.0001$$

여기서 3의 웨이트는 10^{-1}, 7의 웨이트는 10^{-2}, 5의 웨이트는 10^{-3}, 8의 웨이트는 10^{-4}이다.

③ 10진수의 N진 변환

10진수를 다른 진수(N진수)로 변환하는 과정을 설명하려 한다.

❶ 10진수의 2진 변환

(1) 10진수의 정수변환

10진수를 2진수로 변환하고자 하는 경우에는 더 이상 나눌 수 없을 때까지 10진수를 2진수로 나눈 후 각각의 나머지를 역순으로 쓰면 된다. 2로 나눈 나머지는 절대로 2보다 크거나 같은 값은 나올 수 없기 때문에 2진수에서 사용되는 디지트는 0과 1만으로 변환된다.

예제 1-1 10진수의 정수 2진수로 변환하라.

① 125   ② 19   ③ 255

풀이 ▶

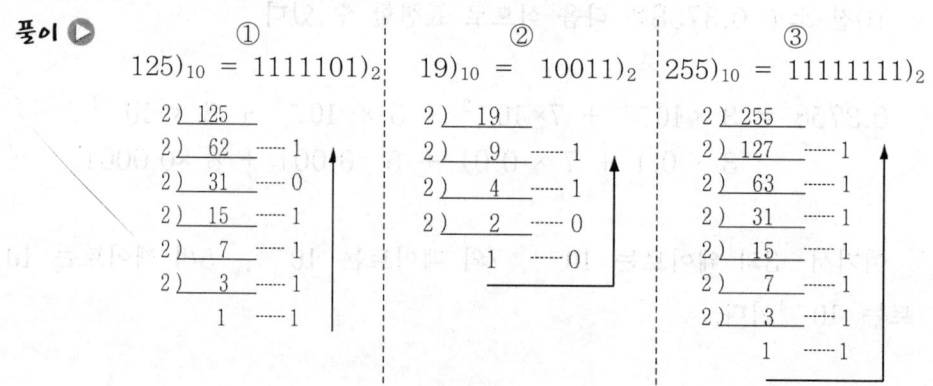

① $125)_{10} = 1111101)_2$

```
2 ) 125
2 )  62 ------ 1
2 )  31 ------ 0
2 )  15 ------ 1
2 )   7 ------ 1
2 )   3 ------ 1
      1 ------ 1
```

② $19)_{10} = 10011)_2$

```
2 ) 19
2 )  9 ------ 1
2 )  4 ------ 1
2 )  2 ------ 0
     1 ------ 0
```

③ $255)_{10} = 11111111)_2$

```
2 ) 255
2 ) 127 ------ 1
2 )  63 ------ 1
2 )  31 ------ 1
2 )  15 ------ 1
2 )   7 ------ 1
2 )   3 ------ 1
      1 ------ 1
```

(2) 10진수의 소수변환

10진 소수를 2진수로 변환하는 경우에는 소수점 아래 값에 2를 곱하여 정수로 올라가는 부분을 순서대로 쓰면 된다. 소수 이하 자리에 2를 곱할 경우 2보다 크거나 같은 정수는 나올 수 없으므로 2진수에는 0과 1만으로 변환된다.

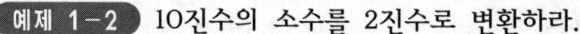

예제 1-2 10진수의 소수를 2진수로 변환하라.

① 0.15 　　　② 0.675 　　　③ 0.81

풀이 ▶

① $0.15)_{10} = 0.0010011\cdots)_2$　② $0.675)_{10} = 0.1010110\cdots)_2$　③ $0.81)_{10} = 1100111\cdots)_2$

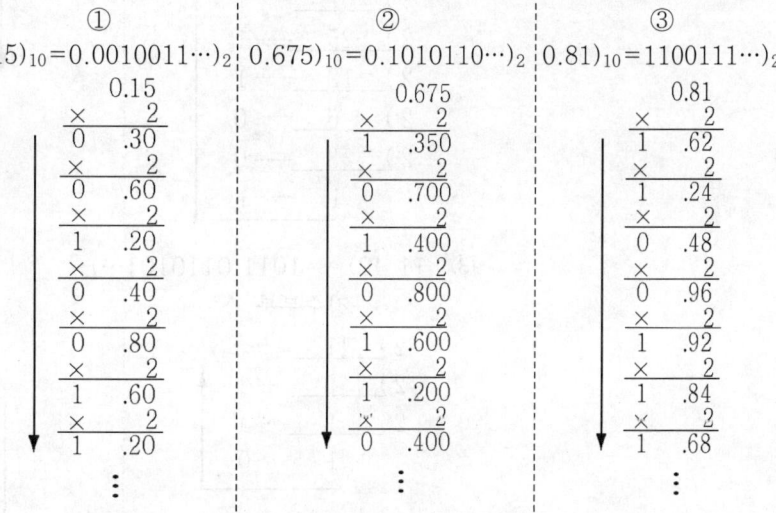

```
        0.15                    0.675                    0.81
     ×     2                 ×     2                  ×     2
     0   .30                 1   .350                 1   .62
     ×     2                 ×     2                  ×     2
     0   .60                 0   .700                 1   .24
     ×     2                 ×     2                  ×     2
     1   .20                 1   .400                 0   .48
     ×     2                 ×     2                  ×     2
     0   .40                 0   .800                 0   .96
     ×     2                 ×     2                  ×     2
     0   .80                 1   .600                 1   .92
     ×     2                 ×     2                  ×     2
     1   .60                 1   .200                 1   .84
     ×     2                 ×     2                  ×     2
     1   .20                 0   .400                 1   .68
        ⋮                       ⋮                        ⋮
```

예제 1-3 10진수를 2진수로 변환하라.

① 935.78 　　　② 103.75 　　　③ 11.42

풀이 ▶ ① $935.78)_{10} = 1110100111.1100011\cdots)_2$

정수부분

```
2 ) 935
2 ) 467  ------ 1
2 ) 233  ------ 1
2 ) 116  ------ 1
2 )  58  ------ 0
2 )  29  ------ 0
2 )  14  ------ 1
2 )   7  ------ 0
2 )   3  ------ 1
        1  ------ 1
```

소수부분

```
        0.78
     ×     2
     1   .56
     ×     2
     1   .12
     ×     2
     0   .24
     ×     2
     0   .48
     ×     2
     0   .96
     ×     2
     1   .92
     ×     2
     1   .84
        ⋮
```

② $103.75)_{10}=1100111.11)_2$

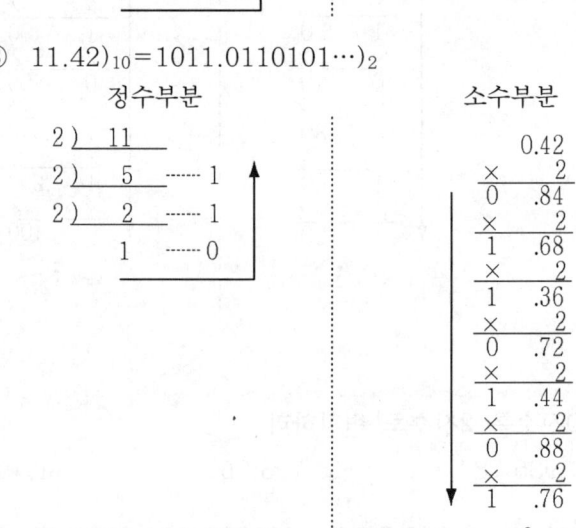

정수부분

```
2 ) 103
2 )  51  ------ 1
2 )  25  ------ 1
2 )  12  ------ 1
2 )   6  ------ 0
2 )   3  ------ 0
     1  ------ 1
```

소수부분

```
      0.75
   ×     2
   1  .50
   ×     2
   1  .00
```

③ $11.42)_{10}=1011.0110101\cdots)_2$

정수부분

```
2 )  11
2 )   5  ------ 1
2 )   2  ------ 1
     1  ------ 0
```

소수부분

```
      0.42
   ×     2
   0  .84
   ×     2
   1  .68
   ×     2
   1  .36
   ×     2
   0  .72
   ×     2
   1  .44
   ×     2
   0  .88
   ×     2
   1  .76
       ⋮
```

〈표 1.3〉 10진수와 2진수의 비교

10 진수	2 진수	10 진수	2 진수
0	0	10	1010
1	1	11	1011
2	10	12	1100
3	11	13	1101
4	100	14	1110
5	101	15	1111
6	110	16	1 0000
7	111	17	1 0001
8	1000	18	1 0010
9	1001	19	1 0011

❷ 10진수의 4진 변환

10진수의 정수부분과 소수부분으로 나누어 변환하며 방법은 2진수 변환방법과 같다.

예제 1-4 10진수를 4진수로 변환하라.

① 935.78   ② 103.75   ③ 11.42

풀이 ▶ ① $935.78)_{10} = 32213.3013223\cdots)_4$

정수부분

```
4 ) 935
4 ) 233 ----- 3
4 )  58 ----- 1
4 )  14 ----- 2
       3 ----- 2
```

소수부분

```
      0.78
  ×      4
  3    .12
  ×      4
  0    .48
  ×      4
  1    .92
  ×      4
  3    .68
  ×      4
  2    .72
  ×      4
  2    .88
  ×      4
  3    .52
        ⋮
```

② $103.75)_{10} = 1213.3)_4$

정수부분

```
4 ) 103
4 )  25 ----- 3
4 )   6 ----- 1
      1 ----- 2
```

소수부분

```
      0.75
  ×      4
  3    .00
```

③ $11.42)_{10} = 23.1223201\cdots)_4$

정수부분

$$
\begin{array}{r}
4\ )\quad 11 \\
\hline
2\ \cdots\cdots\ 3
\end{array}
$$

소수부분

$$
\begin{array}{r}
0.42 \\
\times\quad 4 \\
\hline
1\ .68 \\
\times\quad 4 \\
\hline
2\ .72 \\
\times\quad 4 \\
\hline
2\ .88 \\
\times\quad 4 \\
\hline
3\ .52 \\
\times\quad 4 \\
\hline
2\ .08 \\
\times\quad 4 \\
\hline
0\ .32 \\
\times\quad 4 \\
\hline
1\ .28
\end{array}
$$

⟨표 1.4⟩ 10진수와 4진수의 비교

10진수	4진수	10진수	4진수
0	0	10	22
1	1	11	23
2	2	12	30
3	3	13	31
4	10	14	32
5	11	15	33
6	12	16	40
7	13	17	41
8	20	18	42
9	21	19	43

③ 10진수의 5진 변환

10진수의 정수부분과 소수부분으로 나누어 변환하며 방법은 2진수 변환방법과 같다.

예제 1-5 10진수를 5진수로 변환하라.

① 935.78 　　　　② 103.75 　　　　③ 11.42

풀이 ▶ ① $935.78)_{10} = 12220.3422\cdots)_5$

정수부분	소수부분

정수부분

```
5 ) 935
5 ) 187  ------ 0  ↑
5 )  37  ------ 2
5 )   7  ------ 2
      1  ------ 2
```

소수부분

```
        0.78
    ×      5
    3    .90
    ×      5
    4    .50
    ×      5
    2    .50
    ×      5
    2    .50
         ⋮
```

② $103.75)_{10} = 403.333\cdots)_5$

정수부분

```
5 ) 103
5 )  20  ------ 3  ↑
      4  ------ 0
```

소수부분

```
        0.75
    ×      5
    3    .75
    ×      5
    3    .75
    ×      5
    3    .75
         ⋮
```

③ $11.42)_{10} = 21.2022\cdots)_5$

정수부분

```
5 )  11
      2  ------ 1  ↑
```

소수부분

```
        0.42
    ×      5
    2    .10
    ×      5
    0    .50
    ×      5
    2    .50
    ×      5
    2    .50
         ⋮
```

〈표 1.5〉 10진수와 5진수의 비교

10진수	5진수	10진수	5진수
0	0	10	20
1	1	11	21
2	2	12	22
3	3	13	23
4	4	14	24
5	10	15	30
6	11	16	31
7	12	17	32
8	13	18	33
9	14	19	34

④ 10진수의 8진 변환

10진수의 정수부분과 소수부분으로 나누어 변환하며 방법은 2진수 변환방법과 같다.

예제 1-6 10진수를 8진수로 변환하라.

① 935.78 　　　 ② 103.75 　　　 ③ 11.42

풀이 ▶ ① $935.78)_{10} = 1647.6172\cdots)_8$

정수부분

$$
\begin{array}{l}
8\,)\ \underline{935} \\
8\,)\ \underline{116} \quad \cdots\cdots 7 \\
8\,)\ \underline{14} \quad\ \cdots\cdots 4 \\
\qquad 1 \quad\ \cdots\cdots 6
\end{array}
$$

소수부분

$$
\begin{array}{r}
0.78 \\
\times \quad 8 \\
\hline
6\ .24 \\
\times \quad 8 \\
\hline
1\ .92 \\
\times \quad 8 \\
\hline
7\ .36 \\
\times \quad 8 \\
\hline
2\ .88 \\
\vdots
\end{array}
$$

② $103.75)_{10} = 147.6\cdots)_8$

정수부분

$$
\begin{array}{r}
8\,)\ \underline{103} \\
8\,)\ \underline{\;\;12} \cdots\cdots\; 7 \\
1 \cdots\cdots\; 4
\end{array}
$$

소수부분

$$
\begin{array}{r}
0.75 \\
\times\quad 8 \\
\hline
6\quad.00
\end{array}
$$

③ $11.42)_{10} = 13.327\cdots)_8$

정수부분

$$
\begin{array}{r}
8\,)\ \underline{\;\;11} \\
1 \cdots\cdots\; 3
\end{array}
$$

소수부분

$$
\begin{array}{r}
0.42 \\
\times\quad 8 \\
\hline
3\quad.36 \\
\times\quad 8 \\
\hline
2\quad.88 \\
\times\quad 8 \\
\hline
7\quad.04 \\
\times\quad 8 \\
\hline
0\quad.32 \\
\vdots
\end{array}
$$

〈표 1.6〉 10진수와 8진수의 비교

10진수	8진수	10진수	8진수
0	0	10	12
1	1	11	13
2	2	12	14
3	3	13	15
4	4	14	16
5	5	15	17
6	6	16	20
7	7	17	21
8	10	18	22
9	11	19	23

⑤ 10진수의 16진 변환

10진수의 정수부분과 소수부분으로 나누어 변환하며, 변환방법은 2진수 변환방법과

같다. 10진수를 16진수로 표시하면 〈표 1.7〉과 같다.

〈표 1.7〉 10진수와 16진수의 비교

10진수	16진수	10진수	16진수
0	0	10	A
1	1	11	B
2	2	12	C
3	3	13	D
4	4	14	E
5	5	15	F
6	6	16	10
7	7	17	11
8	8	18	12
9	9	19	13

예제 1-7 10진수를 16진수로 변환하라.

① 935.78   ② 103.75   ③ 11.42

풀이 ▷   ① $935.78)_{10} = 3A7.C7AE\cdots)_{16}$

정수부분

```
16 ) 935
16 )  58  ------ 7 ↑
        3  ------ 10
```

소수부분

```
     0.78
  ×    16
  12 .48
  ×    16
   7 .68
  ×    16
  10 .88
  ×    16
  14 .08
      ⋮
```

② $103.75)_{10} = 67.C)_{16}$

정수부분

```
16 ) 103
       6  ------ 7 ↑
```

소수부분

```
     0.75
  ×    16
  12 .00
```

③ 11.42)$_{10}$=B.6B85···)$_{16}$

정수부분   소수부분

```
16 )  11                              0.42
                                  ×     16
       0 ------ 11  ↑               6  .72
                                  ×     16
                                 11  .52
                                  ×     16
                                  8  .32
                                  ×     16
                                  5  .12
                                        ⋮
```

문제 1-1

➡ 다음의 예제에서 물음에 선택하라. 만약 없다면 그 예를 쓰시오.

① 935.78   ② 103.75   ③ 11.42

1) 10진수인 것을 모두 고르시오. (   )
2) 16진수인 것을 모두 고르시오. (   )
3) 8진수인 것을 모두 고르시오. (   )
4) 4진수인 것을 모두 고르시오. (   )
5) 2진수인 것을 모두 고르시오. (   )

⑥ 10진수로 변환

2진, 4진, 5진, 8진, 16진수를 모두 10진수로 변환하는 과정을 설명하면 다음과 같다.

(1) 2진수를 10진수로 변환

일반적으로 정수부분은 오른쪽에서 왼쪽으로, 소수부분은 왼쪽에서 오른쪽으로 계산한다.

① $1101)_2 = 1 \times 2^0 + 0 \times 2^1 + 1 \times 2^2 + 1 \times 2^3 = 1 + 0 + 4 + 8 = 13)_{10}$

② $0.011)_2 = 0 \times 2^{-1} + 1 \times 2^{-2} + 1 \times 2^{-3} = 0 + 0.25 + 0.125 = 0.375)_{10}$

③ $1101.011)_2 = 13.375)_{10}$

④ $1111.111)_2 = 8+4+2+1+0.5+0.25+0.125 = 15.875)_{10}$

(왼쪽부터 계산한 과정임)

(2) 4진수를 10진수로 변환

① $1101)_4 = 1 \times 4^0 + 0 \times 4^1 + 1 \times 4^2 + 1 \times 4^3 = 1 + 0 + 16 + 64 = 81)_{10}$

② $0.011)_4 = 0 \times 4^{-1} + 1 \times 4^{-2} + 1 \times 4^{-3} = 0 + 0.0625 + 0.015625$

$$= 0.078125)_{10}$$

③ $1101.011)_4 = 81.078125)_{10}$

④ $231.232)_4 = 32+12+1+0.5+0.1875+0.03125 = 45.71875)_{10}$

(왼쪽부터 계산한 과정임)

(3) 5진수를 10진수로 변환

① $1101)_5 = 1×5^0 + 0×5^1 + 1×5^2 + 1×5^3 = 1 + 0 + 25 + 125 = 151)_{10}$

② $0.011)_5 = 0×5^{-1} + 1×5^{-2} + 1×5^{-3} = 0 + 0.04 + 0.008 = 0.048)_{10}$

③ $1101.011)_5 = 151.048)_{10}$

④ $234.423)_5 = 50+15+1+0.8+0.08+0.024 = 66.904)_{10}$

(4) 8진수를 10진수로 변환

① $1101)_8 = 1×8^0 + 0×8^1 + 1×8^2 + 1×8^3 = 1 + 0 + 64 + 512 = 577)_{10}$

② $0.011)_8 = 0×8^{-1} + 1×8^{-2} + 1×8^{-3} = 0 + 0.0156 + 0.002 = 0.0176)_{10}$

③ $1101.011)_8 = 577.0176)_{10}$

④ $765.134)_8 = 448+48+5+0.125+0.0469+0.0078 = 501.1797)_{10}$

(5) 16진수를 10진수로 변환

① $1101)_{16} = 1×16^0 + 0×16^1 + 1×16^2 + 1×16^3$
$$= 1 + 0 + 256 + 4096 = 4353)_{10}$$

② $0.011)_{16} = 0×16^{-1} + 1×16^{-2} + 1×16^{-3}$
$$= 0 + 0.0039 + 0.00024414 = 0.0041)_{10}$$

③ $1101.011)_{16} = 4353.0041)_{10}$

④ $7E53.91C)_{16} = 28672+3584+80+3+0.5625+0.0039+0.0029$
$$= 32340)_{10}$$

1. 다음 10진수를 2진수로 변환하라.

① $87)_{10}$　　　② $39.83)_{10}$　　③ $0.773)_{10}$

2. 다음 10진수를 3진수로 변환하라.

① $87)_{10}$　　② $39.83)_{10}$　　③ $0.773)_{10}$

3. 다음 10진수를 5진수로 변환하라.

① $87)_{10}$　　② $39.83)_{10}$　　③ $0.773)_{10}$

4. 다음 10진수를 6진수로 변환하라.

① $87)_{10}$　　② $39.83)_{10}$　　③ $0.773)_{10}$

5. 다음 10진수를 7진수로 변환하라.

① $87)_{10}$　　② $39.83)_{10}$　　③ $0.773)_{10}$

6. 다음 10진수를 9진수로 변환하라.

① $87)_{10}$　　② $39.83)_{10}$　　③ $0.773)_{10}$

MEMO

제 2 장 N진수와 디지털 코드

1 2진수

① 2진수의 N진수 변환

디지털 신호하면 2진수를 의미한다. 이 절에서는 2진수를 여러 진수로 변환하는 방법을 실명하면 다음과 같다.

(1) 2진수의 4진수 변환

2진수를 4진수로 변환하는 방법에는 2가지가 있다.

① 2진수 → 10진수, 10진수 → 4진수

㉠ 2진수를 10진수로 변환

$1101)_2 = 1\times2^0 + 0\times2^1 + 1\times2^2 + 1\times2^3 = 1 + 0 + 4 + 8 = 13)_{10}$

$0.011)_2 = 0\times2^{-1} + 1\times2^{-2} + 1\times2^{-3} = 0 + 0.25 + 0.125 = 0.375)_{10}$

$1101.011)_2 = 13.375)_{10}$

㉡ 10진수를 4진수로 변환

$13)_{10} = 31)_4$

$0.375)_{10} = 0.12)_4$

$13.375)_{10} = 31.12)_4$

㉢ 결과값(2진수를 4진수 변환)

$1101)_2 = 31)_4$

$0.011)_2 = 0.12)_4$

$1101.011)_2 = 31.12)_4$

② 2진수를 4진수로 바로 변환하는 방법

2진수를 소수점을 기준으로 2비트씩 나누어 10진수로 변환하면 그것이 바로 4진수가 된다.

$1101)_2 = ((11)\ (01))_4 = 31)_4$

$$0.011)_2 = 0. (01) (10))_4 = 0.12)_4$$
$$1101.011)_2 = (11) (01). (01) (10))_4 = 31.12)_4$$

(2) 2진수의 5진수 변환

2진수를 5진수로 변환하기 위해서는 먼저 2진수를 10진수로 변환하고 다시 10진수를 5진수로 변환한다.

① 2진수를 10진수로 변환

$$1101)_2 = 1×2^0 + 0×2^1 + 1×2^2 + 1×2^3 = 1 + 0 + 4 + 8 = 13)_{10}$$
$$0.011)_2 = 0×2^{-1} + 1×2^{-2} + 1×2^{-3} = 0 + 0.25 + 0.125 = 0.375)_{10}$$
$$1101.011)_2 = 13.375)_{10}$$

② 10진수를 5진수로 변환

$$13)_{10} = 23)_5$$
$$0.375)_{10} = 0.1414\cdots)_5$$
$$13.375)_{10} = 23.1414\cdots)_5$$

③ 결과값(2진수를 5진수로 변환)

$$1101)_2 = 23)_5$$
$$0.011)_2 = 0.1414\cdots)_5$$
$$1101.011)_2 = 23.1414\cdots)_5$$

(3) 2진수의 8진수 변환

2진수를 8진수로 변환하는 방법에는 2가지가 있다.

① 2진수 → 10진수 , 10진수 → 8진수

㉠ 2진수를 10진수로 변환

$$1101)_2 = 1×2^0 + 0×2^1 + 1×2^2 + 1×2^3 = 1 + 0 + 4 + 8 = 13)_{10}$$
$$0.011)_2 = 0×2^{-1} + 1×2^{-2} + 1×2^{-3} = 0 + 0.25 + 0.125 = 0.375)_{10}$$
$$1101.011)_2 = 13.375)_{10}$$

㉡ 10진수를 8진수로 변환

$$13)_{10} = 15)_8$$
$$0.375)_{10} = 0.3)_8$$
$$13.375)_{10} = 15.3)_8$$

㉢ 결과값(2진수를 8진수로 변환)

$$1101)_2 = 15)_8$$
$$0.011)_2 = 0.3)_8$$

$1101.011)_2 = 15.3)_8$

② 2진수를 8진수로 바로 변환하는 방법

　　2진수를 소수점을 기준으로 3비트씩 나누어 10진수로 변환하면 그것이 바로 8진수가 된다.

$1101)_2 = (001) (101))_8 = 15)_8$

$0.011)_2 = 0. (011))_8 = 0.3)_8$

$1101.011)_2 = (001) (101). (011))_8 = 15.3)_8$

(4) 2진수의 16진수 변환

2진수를 16진수로 변환하는 방법에는 2가지가 있다.

① 2진수 → 10진수, 10진수 → 16진수

　㉠ 2진수를 10진수로 변환

　　$1101)_2 = 1×2^0 + 0×2^1 + 1×2^2 + 1×2^3 = 1 + 0 + 4 + 8 = 13)_{10}$

　　$0.011)_2 = 0×2^{-1} + 1×2^{-2} + 1×2^{-3} = 0 + 0.25 + 0.125 = 0.375)_{10}$

　　$1101.011)_2 = 13.375)_{10}$

　㉡ 10진수를 16진수로 변환

　　10진수를 16진수로 표현하는 방법은 1장의 〈표 1.7〉을 참고하라.

　　$13)_{10} = D)_{16}$

　　$0.375)_{10} = 0.6)_{16}$

　　$13.375)_{10} = D.6)_{16}$

　㉢ 결과값(2진수를 16진수로 변환)

　　$1101)_2 = D)_{16}$

　　$0.011)_2 = 0.6)_{16}$

　　$1101.011)_2 = D.6)_{16}$

② 2진수를 16진수로 바로 변환하는 방법

　　2진수를 소수점을 기준으로 4비트씩 나누어 10진수로 변환하면 그것이 바로 16진수가 된다. 10진수를 16진수로 표현하는 방법은 1장의 〈표 1.7〉을 참고하라.

$1101)_2 = (1101))_2 = D)_{16}$

$0.011)_2 = 0. (0110))_2 = 0.6)_{16}$

$1101.011)_2 = (1101). (0110))_2 = D.6)_{16}$

❷ 4진수의 2진수 변환

4진수를 2진수로 변환하는 방법에는 2가지가 있다.

(1) 4진수 → 10진수, 10진수 → 2진수

① 4진수를 10진수로 변환

$31)_4 = 1 \times 4^0 + 3 \times 4^1 = 1 + 12 = 13)_{10}$

$0.12)_4 = 1 \times 4^{-1} + 2 \times 4^{-2} = 0.25 + 0.125 = 0.375)_{10}$

$31.12)_4 = 13.375)_{10}$

② 10진수를 2진수로 변환

$13)_{10} = 1101)_2$

$0.375)_{10} = 0.011)_2$

$13.375)_{10} = 1101.011)_2$

③ 결과값(4진수를 2진수로 변환)

$31)_4 = 1101)_2$

$0.12)_4 = 0.011)_2$

$31.12)_4 = 1101.011)_2$

(2) 4진수를 2진수로 바로 변환하는 방법

4진수를 소수점을 기준으로 1비트를 2비트의 2진수로 표현하면 그것이 바로 2진수가 된다.

$31)_4 = (3)\ (1)\ )_4 = (11)\ (01))_2 = 1101)_2$

$0.12)_4 = 0.\ (1)\ (2)\ )_4 = 0.\ (01)\ (10)\ )_2 = 0.011)_2$

$31.12)_4 = 1101.011)_2$

❸ 5진수의 2진수 변환

5진수를 2진수로 변환하기 위해서는 먼저 5진수를 10진수로 변환하고 다시 10진수를 2진수로 변환한다.

(1) 5진수를 10진수로 변환

$23)_5 = 3 \times 5^0 + 2 \times 5^1 = 3 + 10 = 13)_{10}$

$0.1414\cdots)_5 = 1 \times 5^{-1} + 4 \times 5^{-2} + 1 \times 5^{-3} + 1 \times 5^{-2} + 4 \times 5^{-3} + \cdots$

$\qquad = 0.2 + 0.16 + 0.008 + 0.0064 + \cdots = 0.375)_{10}$

$23.1414\cdots)_5 = 13.375)_{10}$

(2) 10진수를 2진수로 변환

$13)_{10} = 1101)_2$

$0.375)_{10} = 0.011)_2$

$13.375)_{10} = 1101.011)_2$

(3) 결과값(5진수를 2진수로 변환)

$23)_5 = 1101)_2$

$0.1414\cdots)_5 = 0.011)_2$

$23.1414\cdots)_5 = 1101.011)_2$

 **8진수의 2진수 변환**

8진수를 2진수로 변환하는 방법에는 2가지가 있다.

(1) 8진수 → 10진수, 10진수 → 2진수

① 8진수를 10진수로 변환

$15)_8 = 5\times8^0 + 1\times8^1 = 5 + 8 = 13)_{10}$

$0.3)_8 = 3\times8^{-1} = 0.375 = 0.375)_{10}$

$15.3)_8 = 13.375)_{10}$

② 10진수를 2진수로 변환

$13)_{10} = 1101)_2$

$0.375)_{10} = 0.011)_2$

$13.375)_{10} = 1101.011)_2$

③ 결과 값(8진수를 2진수로 변환)

$15)_8 = 1101)_2$

$0.3)_8 = 0.011)_2$

$15.3)_8 = 1101.011)_2$

(2) 8진수를 2진수로 바로 변환하는 방법

8진수를 소수점을 기준으로 1자리를 3비트의 2진수로 변환하면 그것이 바로 2진수가 된다.

$13)_8 = (1)\ (3)\ )_8 = (001)\ (101)\ )_2 = 1101)_2$

$0.3)_8 = 0.\ (3))_8 = 0.\ (011)\ )_2 = 0.\ 011)_2$

$13.375)_8 = 1101.\ 011)_2$

5 **16진수의 2진수 변환**

16진수를 2진수로 변환하는 방법에는 2가지가 있다.

(1) 16진수 → 10진수, 10진수 → 2진수

① 16진수를 10진수로 변환

$D)_{16} = 13 \times 16^0 = 13 = 13)_{10}$

$0.6)_{16} = 6 \times 16^{-1} = 0.375 = 0.375)_{10}$

$D.6)_{16} = 13.375)_{10}$

② 10진수를 2진수로 변환

$13)_{10} = 1101)_2$

$0.375)_{10} = 0.011)_2$

$13.375)_{10} = 1101.011)_2$

③ 결과값(16진수를 2진수로 변환)

$D)_{16} = 1101)_2$

$0.6)_{16} = 0.011)_2$

$D.6)_{16} = 1101.011)_2$

(2) 16진수를 2진수로 바로 변환하는 방법

16진수를 소수점을 기준으로 한자리를 4비트의 2진수로 변환하면 그것이 바로 2진수가 된다.

$D)_{16} = (D))_{16} = (1101))_2 = 1101)_2$

$0.6)_{16} = 0.(6))_{16} = 0. (0110))_2 = 0.011)_2$

$D.6)_{16} = 1101.011)_2$

2 **4진수**

1 **4진수의 N진수 변환**

(1) 4진수의 5진수 변환

4진수를 5진수로 변환하는 방법은 먼저 4진수를 10진수로 변환하고 10진수를 5진수로 변환한다.

① 4진수를 10진수로 변환

$31)_4 = 1 \times 4^0 + 3 \times 4^1 = 1 + 12 = 13)_{10}$

$0.12)_4 = 1 \times 4^{-1} + 2 \times 4^{-2} = 0.25 + 0.125 = 0.375)_{10}$

$31.12)_4 = 13.375)_{10}$

② 10진수를 5진수로 변환

$13)_{10} = 23)_5$

$0.375)_{10} = 0.1414\cdots)_5$

$13.375)_{10} = 23.1414\cdots)_5$

③ 결과값(4진수를 5진수 변환)

$31)_4 = 23)_5$

$0.12)_4 = 0.1414\cdots)_5$

$31.12)_4 = 23.1414\cdots)_5$

(2) 4진수의 8진수 변환

4진수를 8진수로 변환하는 방법은 2가지 방법이 있다.

① 4진수 → 10진수, 10진수 → 8진수 변환

㉠ 4진수를 10진수로 변환

$31)_4 = 1 \times 4^0 + 3 \times 4_1 = 1 + 12 = 13)_{10}$

$0.12)_4 = 1 \times 4^{-1} + 2 \times 4^{-2} = 0.25 + 0.125 = 0.375)_{10}$

$31.12)_4 = 13.375)_{10}$

㉡ 10진수를 8진수로 변환

$13)_{10} = 15)_8$

$0.375)_{10} = 0.3)_8$

$13.375)_{10} = 15.3)_8$

㉢ 결과값(4진수를 8진수 변환)

$31)_4 = 15)_8$

$0.12)_4 = 0.3)_8$

$31.12)_4 = 15.3)_8$

② 4진수 → 2진수, 2진수 → 8진수 변환

㉠ 4진수를 2진수로 변환

4진수를 소수점을 기준으로 1바이트를 2비트의 2진수로 표현하면 그것이 바로 2진수가 된다.

$31)_4 = (3)(1))_4 = ((11)(01))_2 = 1101)_2$

$$0.12)_4 = 0. \ (1) \ (2) \ )_4 = 0. \ (01) \ (10) \ )_2 = 0.011)_2$$
$$31.12)_4 = 1101.011)_2$$

    ⓛ 2진수를 8진수 변환

$$1101)_2 = (001) \ (101))_2 = 15)_8$$
$$0.011)_2 = 0. \ (011) \ )_2 = 0.3)_8$$
$$1101.011)_2 = 15.3)_8$$

    ⓒ 결과값(4진수를 8진수 변환)

$$31)_4 = 15)_8$$
$$0.12)_4 = 0.3)_8$$
$$31.12)_4 = 15.3)_8$$

(3) 4진수의 16진수 변환

4진수를 16진수로 변환하는 방법은 2가지 방법이 있다.

  ① 4진수 → 10진수, 10진수 → 16진수 변환

    ㉠ 4진수를 10진수로 변환

$$31)_4 = 1×4^0 + 3×4^1 = 1 + 12 = 13)_{10}$$
$$0.12)_4 = 1×4^{-1} + 2×4^{-2} = 0.25 + 0.125 = 0.375)_{10}$$
$$31.12)_4 = 13.375)_{10}$$

    ⓛ 10진수를 16진수로 변환

$$13)_{10} = D)_{16}$$
$$0.375)_{10} = 0.6)_{16}$$
$$13.375)_{10} = D.6)_{16}$$

    ⓒ 결과값(4진수를 16진수 변환)

$$31)_4 = D)_{16}$$
$$0.12)_4 = 0.6)_{16}$$
$$31.12)_4 = D.6)_{16}$$

  ② 4진수 → 2진수, 2진수 → 16진수 변환

    ㉠ 4진수를 2진수로 변환

      4진수를 소수점을 기준으로 1바이트를 2비트의 2진수로 표현하면 그것이 바로 2진수가 된다.

$$31)_4 = (3) \ (1) \ )_4 = (11) \ (01))_2 = 1101)_2$$
$$0.12)_4 = 0. \ (1) \ (2) \ )_4 = 0. \ (01) \ (10) \ )_2 = 0.011)_2$$
$$31.12)_4 = 1101.011)_2$$

ⓛ 2진수를 16진수 변환

$1101)_2 = (1101))_2 = D)_{16}$

$0.011)_2 = 0. (0110))_2 = 0.6)_8$

$1101.011)_2 = D.6)_{16}$

ⓒ 결과 값(4진수를 16진수 변환)

$31)_4 = D)_{16}$

$0.12)_4 = 0.6)_{16}$

$31.12)_4 = D.6)_{16}$

② 5진수의 4진수 변환

5진수를 4진수로 변환하는 방법은 5진수를 10진수로 변환하고 다시 10진수를 4진수로 변환하는 방법을 사용하면 된다.

(1) 5진수 → 10진수, 10진수 → 4진수 변환

① 5진수를 10진수로 변환

$23)_5 = 3×5^0 + 2×5^1 = 3 + 10 = 13)_{10}$

$0.1414\cdots)_5 = 1×5^{-1} + 4×5^{-2} +1×5^{-3} +1×5^{-2} +4×5{-3} +\cdots$

$\qquad = 0.2 + 0.16 + 0.008 + 0.0064 +\cdots = 0.375)_{10}$

$23.1414\cdots)_5 = 13.375)_{10}$

② 10진수를 4진수로 변환

$13)_{10} = 31)_4$

$0.375)_{10} = 0.12)_4$

$13.375)_{10} = 31.12)_4$

③ 결과값(5진수를 4진수로 변환)

$23)_5 = 31)_4$

$0.1414\cdots)_5 = 0.12)_4$

$23.1414\cdots)_5 = 31.12)_4$

③ 8진수의 4진수 변환

8진수를 4진수로 변환하는 방법은 2가지 방법이 있다.

(1) 8진수 → 10진수, 10진수 → 4진수 변환

① 8진수를 10진수로 변환

$15)_8 = 5×8^0 + 1×8^1 = 5 + 8 = 13)_{10}$

$0.3)_8 = 3 \times 8^{-1} = 0.375 = 0.375)_{10}$

$15.3)_8 = 13.375)_{10}$

② 10진수를 4진수로 변환

$13)_{10} = 31)_4$

$0.375)_{10} = 0.12)_4$

$13.375)_{10} = 31.12)_4$

③ 결과값 (8진수를 4진수로 변환)

$15)_8 = 31)_4$

$0.3)_8 = 0.12)_4$

$15.3)_8 = 31.12)_4$

(2) 8진수 → 2진수, 2진수 → 4진수 변환

① 8진수를 2진수로 변환

$13)_8 = (1) \ (3) \ )_8 = (001) \ (101) \ )_2 = 1101)_2$

$0.3)_8 = 0. \ (3))_8 = 0. \ (011) \ )_2 = 0. \ 011)_2$

$13.375)_8 = 1101. \ 011)_2$

② 2진수를 4진수로 변환

$1101)_2 = (11) \ (01) \ )_4 = 31)_4$

$0.011)_2 = .0. \ (01) \ (10) \ )_4 = 0.12)_4$

$1101.011)_2 = (11) \ (01). \ (01 \ (10) \ )_4 = 31.12)_4$

③ 결과값(8진수를 4진수로 변환)

$13)_8 = 31)_4$

$0.3)_8 = 0.12)_4$

$13.375)_8 = 31.12)_4$

④ 16진수의 4진수 변환

16진수를 4진수로 변환하는 방법은 3가지 방법이 있다.

(1) 16진수 → 10진수, 10진수 → 4진수 변환

① 16진수를 10진수로 변환

$D)_{16} = 13 \times 16^0 = 13 = 13)_{10}$

$0.6)_{16} = 6 \times 16^{-1} = 0.375 = 0.375)_{10}$

$D.6)_{16} = 13.375)_{10}$

② 10진수를 4진수로 변환

$13)_{10} = 31)_4$

$0.375)_{10} = 0.12)_4$

$13.375)_{10} = 31.12)_4$

③ 결과값

$D)_{16} = 31)_4$

$0.6)_{16} = 0.12)_4$

$D.6)_{16} = 31.12)_4$

(2) 16진수 → 2진수, 2진수 → 4진수 변환

① 16진수를 2진수로 변환

$D)_{16} = (D)\ )_{16} = (1101))_2 = 1101)_2$

$0.6)_{16} = 0.(6))_{16} = 0.\ (0110))_2 = 0.011)_2$

$D.6)_{16} = 1101.011)_2$

② 2진수를 4진수로 변환

$1101)_2 = (11)\ (01)\ )_4 = 31)_4$

$0.011)_2 = 0.\ (01)\ (10)\ )_4 = 0.12)_4$

$1101.011)_2 = (11)\ (01).\ (01\ (10)\ )_4 = 31.12)_4$

③ 결과값(16진수를 4진수로 변환)

$D)_{16} = 31)_4$

$0.6)_{16} = 0.12)_4$

$D.6)_{16} = 31.12)_4$

(3) 16진수를 4진수로 직접 변환

16진수 1바이트를 4진수 2바이트로 표현하는 방식이다.

① $D.6)_{16} = 31.12)_4$

정수부분　　　　　　소수부분

4) 13　　　　　　　4) 6

　　3 ------1 ↑　　　　1 ------2 ↑

② $72.69)_{16} = (13)(02).(12)(21))_4 = 1302.1221)_4$

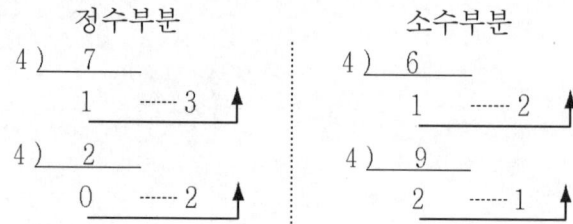

정수부분   소수부분

3 5진수

① 5진수의 N진수 변환

(1) 5진수의 8진수 변환

    5진수를 8진수로 변환하는 방법은 5진수를 10진수로 변환하고 10진수를 다시 8진수로 변환하는 방법이다.

① 5진수를 10진수로 변환

$23)_5 = 3 \times 5^0 + 2 \times 5^1 = 3 + 10 = 13)_{10}$

$0.1414\cdots)_5 = 1 \times 5^{-1} + 4 \times 5^{-2} + 1 \times 5^{-3} + 1 \times 5^{-2} + 4 \times 5^{-3} + \cdots$

$\quad\quad\quad\quad = 0.2 + 0.16 + 0.008 + 0.0064 + \cdots = 0.375)_{10}$

$23.1414\cdots)_5 = 13.375)_{10}$

② 10진수를 8진수로 변환

$13)_{10} = 15)_8$

$0.375)_{10} = 0.3)_8$

$13.375)_{10} = 15.3)_8$

③ 결과값(5진수를 8진수로 변환)

$23)_5 = 15)_8$

$0.1414\cdots)_5 = 0.3)_8$

$23.1414\cdots)_5 = 15.3)_8$

(2) 5진수의 16진수 변환

    5진수를 16진수로 변환하는 방법은 5진수를 10진수로 변환하고 10진수를 다시 16진수로 변환하는 방법이다.

① 5진수를 10진수로 변환

$23)_5 = 3 \times 5^0 + 2 \times 5^1 = 3 + 10 = 13)_{10}$

$0.1414\cdots)_5 = 1 \times 5^{-1} + 4 \times 5^{-2} + 1 \times 5^{-3} + 1 \times 5^{-2} + 4 \times 5^{-3} + \cdots$

$\qquad = 0.2 + 0.16 + 0.008 + 0.0064 + \cdots = 0.375)_{10}$

$23.1414\cdots)_5 = 13.375)_{10}$

② 10진수를 16진수로 변환

$13)_{10} = D)_{16}$

$0.375)_{10} = 0.6)_{16}$

$13.375)_{10} = D.6)_{16}$

③ 결과값(5진수를 16진수로 변환)

$23)_5 = D)_{16}$

$0.1414\cdots)_5 = 0.6)_{16}$

$23.1414\cdots)_5 = D.6)_{16}$

② 8진수의 5진수 변환

8진수를 5진수로 변환하는 방법은 8진수를 10진수로 변환하고 10진수를 다시 5진수로 변환하는 방법이다.

① 8진수를 10진수로 변환

$15)_8 = 5 \times 8^0 + 1 \times 8^1 = 5 + 8 = 13)_{10}$

$0.3)_8 = 3 \times 8^{-1} = 0.375 = 0.375)_{10}$

$15.3)_8 = 13.375)_{10}$

② 10진수를 5진수로 변환

$13)_{10} = 23)_5$

$0.375)_{10} = 0.1414\cdots)_5$

$13.375)_{10} = 23.1414\cdots)_5$

③ 결과값(8진수를 5진수로 변환)

$15)_8 = 23)_5$

$0.3)_8 = 0.1414\cdots)_5$

$15.3)_8 = 23.1414\cdots)_5$

❸ 16진수의 5진수 변환

16진수를 5진수로 변환하는 방법은 16진수를 10진수로 변환하고 10진수를 다시 5진수로 변환하는 방법이다.

(1) 16진수를 10진수로 변환

$D)_{16} = 13 \times 16^0 = 13 = 13)_{10}$

$0.6)_{16} = 6 \times 16^{-1} = 0.375 = 0.375)_{10}$

$D.6)_{16} = 13.375)_{10}$

(2) 10진수를 5진수로 변환

$13)_{10} = 23)_5$

$0.375)_{10} = 0.1414\cdots)_5$

$13.375)_{10} = 23.1414\cdots)_5$

(3) 결과값(16진수를 5진수로 변환)

$D)_{16} = 23)_5$

$0.6)_{16} = 0.1414\cdots)_5$

$D.6)_{16} = 23.1414\cdots)_5$

❹ 8진수

❶ 8진수의 16진수 변환

8진수를 16진수로 변환하는 방법은 2가지가 있다.

(1)8진수 → 10진수, 10진수 → 16진수 변환

① 8진수를 10진수로 변환

$15)_8 = 5 \times 8^0 + 1 \times 8^1 = 5 + 8 = 13)_{10}$

$0.3)_8 = 3 \times 8^{-1} = 0.375 = 0.375)_{10}$

$15.3)_8 = 13.375)_{10}$

② 10진수를 16진수로 변환

$13)_{10} = D)_{16}$

$$0.375)_{10} = 0.6)_{16}$$

$$13.375)_{10} = D.6)_{16}$$

③ 결과값(8진수를 16진수로 변환)

$$15)_8 = D)_{16}$$

$$0.3)_8 = 0.6)_{16}$$

$$15.3)_8 = D.6)_{16}$$

(2) 8진수 → 2진수, 2진수 → 16진수 변환

① 8진수를 2진수로 변환

$$13)_8 = (1)\ (3)\ )_8 = (001)\ (101)\ )_2 = 1101)_2$$

$$0.3)_8 = 0.\ (3))_8 = 0.\ (011)\ )_2 = 0.\ 011)_2$$

$$13.3)_8 = 1101.\ 011)_2$$

② 2진수를 16진수로 변환

$$1101)_2 = (1101))_2 = D)_{16}$$

$$0.011)_2 = 0.\ (0110)\ )_2 = 0.6)_8$$

$$1101.011)_2 = D.6)_{16}$$

③ 결과(8진수를 16진수로 변환)

$$13)_8 = D)_{16}$$

$$0.3)_8 = 0.6)_{16}$$

$$13.3)_8 = D.6)_{16}$$

② 16진수의 8진수 변환

16진수를 8진수로 변환하는 방법은 2가지 방법이 있다.

(1) 16진수 → 10진수, 10진수 → 8진수 변환

① 16진수를 10진수로 변환

$$D)_{16} = 13 \times 16^0 = 13 = 13)_{10}$$

$$0.6)_{16} = 6 \times 16^{-1} = 0.375 = 0.375)_{10}$$

$$D.6)_{16} = 13.375)_{10}$$

② 10진수를 8진수로 변환

$$13)_{10} = 15)_8$$

$$0.375)_{10} = 0.3)_8$$

$$13.375)_{10} = 15.3)_8$$

③ 결과값(16진수를 8진수로 변환)

$D)_{16} = 15)_8$

$0.6)_{16} = 0.3)_8$

$D.6)_{16} = 15.3)_8$

(2) 16진수 → 2진수, 2진수 → 8진수 변환

① 16진수를 2진수로 변환

$D)_{16} = (D)\ )_{16} = (1101))_2 = 1101)_2$

$0.6)_{16} = 0.(6))_{16} = 0.\ (0110))_2 = 0.011)_2$

$D.6)_{16} = 1101.011)_2$

② 2진수를 8진수로 변환

$1101)_2 = (001)\ (101))_2 = 15)_8$

$0.011)_2 = 0.\ (011)\ )_2 = 0.3)_8$

$1101.011)_2 = 15.3)_8$

③ 결과(16진수를 8진수로 변환)

$D)_{16} = 15)_8$

$0.6)_{16} = 0.3)_8$

$D.6)_{16} = 15.3)_8$

〈표 2.1〉 N진수의 비교

10진수	2진수	4진수	5진수	8진수	16진수
0	0	0	0	0	1
1	1	1	1	1	2
2	10	2	2	2	3
3	11	3	3	3	4
4	100	10	4	4	5
5	101	11	10	5	6
6	110	12	11	6	7
7	111	13	12	7	8
8	1000	20	13	10	9
9	1001	21	14	11	A

10진수	2진수	4진수	5진수	8진수	16진수
10	1010	22	20	12	B
11	1011	23	21	13	C
12	1100	30	22	14	D
13	1101	31	23	15	E
14	1110	32	24	16	F
15	1111	33	30	17	10
16	1 0000	100	31	20	11
17	1 0001	101	32	21	12
18	1 0010	102	33	22	13
19	1 0011	103	34	23	14
20	1 0100	110	40	24	I5

〈표 2.1〉 N진수와 2진수의 비교

2진수	4진수	2진수	8진수	2진수	16진수
00	0	000	0	0000	1
01	1	001	1	0001	2
10	2	010	2	0010	3
11	3	011	3	0011	4
01 00	10	100	4	0100	5
01 01	11	101	5	0101	6
01 10	12	110	6	0110	7
01 11	13	111	7	0111	8
10 00	20	001 000	10	1000	9
10 01	21	001 001	11	1001	A
10 10	22	001 010	12	1010	B
10 11	23	001 011	13	1011	C
11 00	30	001 100	14	1100	D
11 01	31	001 101	15	1101	E
11 10	32	001 110	16	1110	F

2진수	4진수	2진수	8진수	2진수	16진수
11 11	33	001 111	17	1111	10
01 00 00	100	010 000	20	0001 0000	11
01 00 01	101	010 001	21	0001 0001	12
01 00 10	102	010 010	22	0001 0010	13
01 00 11	103	010 011	23	0001 0011	14
01 01 00	110	010 100	24	0001 0100	15

5 N진 연산 방법

1 보수

연산하기에 앞서 먼저 보수의 개념을 알아보자. 보수는 음수를 표현하며 뺄셈을 쉽게 하고 디지털 시스템의 논리 작용을 용이하게 한다. r진수의 보수는 (r-1)의 보수와 r의 보수로 나눈다. (r-1)의 보수는 2진수에서는 1의 보수가 되고 10진수에서는 9의 보수가 되며 또한 8진수에서는 7의 보수를 말한다. 또 다른 책에서는 (r-1)의 보수를 감소된 기보수, r의 보수를 기보수라 표현하기도 하였다.

2 10진수

(1) 10진수의 보수

9의 보수란 합하여 9가 되는 수, 또는 9에서 뺀 수라고 정의할 수 있다. 10의 보수는 합하여 10이 되는 수, 또는 10에서 뺀 수가 되며 9의 보수에 1을 더하여도 된다.

〈표 2.3〉 9의 보수와 10의 보수

10진수	9의 보수	10의 보수	10진수	9의 보수	10의 보수	10진수	9의 보수	10의 보수
0	9	0	10	89	90	100	899	900
1	8	9	11	88	89	101	898	899
2	7	8	12	87	88	102	897	898
3	6	7	13	86	87	103	896	897
4	5	6	14	85	86	104	895	896
5	4	5	15	84	85	105	894	895
6	3	4	16	83	84	106	893	894
7	2	3	17	82	83	107	892	893
8	1	2	18	81	82	108	891	892
9	0	1	19	80	81	109	890	891

예제 2-1 다음의 10진수에 대해 9의 보수와 10의 보수를 구하라.

① 38   ② 0.59   ③ 38.59

풀이 ▷ ① 38 : 9의 보수 : 99 - 38 = 61

10의 보수 : 100 - 38 = 62(9의 보수 +1(61+1) =62)

② 0.59 : 9의 보수 : 0.99 - 0.59 = 0.40

10의 보수 : 1.00 - 0.59 = 0.41

(9의 보수 +0.01(0.40+0.01) =0.41)

③ 38.59 : 9의 보수 : 99.99-38.59 = 61.40

10의 보수 : 100 - 38.59 = 61.41

(9의 보수 +0.01(0.40+0.01) =0.41)

(2) 보수를 이용한 감산

음수를 부호와 절대치가 아닌 보수를 이용하여 표기한다면 감산을 가산으로 바꿀 수있다.

예제 2-2 다음을 보수를 이용하여 표현하라.

① 5-2   ② 9 - 7   ③ 8 - 6

풀이 ▷ ① 5+(-2)

- 9의 보수를 이용한 경우 : 5+7

- 10의 보수를 이용한 경우 : 5+8

② 7+(-9)

- 9의 보수를 이용한 경우 : 7+0

-10의 보수를 이용한 경우 : 7+1
③ 6+(-5)
- 9의 보수를 이용한 경우 : 6+4
-10의 보수를 이용한 경우 : 6+5

예제 2-3 9의 보수와 10의 보수를 이용하여 다음을 계산하라.

① 5-2   ② 7 - 9   ③ 6 - 5

풀이 ▷

예제	① 5-2		
구분	일반적인 계산	9의 보수를 이용한 계산	10의 보수를 이용한 계산
풀이 과정	5 -) 2 3	5 +) ⑦ ---- 9의 보수 자리올림 ---- ① 2 +) ·1 3	5 +) ⑧ ---- 10의 보수 자리올림 ---- ① 3 무 시
설명		자리올림이 발생하면 낮은 자리에 자리 올림 값을 더함	자리올림이 발생하면 자리올림 값을 무시한다.

예제	② 7-9		
구분	일반적인 계산	9의 보수를 이용한 계산	10의 보수를 이용한 계산
풀이 과정	7 -) 9 - 2	7 +) ⓪ ---- 9의 보수 자리올림 ⓪ 7 없 음 - ② ---- 9의 보수	7 +) ① ---- 10의 보수 자리올림 ⓪ 8 없 음 - ② ---- 10의 보수
설명		자리올림이 발생하지 않으면 음수이므로 결과 값에 9의 보수를 취하고 "-" 부호를 붙인다.	자리올림이 발생하지 않으면 음수이므로 결과 값에 10의 보수를 취하고 "-" 부호를 붙인다.

예제	② 6-5		
구분	일반적인 계산	9의 보수를 이용한 계산	10의 보수를 이용한 계산
풀이 과정	6 -) 5 1	6 +) ④ ---- 9의 보수 자리올림 ---- ① 0 +) ·1 1	6 +) ⑤ ---- 10의 보수 자리올림 ---- ① 1
설명		자리올림이 발생하면 낮은 자리에 자리 올림 값을 더함	자리 올림이 발생하면 자리 올림 값을 무시한다.

예제 2-4 다음을 보수를 이용하여 계산하라.

① 67 - 48 　② 55.2-19.8 　③ 78 - 191 　④ 25.56 - 98.75

풀이 ▶

예제	① 67-48		
구분	일반적인 계산	9의 보수를 이용한 계산	10의 보수를 이용한 계산
풀이 과정	67 -) 48 19	67 +) ⑤① ⋯⋯9의 보수 자리올림 ── ① 18 +) ⋯ 1 19	67 +) ⑤② ⋯⋯10의 보수 자리올림 ── ① 19
설명		자리올림이 발생하면 낮은 자리에 자리 올림 값을 더함	자리올림이 발생하면 자리올림 값을 무시한다.

예제	② 55.2-19.8		
구분	일반적인 계산	9의 보수를 이용한 계산	10의 보수를 이용한 계산
풀이 과정	55.2 -) 19.8 35.4	55.2 +) 80.1 ⋯⋯9의 보수 자리올림 ─① 35.3 +) ⋯ 1 35.4	55.2 +) 80.2 ⋯⋯10의 보수 자리올림 ─① 35.4 무 시
설명		자리올림이 발생하면 낮은 자리에 자리 올림 값을 더함	자리올림이 발생하면 자리올림 값을 무시한다.

예제	③ 78 - 191		
구분	일반적인 계산	9의 보수를 이용한 계산	10의 보수를 이용한 계산
풀이 과정	78 -) 191 -113	78 +) 808 ⋯⋯9의 보수 자리올림 ⓪ 886 없 음 -113 ⋯⋯9의 보수	78 +) 919 ⋯⋯10의 보수 자리올림 ⓪ 997 없 음 -113 ⋯⋯10의 보수
설명		자리올림이 발생하지 않으면 음수이므로 결과 값에 9의 보수를 취하고 "-" 부호를 붙인다.	자리올림이 발생하지 않으면 음수이므로 결과 값에 10의 보수를 취하고 "-" 부호를 붙인다.

예제	④ 25.56 - 98.75		
구분	일반적인 계산	9의 보수를 이용한 계산	10의 보수를 이용한 계산
풀이 과정	25.56 -) 98.75 - 73.19	25.56 +) 1.24 ── 9의 보수 자리올림 ⓪ 26.80 없 음 - 73.19	25.56 +) 12.35 ── 10의 보수 자리올림 ⓪ 37.91 없 음 - 73.19
설명		자리올림이 발생하지 않으면 음수이므로 결과 값에 9의 보수를 취하고 "-" 부호를 붙인다.	자리올림이 발생하지 않으면 음수이므로 결과 값에 10의 보수를 취하고 "-" 부호를 붙인다.

❸ 2진수

2진수에서의 보수는 1의 보수와 2의 보수가 있다. 디지털 회로에서는 음수를 표현하고 감산을 가산으로 바꾸기 위한 중요한 개념이다.

2진수의 1의 보수는 합하여 1이 되는 수 또는 1에서 뺀 수이다. 즉 0은 1로 1은 0으로 바꾸면 된다. 2의 보수는 1비트에 대해서는 그 자신이 2의 보수이다. 그러나 2비트 이상의 수에서는 1의 보수를 구하여 최하위 비트에 1을 더하는 방법으로 쉽게 구할 수 있다.

예제 2-5 다음의 2진수의 보수를 구하라.

① 0   ② 1   ③ 10   ④ 10100
⑤ 101.01   ⑥ 11011.0111

풀이 ▶

예제 ①	0
1의 보수	1
2의 보수	0

예제 ②	1
1의 보수	0
2의 보수	1

예제 ③	10
1의 보수	01
2의 보수	10

예제 ④	10100
1의 보수	01011
2의 보수	01100

예제 ⑤	101.01
1의 보수	010.10
2의 보수	010.11

예제 ⑥	11011.0111
1의 보수	00100.1000
2의 보수	00100.1001

〈표 2.4〉는 4비트로 표현되는 보수를 나타낸 것이다.

〈표 2.4〉 4비트로 표현되는 보수의 비교

10진수	부호와 절대값	1의 보수	2의 보수
−8			1000
−7	1111	1000	1001
−6	1110	1001	1010
−5	1101	1010	1011
−4	1100	1011	1100
−3	1011	1100	1101
−2	1010	1101	1110
−1	1001	1110	1111
0	(+0)0000	(+0)0000	0000
	(−0)1000	(−0)1111	
+1	0001	0001	0001
+2	0010	0010	0010
+3	0011	0011	0011
+4	0100	0100	0100
+5	0101	0101	0101
+6	0110	0110	0110
+7	0111	0111	0111

〈표 2.5〉는 8비트 2진수에서의 부호 표현과 수의 범위를 나타낸 것이다. 2진수의 정해진 비트수에서 음수를 표현하게 되면 양수만을 표현하는 경우보다 그 범위가 작아진다. 이는 최상위 비트가 부호의 의미로 쓰이기 때문이다. 1의 보수에 의한 방법에서는 최상위 비트는 부호 비트로 사용되어 0이면 양수, 1이면 음수를 나타낸다. 1의 보수에 의한 표현방법은 7비트 양수를 0부터 최대치 127까지 표현하고 각각의 1의 보수를 취하면 음수가 된다. +127(0111 1111)의 1의 보수를 구하면 −127(1000 0000)이 되며 −128의 표현은 불가능하다.

〈표 2.5〉 8비트 2진수에서의 수의 범위

부호의 표현 방법		부호를 사용하지 않는 양의 정수	부호를 사용하는 정수 사용 범위
부호와 절대치	10진수	0 ~ 255	−127 ~ +127
	2진수	0000 0000 ~ 1111 1111	1111 1111 ~ 0111 1111
1의 보수	10진수	0 ~ 255	−127 ~ + 127
	2진수	0000 0000 ~ 1111 1111	1000 0000 ~ 0111 1111
2의 보수	10진수	0 ~ 255	−128 ~ + 127
	2진수	0000 0000 ~ 1111 1111	1000 0000 ~ 0111 1111

2의 보수는 1의 보수와 마찬가지로 양수를 표현하고 이를 다시 2의 보수를 구하여 음수로 나타내면 된다. 양의 최대치 +127(0111 1111)을 2의 보수를 구하면 −127(1000 0001)이 되어 하나의 영역이 남는다. 즉 최소치로 음수인 (1000 0000)을 표현할 수 있으며 이 값은 2의 보수로 바꾸어 절대치로 보면 +128(1000 0000)이 된다. 양의 범위에서는 +128(1000 0000)은 부호 비트가 음수를 나타내므로 사용할 수 없으나 음수에서 −128은 사용할 수 있게 되는 것이다. 2의 보수에서 있어서도 최상위 비트는 부호 비트로 쓰여 0이면 양수, 1이면 음수를 나타내게 되어 절대치가 가장 큰 수인 128(1000 0000)인 부호가 음수이므로 양수로는 불가능하지만 음수로는 가능하게 되는 것이다.

(1) 가산(addition)

2진수의 가산은 다음과 같은 결과를 나타낸다.

$$00+00=00, \; 01+00=01, \; 00+01=01, \; 01+01=10$$

예제 2-6 다음의 2진수를 가산하라.

① 11+01   ② 11.01+01   ③ 1101.0101+11.01
④ 101011+1111111   ⑤ 11+01+10   ⑥ 1010+100+01

풀이 ▶

①	피가수	11
	가수	+ 01
	결과	100

②	피가수	11.01
	가수	+ 01.00
	결과	100.01

③	피가수	1101.0101
	가수	+ 0011.0100
	결과	10000.1001

④	피가수	0101011
	가수	+ 1111111
	결과	10101010

⑤	피가수	11
	가수	01
		+ 10
	결과	110

⑥	피가수	1010
	가수	0100
		+ 0001
	결과	1111

(2) 감산(subtraction)

디지털 시스템에서 2진수의 연산은 일상적으로 우리가 연산하는 것과는 차이가 있다. 가산의 경우는 동일한 방법으로 연산한다. 그러나 감산의 경우는 보수를 이용한 가산을 하고 곱셈(multiplication)의 경우는 빠른 속도를 이용한 반복적인 가산을 실행하여 계산한다. 그리고 나눗셈은 빠른 속도와 보수를 사용한 가산을 반복함으로써 구할 수 있다. 감산은 다음과 같은 결과를 나타낸다.

$$00-00=00, \ 01-00=01, \ 00-01=11(-01), \ 01-01=00$$

① 일반적인 감산
일반적인 감산을 하는 예를 들면 다음과 같다.

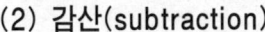 **예제 2-7** 다음의 2진수를 계산하라.
　① 10−11　　② 100.01−011.10　　③ 1011−1000
　④ 1000−1011

풀이 ▶

①	피감수	10
	감수	− 11
	결과	11
	결과값	− 01

②	피감수	100.01
	감수	− 011.10
	결과	000.11
	결과값	000.11

③	피감수	1011
	감수	− 1000
	결과	0011
	결과값	0011

④	피감수	1000
	감수	− 1011
	결과	1101
	결과값	(잘못됨) −0101

② 보수를 이용한 감산
1의 보수와 2의 보수를 이용한 감산방법을 요약하면 다음과 같다.
　㉠ 감수를 1의 보수나 2의 보수를 취한다.
　㉡ 가산을 한다.

ⓒ 가산된 결과에 자리올림이 발생한 경우에
　－1의 보수인 경우 : 자리올림을 최하위 비트에 더하여 준다.
　－2의 보수인 경우 : 자리올림을 무시한다.
ⓓ 가산된 결과에 자리올림이 발생하지 않은 경우
　－1의 보수인 경우 : 결과 값에 1의 보수를 취한 후 "－"부호를 붙인다.
　－2의 보수인 경우 : 결과 값에 2의 보수를 취한 후 "－"부호를 붙인다.

예제 2-8 다음의 2진수를 1의 보수를 이용하여 계산하라.
① 10－11　　② 100.01－011.10　　③ 1011－1000
④ 1000－1011

풀이 ▶

①	피감수	10
	1의 보수	+ 00
	결과	10
	결과값	－ 01
설명	자리올림이 발생하지 않으면 결과값에 1의 보수를 취한 후 "－"를 붙인다.	

①	피감수	10
	2의 보수	+ 01
	결과	11
	결과값	－ 01
설명	자리올림이 발생하지 않으면 결과값에 2의 보수를 취한 후 "－"를 붙인다.	

②	피감수	100.01
	1의보수	+ 100.01
	결과	1 000.10 + 0.01
	결과값	000.11
설명	자리올림이 발생하면 최하위 비트(LSB)에 자리 올림 값을 더하여 준다.	

②	피감수	100.01
	2의보수	+ 100.10
	결과	1 000.11
	결과값	000.11
설명	자리올림이 발생하면 자리올림 값을 무시한다.	

③	피감수	1011
	1의 보수	+ 0111
	결과	1 0010 + 1
	결과값	0011
설명	자리올림이 발생하면 최하위 비트(LSB)에 자리 올림 값을 더하여 준다.	

③	피감수	1011
	1의 보수	+ 1000
	결과	1 0011
	결과값	0011
설명	자리올림이 발생하면 자리올림 값을 무시한다.	

④	피감수	1000
	1의 보수	+ 0100
	결과	1100
	결과값	− 0011
설명	자리올림이 발생하지 않으면 결과 값에 1의 보수를 취한 후 "−"를 붙인다.	

④	피감수	1000
	1의 보수	+ 0101
	결과	1101
	결과값	− 0011
설명	자리올림이 발생하지 않으면 결과 값에 2의 보수를 취한 후 "−"를 붙인다.	

(3) 곱셈(multiplication)

2진수 곱셈은 10진수의 곱셈과 동일한 방법으로 수행한다. 먼저 1비트 곱셈의 모든 가능한 결과를 다음과 같이 정의한다. 2진수 비트의 곱셈에서는 자리올림이 발생되지 않는다.

$$0 \times 0 = 0, \ 1 \times 0 = 0, \ 0 \times 1 = 0, \ 1 \times 1 = 1$$

예제 2−9 다음의 2진수를 계산하라.

① 10×11 　　② 100.01×011.10 　　③ 1011×1000 　　④ 1000×1011

풀이 ▶

①	피승수	10
	승수	× 11
	결과	10
		10
	결과값	110

②	피승수	100.01
	승수	× 11.10
	결과	00000
		10001
		10001
		10001
	결과값	1110.1110
설명	소수점은 총 소수점 수가 4이므로 하위 비트로부터 4번째에 소수점을 찍는다.	

③	피승수	1011
⎮	승수	× 1000
1	결과	0000
		0000
		0000
		1011
	결과값	1011000

③	피승수	1011
⎮	승수	× 1000
2	결과	0000
		1011
	결과값	1011000
설명	0은 계산하지 않고 자리수만 이동한다.	

④	피승수	1000
|	승수	× 1011
1	결과	1000 1000 0000 1000
	결과값	1011000

④	피승수	1000
|	승수	× 1011
2	결과	1000 1000 1000
	결과값	1011000
설명	0은 계산하지 않고 자리수만 이동한다.	

(4) 나눗셈(division)

2진수의 나눗셈도 10진수 나눗셈의 과정과 동일하게 수행된다.

예제 2-10 다음의 2진수를 계산하라.

① 11001011 ÷ 1011   ② 10010110.1101 ÷ 11001

풀이 ▶

①
```
                10010
     1011)11001011
          1011
          0001101
            1011
            00101
```

②
```
                     110.00001
       11001)10010110.11001
             11001
             0011001
             11011
             000000.11001
                    .11001
                         0
```

6 디지털 코드

디지털 부호(code)란 정보를 이산적인 형태로 디지털 기계가 인식할 수 있는 의미있는 기호이다. 부호는 크게 BCD와 같은 숫자만을 표현하는 수치부호(numeric code)와 영문자, 숫자, 특수문자를 함께 표현할 수 있는 알파뉴메릭 부호(alphanumeric code)로 구분된다.

1 BCD 코드

BCD부호는 10진수의 각 디지트를 2진수의 형태로 갖춘 4비트로 변환하는 변환 코드를 사용하여 디지털 시스템에 이용하고 있으며 이를 2진화 10진 코드(binary coded decimal : BCD)라 부른다.

BCD 코드를 이용하여 부호화했을 경우 코드의 각 자리수가 어떤 특정한 자리값을 갖는 코드를 웨이티드 코드(weighted code)라 하고 그렇지 않을 경우 즉, 각 자리수마다 특정한 자리값을 갖지 못하는 코드를 언웨이티드 코드(unweighted code)라 부른다. 웨이티드 코드(자리값이 있는 코드)의 종류는 다음과 같다.

① 8421 코드   ② 7421 코드   ③ 6311 코드
④ 5421 코드   ⑤ 5311 코드   ⑥ 5211 코드
⑦ 51111 코드   ⑧ 4221 코드   ⑨ 3321 코드
⑩ 2421 코드   ⑪ 842$\overline{1}$ 코드   ⑫ 742$\overline{1}$ 코드

〈표 2.6〉 웨이티드 코드의 예(1)

10진수	8421	7421	6311	5421	5311	5211
0	0000	0000	0000	0000	0000	0000
1	0001	0001	0001	0001	0001	0001
2	0010	0010	0011	0010	0011	0011
3	0011	0011	0100	0011	0100	0101
4	0100	0100	0101	0100	0101	0111
5	0101	0101	0111	1000	1000	1000
6	0110	0110	1000	1001	1001	1001
7	0111	1000	1001	1010	1011	1011
8	1000	1001	1011	1011	1100	1101
9	1001	1010	1100	1100	1101	1111

〈표 2.7〉 웨이티드 코드의 예(2)

10진수	51111	4221	3321	2421	84$\overline{2}$$\overline{1}$	74$\overline{2}$$\overline{1}$
0	00000	0000	0000	0000	0000	0000
1	00001	0001	0001	0001	0111	0111
2	00011	0010	0010	0010	0110	0110
3	00111	0011	0011	0011	0101	0101
4	01111	1000	0101	0100	0100	0100
5	10000	0111	1010	1011	1011	1010
6	11000	1100	1100	1100	1010	1001
7	11100	1101	1101	1101	1001	1000
8	11110	1110	1110	1110	1000	1111
9	11111	1111	1111	1111	1111	1110

84$\overline{2}$$\overline{1}$와 74$\overline{2}$$\overline{1}$ 코드에서는 최하위 디지트가 -1의 자리값을 그 다음 왼쪽 자리 디지트가 -2의 자리값을 갖는다. 해독 방법의 예를 들면 다음과 같다.

84$\overline{2}$$\overline{1}$에서 1111인 경우 : 1   1   1   1
$$+8 \quad +4 \quad -2 \quad -1 \quad = 9$$
74$\overline{2}$$\overline{1}$에서 1110인 경우 : 1   1   1   0
$$+7 \quad +4 \quad -2 \quad 0 \quad = 9$$

언웨이티드 코드(자리값이 없는 코드)의 종류는 다음과 같다.
① 3초과 코드 ② 그레이 코드 ③ 2 out of 5 코드

〈표 2.8〉 언웨이티드 코드의 예

10진수	3초과 코드	그레이 코드	2 out of 5 코드
0	0011	0000	00011
1	0100	0001	00101
2	0101	0011	00110
3	0110	0010	01001
4	0111	0110	01010
5	1000	1110	01100
6	1001	1010	10001
7	1010	1011	10010
8	1011	1001	10100
9	1100	1000	11000

(1) 8421 코드

10진수 0~9를 2진수 0과 1의 집합으로 표현하는 코드로 4비트로 표현하는 각 비트의 자리값이 $8(2^3)$, $4(2^2)$, $2(2^1)$, $1(2^0)$이기 때문에 8421 코드라 부른다.

8421 코드와 2진 코드를 비교하면 〈표 2.9〉와 같다.

〈표 2.9〉 2진코드와 8421코드의 비교

10진수	2진 코드	8421 코드	10진수	2진 코드	8421 코드
0	0000	0000	10	1010	0001 0000
1	0001	0001	11	1011	0001 0001
2	0010	0010	12	1100	0001 0010
3	0011	0011	13	1101	0001 0011
4	0100	0100	14	1110	0001 0100
5	0101	0101	15	1111	0001 0101
6	0110	0110	16	0001 0000	0001 0110
7	0111	0111	17	0001 0001	0001 0111
8	1000	1000	18	0001 0010	0001 1000
9	1001	1001	19	0001 0011	0001 1001

2진수 4비트는 16개의 코드가 가능한데 이중 0(0000)~9(1001)까지만 사용하여 10진수로 표현하는 것이다. 2진수 10에서 15까지의 수 1010, 1011, 1100, 1101. 1110, 1111은 사용하지 않는다. 예를 들어 10진수 12를 2진수와 8421 코드로 표현하면 다음과 같다.

(10진수) : 1 3
(2진수) : 1101
(8421 코드) : 0001 0011

8421코드에서 사용하지 않는 수가 나타나면 6(0110)을 더해주어야 한다. 예제를 통하여 설명하면 다음과 같다.

예제 2-11 다음을 8421 코드로 변환하여 계산하라.

① 13+9 ② 13.8+9.4 ③ 21 + 32 ④ 21.56 + 32.47

풀이 ▶

10진수 계산			8421 코드 계산		
①	피가수	13	①	피가수	0001 0011
	가수	+ 9		가수	+ 0000 1001
	결과	22			0001 1100
				결과	+ 0110
					0010 0010

10진수 계산			8421 코드 계산		
②	피가수	13.8	②	피가수	0001 0011. 1000
	가수	+ 9.4		가수	+ 1001. 0100
	결과	23.2			0001 1100. 1100
				결과	+ 0110. 0110
					0010 0011. 0010

10진수 계산			8421 코드 계산		
③	피가수	21	③	피가수	0010 0001
	가수	+ 32		가수	+ 0011 0010
	결과	53		결과	0101 0011

10진수 계산			8421 코드 계산		
			④	피가수	0010 0001. 0101 0110
				가수	+ 0011 0010. 0100 0111
④	피가수	21.56			0101 0011. 1001 1101
	가수	+ 32.47			+ 0110
	결과	54.03		결과	0101 0011. 1010 0011
					+ 0110 0000
					0101 0100. 0000 0011

(2) 3초과 코드(Excess - 3 코드)

BCD 코드 중 유용한 것으로 3초과 코드가 있는데 이것은 8421 코드보다 3(0011)이 초과된 코드로서 8421 코드에 3을 더하여 만든 코드이다. 즉 10진수의 수를 3초과 코드로의 변환은 우선 10자리수에 3을 더한 후 이를 4자리 2

진 비트로 변환하면 된다. 이 코드는 4개의 비트에 해당하는 자리수가 정해진 것이 아니므로 언웨이티드 코드이다. 사용되지 않는 코드는 0000, 0001, 0010, 1101, 1110, 1111등이다. 3초과 코드를 2진수 코드, 8421 코드와 비교하면 〈표 2.10〉과 같다.

〈표 2.10〉 2진수, 8421 코드와 3초과 코드 비교

10진수	2진 코드	8421 코드	3초과 코드	10진수	2진 코드	8421 코드	3초과 코드
0	0000	0000	0011	11	1011	0001 0001	0100 0100
1	0001	0001	0100	12	1100	0001 0010	0100 0101
2	0010	0010	0101	13	1101	0001 0011	0100 0110
3	0011	0011	0110	14	1110	0001 0100	0100 0111
4	0100	0100	0111	15	1111	0001 0101	0100 1000
5	0101	0101	1000	16	1 0000	0001 0110	0100 1001
6	0110	0110	1001	17	1 0001	0001 0111	0100 1010
7	0111	0111	1010	18	1 0010	0001 1000	0100 1011
8	1000	1000	1011	19	1 0011	0001 1001	0100 1100
9	1001	1001	1100	20	1 0100	0010 0000	0101 0011

3초과 코드 연산시 자리올림이 발생하면 0011을 더하고 자리올림이 없으면 0011을 뺀다. 예를 들어 이를 설명하면 다음과 같다. 3초과 코드 계산방법은 자리올림이 없는 곳은 3(0011)을 빼고 자리올림이 있는 곳은 3(0011)을 더한다.

예제 2-12 다음을 3초과 코드로 변환하여 계산하라.
① 13+9   ② 13.8+9.4   ③ 21 + 32   ④ 21.56 + 32.47

풀이 ▶

① 10진수 계산	8421코드 계산	3초과 코드 계산
13 + 9 ―― 22	0001 0011 + 0000 1001 ――――― 0001 1100 + 0110 ――――― 0010 0010	0100　0110 +0011　1100 ――――― 1000　0010 − 0011 +0011 ――――― 0101　0101

② 10진수 계산	8421 코드 계산	3초과 코드 계산
13.8 + 9.4 23.2	0001 0011. 1000 + 1001. 0100 0001 1100. 1100 + 0110. 0110 0010 0011. 0010	0100 0110. 1011 +0011 1100. 0111 1000 0011. 0010 −0011+0011.+0011 0101 0110. 0101

③ 10진수 계산	8421 코드 계산	3초과 코드 계산
21 + 32 53	0010 0001 + 0011 0010 0101 0011	0101 0100 + 0110 0101 1011 1001 − 0011 −0011 1000 0110

④ 10진수 계산	8421 코드 계산	3초과 코드 계산
21.56 + 32.47 54.03	0010 0001. 0101 0110 + 0011 0010. 0100 0111 0101 0011. 1001 1101 + 0110 0101 0011. 1010 0011 + 0110 0000 0101 0100. 0000 0011	0101 0100. 1000 1001 + 0110 0101. 0111 1010 1011 1010. 0000 0011 −0011 −0011 +0011 +0011 1000 0111. 0011 0110

(3) 그레이 코드

그레이 코드는 10진수가 아닌 2진수를 나타내기 위한 코드이며, 비자리값 (unweighted) 코드이다. 또 이것은 일정한 비트를 갖는 코드 체계가 아니다. 2진수에서 인접한 코드간의 차가 반드시 감산을 통하여 구하여지는 데 반하여 그레이 코드는 한 비트씩만이 차이가 나는 코드이다. 이러한 특징으로 인하여 내부적 표현보다는 외부의 기계, 또는 광학적인 회전축의 위치 부호기등으로 많이 쓰인다.

<표 2.11> 2진수와 그레이 코드 비교

10진수	2진수	그레이 코드	10진수	2진수	그레이 코드
0	0000	0000	8	1000	1100
1	0001	0001	9	1001	1101
2	0010	0011	10	1010	1111
3	0011	0010	11	1011	1110
4	0100	0110	12	1100	1010
5	0101	0111	13	1101	1011
6	0110	0101	14	1110	1001
7	0111	0100	15	1111	1000

2진수를 그레이 코드로 변환하는 순서는 다음과 같다.

① MSB(Most Significant Bit ; 최상위 비트)부터 시작한다.
② 2진수 MSB는 그레이 코드의 MSB가 된다.
③ 2번째 비트부터는 2진수의 앞의 비트와 비교하여 같으면 1, 다르면 0이 된다.
④ LSB(Least Significant Bit ; 최하위 비트)까지 반복해서 실행한다.

2진수를 그레이 코드로 변환하는 과정을 예로 들면 다음과 같다.

예제 2-13 다음의 2진수를 그레이 코드로 변환하라.
① 1010   ② 1100   ③ 01001101   ④ 11110001010

풀이 ▶

①	2진수	1 0 1 0
	변환과정	1 0 1 0 1 1 1 1
	그레이 코드	1 1 1 1

②	2진수	1 1 0 0
	변환과정	1 1 0 0 1 0 1 0
	그레이 코드	1 0 1 0

③	2진수	0 1 0 0 1 1 0 1
	변환과정	0 1 0 0 1 1 0 1 0 1 1 0 1 0 1 1
	그레이 코드	0 1 1 0 1 0 1 1

	2진수	1 1 1 1 0 0 0 1 0 1 0
④	변환과정	1 1 1 1 0 0 0 1 0 1 0 1 0 0 0 1 0 0 1 1 1 1
	그레이 코드	1 0 0 0 1 0 0 1 1 1 1

그레이 코드를 2진수로 변환하는 과정은 다음과 같다.
① 그레이 코드의 MSB는 2진수의 MSB로 쓴다.
② 2번째 비트부터는 그레이 코드와 이전 비트의 2진수와 비교하여 같으면 0, 다르면 1를 쓴다.

그레이 코드를 2진수로 변환하는 과정을 예로 들면 다음과 같다.

예제 2-14 다음의 2진수를 그레이 코드로 변환하라.
① 1111 ② 1010 ③ 01101011 ④ 10001001111

풀이 ▶

	그레이 코드	1 1 1 1
①	변환과정	1 1 1 1 1 0 1 0
	2진수	1 0 1 0

	그레이 코드	1 0 1 0
②	변환과정	1 0 1 0 1 1 0 0
	2진수	1 1 0 0

	그레이 코드	0 1 1 0 1 0 1 1
③	변환과정	0 1 1 0 1 0 1 1 0 1 0 0 1 1 0 1
	2진수	0 1 0 0 1 1 0 1

	그레이 코드	1 0 0 0 1 0 0 1 1 1 1
④	변환과정	1 0 0 0 1 0 0 1 1 1 1 1 1 1 1 0 0 0 1 0 1 0
	2진수	1 1 1 1 0 0 0 1 0 1 0

② 알파뉴메릭 코드

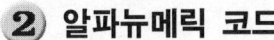

디지털 시스템은 수치는 물론 문자나 도형, 그리고 특수문자등을 모두 처리할 수 있어야 한다. 이런 숫자, 문자, 특수문자 등을 함께 표현할 수 있는 코드를 알파뉴메릭 코드 또는 알파메릭 코드(alphameric code)라 한다. 10진수 숫자 10개, 영문대소문자 52개, 연산자등의 특수문자, 제어문자 등을 나타내려면 최소한 100여 개 이상의 정보를 표현할 수 있어야 한다.

현재 많이 사용되고 있는 알파뉴메릭 코드로는 ASCII 코드와 EBCDIC 코드가 있으며, 각각 7비트와 8비트로 최초에 정의되었고, ASCII 코드는 다시 8비트와 16비트로 확장되었다.

(1) ASCII 코드

ASCII(American Standard Code for Information Interchange)는 정보처리를 위한 미국 표준 코드이다. ASCII 코드의 구성을 나타내면 〈그림 2.1〉과 같다.

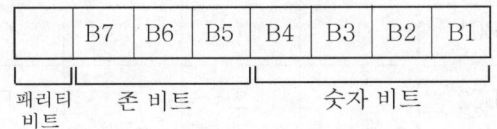

〈그림 2.1〉 ASCII 코드의 구성

패리티 비트에는 2가지가 있다. 하나는 짝수 패리티 비트와 홀수 패리티 비트이다. 정보를 보내기 전에 짝수 패리티 비트를 적용하면 "1"의 수가 짝수가 되도록 비트를 추가하는 것이고 홀수 패리티 비트를 적용하면 "1"의 수가 홀수가 되도록 비트를 추가하는 것이다.

예를 들어 설명하면 다음과 같다.

① 짝수 패리티 비트

1의 개수가 짝수 개이므로 짝수 패리티 비트는 0을 추가하여 1의 개수를 짝수개가 되도록 한다.

짝수 패리티 비트	존 비트			숫자 비트			
0	1	0	1	1	1	0	0

〈그림 2.2〉 짝수 패리티 비트의 예

② 홀수 패리티 비트

1의 개수가 짝수 개이므로 홀수 패리티 비트는 1을 추가하여 1의 개수를 홀수개가 되도록 한다.

홀수 패리티 비트	존 비트			숫자 비트			
1	1	0	1	1	1	0	0

〈그림 2.3〉 홀수 패리티 비트의 예

〈표 2.12〉는 7비트로 정의된 ASCII 코드를 나타내고 있다.

〈표 2.12〉 7비트 ASCII 코드

LSB＼MSB	0 (000)	1 (001)	2 (010)	3 (011)	4 (100)	5 (101)	6 (110)	7 (111)
0 (0000)	null	DLE	SP	0	@	P		p
1 (0001)	SOH	DC1	!	1	A	Q	a	q
2 (0010)	STX	DC2	"	2	B	R	b	r
3 (0011)	ETX	DC3	#	3	C	S	c	s
4 (0100)	EOT	DC4	$	4	D	T	d	t
5 (0101)	END	NAK	%	5	E	U	e	u
6 (0110)	ACK	SYN	&	6	F	V	f	v
7 (0111)	bell	ETB	'	7	G	W	g	w
8 (1000)	BS	CAN	(	8	H	X	h	x
9 (1001)	HT	EM	)	9	I	Y	i	y
A (1010)	LF	SUB	*	:	J	Z	j	z
B (1011)	VT	ESC	+	;	K	[	k	{
C (1100)	FF	FS	,	〈	L	₩	l	l

LSB \ MSB	0 (000)	1 (001)	2 (010)	3 (011)	4 (100)	5 (101)	6 (110)	7 (111)
D (1101)	CR	GS	_	=	M	]	m	}
E (1110)	SO	RS	.	〉	N	^	n	~
F (1111)	SI	US	/	?	O		o	DEL

FS : 001 1100, % : 010 0101, Q : 101 0001

〈표 2.13〉은 ASCII 코드의 제어문자를 나타낸 것이다.

〈표 2.13〉 ASCII 제어 문자

제어 문자	설 명	제어 문자	설 명
NULL	Null	DLE	Data-link escape
SOH	Start of heading	DC1	Device control 1
STX	Start of text	DC2	Device control 2
ETX	End of text	DC3	Device control 3
EOT	End of transmission	DC4	Device control 4
ENQ	Enquiry	NAK	Negative acknowledge
ACK	Acknowledge	SYN	Synchronous idle
BEL	Bell	ETB	End-of transmission block
BS	Backspace	CAN	Cancel
HT	Horizontal tab	EM	End of medium
LF	Line feed	SUB	Substitute
VT	Vertical tab	ESC	Escape
FF	Form feed	FS	File separator
CR	Carriage return	GS	Group separator
SO	Shift out	RS	Record separator
SI	Shift in	US	Unit separator
SP	Space	DEL	Delete

(2) EBCDIC

EBCDIC(Extended Binary Coded Decimal Interchange Code)는 확장 2진화 정보교환 코드로 6비트 BCDIC 코드를 8비트로 확장하여 숫자, 영문자, 특수문자 등을 표시한다. 이 코드는 패리티 체크 비트와 8개의 자료 비트로 구성된다. 8개의 자료 비트는 다시 4비트의 존 비트와 4개의 숫자 비트로 나뉜다. 〈그림 2.4〉는 EBCDIC의 코드 구성을 보인 것이다.

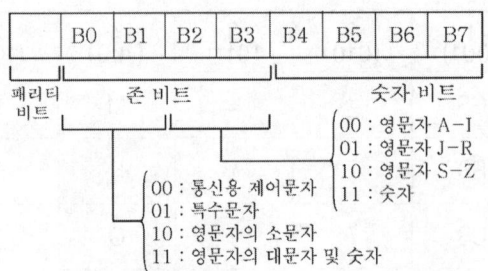

| | B0 | B1 | B2 | B3 | B4 | B5 | B6 | B7 |

패리티 비트 / 존 비트 / 숫자 비트

00 : 통신용 제어문자
01 : 특수문자
10 : 영문자의 소문자
11 : 영문자의 대문자 및 숫자

00 : 영문자 A-I
01 : 영문자 J-R
10 : 영문자 S-Z
11 : 숫자

〈그림 2.4〉 EBCDIC 코드의 구성

〈표 2.14〉는 EBCDIC 코드이다.

〈표 2.14〉 EBCDIC 코드

MSB LSB	00				01				10				11			
	00	01	10	11	00	01	10	11	00	01	10	11	00	01	10	11
0000	null		DS		SP	&										0
0001			SOS						a	j			A	J		1
0010			FS						b	k	s		B	K	S	2
0011		TM							c	l	t		C	L	T	3
0100	PF	RES	BYP	PN					d	m	u		D	M	U	4
0101	HT	NL	LF	RS					e	n	v		E	N	V	5
0110	LC	BS	EOB	UC					f	o	w		F	O	W	6
0111	DL	IL	PRE	EOT					g	p	x		G	P	X	7
1000									h	q	y		H	Q	Y	8
1001									i	r	z		I	R	Z	9
1010		CC	SM		Φ	!		:								
1011						$	.	#								
1100					〈	*	%	@								
1101					(	)	—	'								
1110					+	;	〉	=								
1111	CU1	CU2	CU3				?	"								

DS : 0010 0000, % : 0110 1100, Q : 1101 1000

비트, 바이트, 니블, 워드

2진수를 이루는 0 또는 1을 비트(bit)라 한다. 비트는 binary digit의 약어이다. 비트는 디지털 시스템에서 데이터의 최소단위이다. 물리적인 의미로 비트란 HIGH 또는 LOW 전압을 말한다. 디지털 장치는 데이터의 그룹을 다루기 위하여 워드(word)라는 용어를 사용한다. 거의 모든 컴퓨터 시스템에서는 데이터 버스의 길이가 워드의 크기 (word size)와 같다. 보통의 마이크로프로세서들은 8,16,32,64비트의 워드 길이를 갖는다. 디지털 장치에서 숫자, 문자, 구두점, 제어문자, 동작 코드(op code)를 이루는 8비트 그룹의 데이터를 바이트(byte)라 한다. 16진수 3D는 바이트 0011 1101을 나타낸다. 바이트(byte)는 binary term의 약어이다. 바이트는 정보의 작은 단위를 나타내며 기억장치에서 kilobyte(2^{10} 또는 1024 byte), megabyte(2^{20} ; 1,048,576 byte), gigabyte(2^{30} 또는 1,073,741,824 byte)라 부른다. 단순한 디지털 장치에서는 4비트의 그룹으로 데이터를 처리할 수 있도록 설계할 수 있다. 이 4비트의 그룹의 데이터를 니블(nibble)이라고 하다. 예를 들어 16진수 B는 니블 1011을 나타낸다.

1. 다음 2진수를 4진수, 8진수 16진수로 변환하라.

   ① 101010   ② 100111001   ③ 11010.01101

2. 다음 8진수를 2진수와 10진수로 변환하라.

   ① 123   ② 34567   ③ 567.123

3. 다음 16진수를 2진수와 10진수로 변환하라.

   ① 123   ② 345C   ③ 56D.B23

4. 다음 10진수 연산을 9의 보수와 10의 보수를 이용하여 계산하라.

   ① 88−59   ② 19 − 27.8   ③ 275.2 − 300.9

5. 다음 2진수를 계산하라.

   ① 1101 + 1010 ② 10011 + 1101.1   ③ 101101.011 + 101.0101

6. 다음 2진수 감산을 1의 보수와 2의 보수를 이용하여 계산하라.

   ① 1101 + 1010 ② 10011 + 1101.1   ③ 101101.011 + 101.0101

7. 다음 10진수를 그레이 코드로 변환하라.

   ① 15   ② 35   ③ 63

8. ASCII 코드에서 다음을 짝수 패리티로 적용하여 16진수로 표현하라.

   ① #   ② XU   ③ S O Z

9. ASCII 코드에서 다음을 홀수 패리티로 적용하여 16진수로 표현하라.

   ① #   ② XU   ③ S O Z

제 3 장 불 대수와 논리 게이트

1 불 대수

디지털 컴퓨터의 학습에 기본적인 수학은 불 대수이다. 불 대수는 1947년에 영국의 수학자 불(George Boole)에 의해 소개되었는데, 이는 논리적인 성질을 수학적으로 해석하는 방법을 설명하고 있어 논리대수(logical algebra)라고도 부른다. 그 후 1938년에 미국 벨 연구소의 샤논(Claude E. Shannon)에 의해 전기적인 스위치 회로가 불 대수로 표시될 수 있음을 밝혀 스위칭 대수(switching algebra)라고도 한다.

1 불 대수의 정리

〈표 3.1〉은 불 대수의 정리를 요약한 것이다.

〈표 3.1〉 불 대수의 정리

	(a) 기본	(b) 쌍대	비고
(1)	$A + 0 = A$	$A \cdot 1 = A$	상수 연산
(2)	$A(B + C) = AB + AC$	$A + BC = (A + B)(A + C)$	분배 법칙
(3)	$A + \overline{A} = 1$	$A \cdot \overline{A} = 0$	보수의 법칙
(4)	$A + A = A$	$AA = A$	동일 법칙
(5)	$A + 1 = 1$	$A \cdot 0 = 0$	상수의 연산
(6)	$A + AB = A$	$A(A + B) = A$	흡수 법칙
(7)	$(A + \overline{B})B = AB$	$A\overline{B} + B = A + B$	흡수 법칙
(8)	$(A + B)(A + \overline{B}) = A$	$AB + A\overline{B} = A$	흡수 법칙
(9)	$(A + B)(\overline{A} + C)(B + C)$ $= (A + B)(\overline{A} + C)$	$AB + \overline{A}C + BC$ $= AB + \overline{A}C$	콘센서스 (consensus)
(10)	$\overline{(A_1 + A_2 + \ldots + A_n)}$ $= \overline{A_1}\,\overline{A_2} \ldots \overline{A_n}$	$\overline{(A_1 A_2 \ldots A_n)}$ $= \overline{A_1} + \overline{A_2} + \ldots + \overline{A_n}$	드 모르간의 정리

예제 3-1 다음을 증명하라.

① $A + BC = (A + B)(A + C)$

② $(A + B)(A + \overline{B}) = A$

③ $A\overline{B} + B = A + B$

④ $AB + \overline{A}C + BC = AB + \overline{A}C$

풀이 ▶

① $A + BC = (A + B)(A + C)$		
$(A + B)(A + C)$	$= A(A + C) + B(A + C)$	$(2)(a)$
	$= AA + AC + AB + BC$	$(2)(a)$
	$= A + AC + AB + BC$	$(4)(b)$
	$= A \cdot 1 + AC + AB + BC$	$(1)(b)$
	$= A(1 + C + B) + BC$	$(2)(a)$
	$= A + BC$	$(5)(a)$

② $(A + B)(A + \overline{B}) = A$		
$(A + B)(A + \overline{B})$	$= AA + A\overline{B} + AB + B\overline{B}$	$(2)(a)$
	$= A + A\overline{B} + AB + B\overline{B}$	$(4)(b)$
	$= A \cdot 1 + A\overline{B} + AB + 0$	$(1)(b),\ (3)(b)$
	$= A(1 + \overline{B} + B)$	$(2)(a)$
	$= A$	$(5)(a),\ (3)(a)$

③ $A\overline{B} + B = A + B$		
$A\overline{B} + B$	$= (A + B)(B + \overline{B})$	$(2)(b)$
	$= (A + B) \cdot 1$	$(3)(a)$
	$= A + B$	$(1)(b)$

④ $AB + \overline{A}C + BC = AB + \overline{A}C$		
$AB + \overline{A}C + BC$	$= AB + \overline{A}C + (A + \overline{A})BC$	$(3)(a)$
	$= (AB + ABC) + (\overline{A}C + \overline{A}BC)$	$(2)(a)$
	$= AB(1 + C) + \overline{A}C(1 + B)$	$(2)(a)$
	$= AB + \overline{A}C$	$(3)(a)$

2 불 함수의 쌍대성

불 대수에서 쌍대(dual)는 AND를 OR로 OR를 AND로, 1을 0으로, 그리고 0을 1로 대치하여 만든다.

$$A + (B \cdot C) = (A + B) \cdot (A + C)$$

쌍대　$\updownarrow$　$\updownarrow$　　$\updownarrow$　$\updownarrow$　$\updownarrow$

$$A \cdot (B + C) = (A \cdot B) + (A \cdot C)$$

$$A + \overline{A} = 1$$

쌍대　$\updownarrow$　$\updownarrow$

$$A \cdot \overline{A} = 0$$

3 연산자의 우선순위

불 대수식을 계산할 때 연산자의 우선순위(operator precedence)는 다음과 같다.
① 괄호
② NOT
③ AND
④ OR

괄호내의 식은 다른 모든 연산에 앞서서 계산해야 한다. 그 다음에는 보수, 즉 NOT을 계산하고 그 다음에는 AND 그리고 마지막에 OR를 계산한다. 드 모르간 정리를 예로 들면 〈표 3.2〉와 같다.

〈표 3.2〉 드 모르간 정리($\overline{(A + B)} = \overline{A}\ \overline{B}$)

A B	A+B	$\overline{(A+B)}$	$\overline{A}$	$\overline{B}$	$\overline{A}\ \overline{B}$
0 0	0	1	1	1	1
0 1	1	0	1	0	0
1 0	1	0	0	1	0
1 1	1	0	0	0	0

2 불 함수의 표현

불 함수는 0 또는 1의 값을 갖는 2진 변수, 2개의 연산자 AND와 OR 그리고 보수 연산자 NOT, 괄호 및 등호로 표현된다. 진리표로 표현하려면 n 개의 2진 변수는 1 과 0의 2^n개의 조합이 필요하다. 다음과 같은 3가지의 불 함수에 대한 진리표는 〈표 3.3〉과 같다.

$$Y_1 = A\,B\,\overline{C}, \quad Y_2 = A + \overline{B}\,C, \; Y_3 = \overline{A}\,\overline{B}\,C + \overline{A}\,B\,C + A\,\overline{B}$$

〈표 3.3〉 불 함수 표현의 진리표

A	B	C	Y_1	Y_2	Y_3
0	0	0	0	0	0
0	0	1	0	1	1
0	1	0	0	0	0
0	1	1	0	0	1
1	0	0	0	1	1
1	0	1	0	1	1
1	1	0	1	1	0
1	1	1	0	1	0

1 대수적 간략화

임의의 불 함수에 대하여 등가인 간소화된 식을 얻는 일을 간소화(simplication) 또는 간략화(minimization)라 한다. 불 함수를 간략화하면 논리회로의 구현시 필요한 소자의 수를 최소화 할 수 있다.

문자(literal)는 보수 표현이 되어 있거나 혹은 되어 있지 않은 변수로서 논리회로 구현시 게이트의 입력으로 쓰인다. 항(term)은 문자들이 연산자(operator)에 의해 서로 연결된 것으로 논리회로로 구현시 게이트의 출력으로 나타난다. 따라서 문자와 항의 수가 가장 적은 표현이 가장 좋은 불 함수의 표현법이라 할 수 있다. 이러한 대수적 간략화에는 다음과 같은 방법이 주로 이용된다.

(1) 항들의 결합

2개의 항을 결합하여 하나의 항으로 만들기 위한 정리로 $XY + X\overline{Y} = X$ 정리를 이용하면 간략화할 수 있다.

$XY + X\overline{Y} = X$ 증명하면 다음과 같다.

$$X Y + X \overline{Y} = X (Y + \overline{Y}) = X \cdot 1 = X$$

예제 3-2  $XY + X\overline{Y} = X$를 이용하여 간략화하라.

① $AB\overline{C}\,\overline{D} + ABC\overline{D}$ ② $(A+BC)(D+\overline{E}) + \overline{A}(\overline{B}+\overline{C})(D+\overline{E})$

풀이 ▷   ① $AB\overline{C}\,\overline{D} + ABC\overline{D} = AB\overline{D} \cdot \overline{C} + AB\overline{D} \cdot C = AB\overline{D}$

        $(X = AB\overline{D}, \ Y = C\ )$

     ② $(A+BC)(D+\overline{E}) + \overline{A}(\overline{B}+\overline{C})(D+\overline{E})$

       $= (D+\overline{E})(A+BC) + (D+\overline{E})(\overline{A+BC}) = D + \overline{E}$

        $(X = D+\overline{E}, \ Y = A+BC)$

(2) 항 제거

중복된 항들을 제거하기 위하여 사용되는 정리로 $X + XY = X$ 정리를 이용하면 간략화 할 수 있다.

$X + XY = X$ 증명하면 다음과 같다.

$$X + X Y = X (1 + Y) = X \cdot 1 = X$$

예제 3-3 $\overline{A}B + \overline{A}BC$ 를 $X + XY = X$ 정리를 이용하여 간략화 하라.

① $\overline{A}B + \overline{A}BC = \overline{A}B + \overline{A}B \cdot C = \overline{A}B$

    $(X = \overline{A}B, \ Y = C)$

(3) 문자 제거

중복된 문자들을 제거하기 위하여 사용되는 정리로 $X + \overline{X}Y = X + Y$를 이용하면 간략화 할 수 있다.

$X + \overline{X}Y = X + Y$ 증명하면 다음과 같다.

$$X + \overline{X}Y = X \cdot 1 + \overline{X}\,Y$$
$$= X(Y + \overline{Y}) + \overline{X}Y$$

$$= XY + X\overline{Y} + \overline{X}Y$$
$$= XY + XY + X\overline{Y} + \overline{X}Y$$
$$= X(Y + \overline{Y}) + Y(X + \overline{X})$$
$$= X \cdot 1 + Y \cdot 1$$
$$= X + Y$$

예제 3-4 $\overline{A}B + \overline{A}\,\overline{B}\,\overline{C}\,\overline{D} + ABC\overline{D}$ 를 $X + \overline{X}Y = X + Y$ 정리를 이용하여 간략화하라.

① $\overline{A}B + \overline{A}\,\overline{B}\,\overline{C}\,\overline{D} + ABC\overline{D}$

$= \overline{A}(B + \overline{B} \cdot \overline{C}\,\overline{D}) + ABC\overline{D}$ $(X = A, \ \overline{Y} = \overline{C}\,\overline{D})$

$= \overline{A}(B + \overline{C}\,\overline{D}) + ABC\overline{D}$

$= \overline{A}B + \overline{C}\overline{D} + ABC\overline{D}$

$= B(\overline{A} + A \cdot C\overline{D}) + \overline{A}\,\overline{C}\,\overline{D}$ $(X = \overline{A}, \ \overline{Y} = C\overline{D})$

$= B(\overline{A} + C\overline{D}) + \overline{A}\,\overline{C}\,\overline{D}$

$= \overline{A}B + BC\overline{D} + \overline{A}\,\overline{C}\,\overline{D}$

(4) 중복된 항 첨가

함수식의 의미가 변하지 않도록 주의하며 적절한 항들을 함수식에 첨가시킨다. 예를 들면 A, $\overline{A}$를 함수에 더하거나 $A + \overline{A}$를 함수에 곱하거나 또는 AB를 A에 더하는($A + AB$) 등의 방식이다. 이렇게 항들을 첨가하는 이유는 첨가된 항을 이용하여 다른 항을 결합 또는 제거하기 위해서이다.

$$A\overline{B}C + ABC + \overline{A}BC = A\overline{B}C + ABC + ABC + \overline{A}BC$$
$$= AC(\overline{B} + B) + BC(A + \overline{A})$$
$$= AC + BC$$

② 콘센서스 정리

콘센서스(consensus) 함수는 불 함수를 간단히 하는 데 유용하게 이용된다. $XY + \overline{X}Z + YZ$ 형태의 함수가 주어진 경우 YZ항은 중복이 되어 삭제될 수 있다. 이때 제거된 YZ항은 콘센서스 항이 된다.

$XY + \overline{X}Z + YZ = XY + \overline{X}Z$을 증명하면 다음과 같다.

$$
\begin{aligned}
XY + \overline{X}Z + YZ &= XY + \overline{X}Z + (X + \overline{X})YZ \\
&= (XY + XYZ) + (\overline{X}Z + \overline{X}\,Y\,Z) \\
&= XY(1 + Z) + \overline{X}Z(1 + Y) \\
&= XY + \overline{X}Z
\end{aligned}
$$

예제 3-5 다음 콘센서스 항을 구하라.

① $AB + \overline{A}C$ ② $ABD + \overline{B}D\overline{E}$ ③ $A\overline{B}C + \overline{A}B\overline{D}$

풀이 ▶ ① $AB + \overline{A}C = AB + \overline{A}C + BC$ (BC항이 콘센서스 항)

② $ABD + \overline{B}D\overline{E} = B \cdot (AD) + \overline{B} \cdot (D\overline{E}) + AD \cdot D\overline{E}$
$= ABD + \overline{B}D\overline{E} + AD\overline{E}$ (AD$\overline{E}$항이 콘센서스 항)

③ $A\overline{B}C + \overline{A}B\overline{D} = A \cdot \overline{B}C + \overline{A} \cdot B\overline{D} + (\overline{B}C \cdot B\overline{D})$
$= A\overline{B}C + \overline{A}B\overline{D} + 0$ (콘센서스 항은 존재하지 않는다.)

다른 형태의 콘센서스 항은 다음과 같다.

$(X + Y)(\overline{X} + Z)(Y + Z) = (X + Y)(\overline{X} + Z)$ (콘센서스 항은 $Y + Z$이다.)

(3) 함수의 보수

함수 X의 보수는 $\overline{X}$이다. 이는 X의 값을 1은 0으로, 0은 1로 바꿈으로써 얻을 수 있다. 또 대수적으로 드 모르간의 정리(De Morgan's theorem)를 이용하여 얻을 수도 있으며 두 변수에 대한 드 모르간의 정리는 세 개 이상의 정리로 확장할 수 있다.

$$
\overline{(A + B + C)} = \overline{(A + X)} = \overline{A}\,\overline{X} = \overline{A}\,\overline{(B + C)} = \overline{A}\,\overline{B}\,\overline{C}
$$
$$
(X = B + C)
$$

네 변수 이상의 드 모르간의 정리는 위에서 유도한 방식을 계속적으로 적용하여 얻을 수 있으며 다음과 같이 일반화 할 수 있다.

$$
\overline{(A + B + \cdots + Z)} = \overline{A} \cdot \overline{B} \cdot \cdots \cdot \overline{Z}
$$
$$
\overline{(A \cdot B \cdot \cdots \cdot Z)} = \overline{A} + \overline{B} + \cdots + \overline{Z}
$$

함수의 보수를 쉽게 구하는 방법은 연산자들의 쌍대를 취한 뒤, 즉 AND는 OR로 OR는 AND로 서로 바꾸어 각 문자의 보수(complement)를 취하는 것이다. 이 방법은 일반화된 드 모르간의 정리에 의한 것이다.

③ 최대항과 최소항

n개의 변수는 2^n개의 최소항으로 형성되며 0부터 $2^n - 1$까지의 2진 숫자가 n개의 변수 밑에 기록되며 각 최소항은 n개의 변수들을 AND 항으로 결합하여 얻을 수 있다. 각 최소항(minterm : m_i) 또는 표준곱(standard sum)에 대한 기호가 m_i 형태로 〈표 3.4〉에 나타내었다. 이때 여기서 i는 최소항에 해당하는 2진수를 10진수로 표시한다. 비슷한 방법으로 n개의 변수는 각 변수에 점을 찍거나 점을 찍지 않은 형태로 OR 항을 형성하면 2^n개의 가능한 조합으로 만들 수 있다. 이를 최대항(maxterm ; M_i) 또는 표준 합(standard sum)이라 한다.

〈표 3.4〉 최소항과 최대항

A B C	최소항		최대항	
	항	표시	항	표시
0 0 0	$\overline{A}\,\overline{B}\,\overline{C}$	m_0	$A+B+C$	M_0
0 0 1	$\overline{A}\,\overline{B}\,C$	m_1	$A+B+\overline{C}$	M_1
0 1 0	$\overline{A}\,B\,\overline{C}$	m_2	$A+\overline{B}+C$	M_2
0 1 1	$\overline{A}\,B\,C$	m_3	$A+\overline{B}+\overline{C}$	M_3
1 0 0	$A\,\overline{B}\,\overline{C}$	m_4	$\overline{A}+B+C$	M_4
1 0 1	$A\,\overline{B}\,C$	m_5	$\overline{A}+B+\overline{C}$	M_5
1 1 0	$A\,B\,\overline{C}$	m_6	$\overline{A}+\overline{B}+C$	M_6
1 1 1	$A\,B\,C$	m_7	$\overline{A}+\overline{B}+\overline{C}$	M_7

최대항과 최소항과의 관계는 $m_i = \overline{M_i}$이다. 즉 최소항과 최대항과는 보수의 관계를 갖는다. 최소항과 최대항과의 관계는 〈표 3.5〉로 표현할 수 있다.

<표 3.5> 최소항과 최대항과의 관계

		원하는 양식			
	논리식	Y의 최소항	Y의 최대항	$\overline{Y}$의 최소항	$\overline{Y}$의 최대항
주어진 양식	Y의 최소항 전개 $Y = \sum m(0,1,3,4,7)$	$Y = \sum m(0,1,3,4,7)$	$\prod M(2,5,6)$	$\sum m(2,5,6)$	$\prod M(0,1,3,4,7)$
	Y의 최대항 전개 $Y = \prod M(2,5,6)$	$Y = \sum m(0,1,3,4,7)$	$Y = \prod M(2,5,6)$	$\sum m(2,5,6)$	$\prod M(0,1,3,4,7)$

예제 3-6 다음을 최소항과 최대항으로 표시하라.

① $Y = \overline{A}\,\overline{B}C + A\,\overline{B}\,\overline{C} + ABC$

② $Y = \overline{A}BC + A\overline{B}\,\overline{C} + AB\overline{C} + ABC$

③ $Y = (A+B+C)(A+B+\overline{C})(A+\overline{B}+\overline{C})(\overline{A}+B+C)$

④ $Y = (A+B+C)(A+\overline{B}+C)(A+\overline{B}+\overline{C})(\overline{A}+B+\overline{C})(\overline{A}+\overline{B}+C)$

풀이 ▶ ① 최소항 : $Y(A,B,C) = m_1 + m_4 + m_7 = \sum m(1,4,7)$

   최대항 : $Y(A,B,C) = M_0\,M_2\,M_3\,M_5\,M_6 = \prod M(0,2,3,5,6)$

② 최소항 : $Y(A,B,C) = m_3 + m_5 + m_6 + m_7 = \sum m(3,5,6,7)$

   최대항 : $Y(A,B,C) = M_0\,M_2\,M_3\,M_5\,M_6 = \prod M(0,2,3,5,6)$

③ 최대항 : $Y(A,B,C) = M_0\,M_1\,M_3\,M_4 = \prod M(0,1,3,4)$

   최소항 : $Y(A,B,C) = \sum m(2,5,6,7)$

④ 최대항 : $Y(A,B,C) = M_0\,M_2\,M_3\,M_5\,M_6 = \prod M(0,2,3,5,6)$

   최소항 : $Y(A,B,C) = \sum m(1,4)$

예제 3-7 다음을 최소항과 최대항으로 표현라.

① $Y = A + B\overline{C}$ ② $Y = AB + \overline{A}C$

풀이 ▶ ① $Y = A + B\overline{C}$

$= A(B + \overline{B}) + (A + \overline{A})B\overline{C} = AB + A\overline{B} + AB\overline{C} + \overline{A}B\overline{C}$

$= AB(C + \overline{C}) + A\overline{B}(C + \overline{C}) + AB\overline{C} + \overline{A}B\overline{C}$

$= ABC + AB\overline{C} + A\overline{B}C + A\overline{B}\,\overline{C} + AB\overline{C} + \overline{A}B\overline{C}$

$= ABC + AB\overline{C} + A\overline{B}C + A\overline{B}\,\overline{C} + \overline{A}B\overline{C}$

$= m_2 + m_4 + m_5 + m_6 + m_7 = \sum m(2,4,5,6,7) = \prod M(0,1,3,)$

$$② \ Y = AB + \overline{A}C$$
$$= (AB + \overline{A})(AB + C)$$
$$= (A + \overline{A})(B + \overline{A})(A + C)(B + C)$$
$$= (\overline{A} + B)(A + C)(B + C)$$
$$= (\overline{A} + B + C\overline{C})(A + B\overline{B} + C)(A\overline{A} + B + C)$$
$$= (\overline{A} + B + C)(\overline{A} + B + \overline{C})(A + B + C)(A + \overline{B} + Z)$$
$$\cdot (A + B + C)(\overline{A} + B + C)$$
$$= (A + B + C)(A + \overline{B} + C)(\overline{A} + B + C)(\overline{A} + B + \overline{C})$$
$$= M_0 M_2 M_4 M_5 = \prod M(0,2,4,5) = \sum m(1,3,6,7)$$

④ 논리 게이트

디지털 회로의 게이트는 한 개 또는 두 개 이상의 입력단자와 하나의 출력단자를 갖는 회로이며 출력 값은 입력 값의 조합에 대한 함수이다. 이 게이트들은 트랜지스터, 다이오드, 기타 반도체소자들을 이용한 집적회로로 구성된다.

논리 게이트 종류는 〈표 3.6〉과 같다. 기본 논리 게이트는 AND, OR, NOT 게이트가 있다. 모든 논리 게이트는 3개의 기본 게이트를 조합하여 구성할 수 있다. 또는 NAND나 NOR 게이트는 트랜지스터로 쉽게 제조되고 모든 논리회로를 대치하여 표현할 수 있기 때문에 이들을 범용 게이트(universal gate)라고 한다.

〈표 3.6〉 논리 게이트의 종류

종 류	비 고
AND 게이트	기본 게이트
OR 게이트	
NOT 게이트	
버퍼(buffer) 게이트	
NAND 게이트	범용 게이트
NOR 게이트	
Exclusive OR 게이트	
Exclusive NOR 게이트	

1 AND 게이트(논리 곱)

AND 게이트는 2개 이상의 입력과 하나의 출력을 갖는 논리소자이다. 입력 모두가 1일 때만 출력이 1이 되고 하나 이상의 0이 입력되면 출력은 0이 된다. 2입력 AND 게이트의 논리기호는 〈그림 3.1〉과 같다.

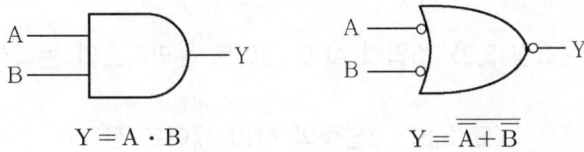

$$Y = A \cdot B \qquad\qquad Y = \overline{A + B}$$

〈그림 3.1〉 2입력 AND 게이트 논리기호와 논리식

AND 연산에 관한 내용은 〈표 3.7〉에 나타내었다.

〈표 3.7〉 2입력 AND 게이트 연산과 특징

(a) AND 게이트 기호	(b) 진리표	(c) 타이밍 도
A ─┐ B ─┘ Y $Y = A \cdot B$	입력 A, 입력 B, 출력 Y 0 0 0 0 1 0 1 0 0 1 1 1	(타이밍도)
(d) 스위치 AND 연산		(e) 다이오드 AND 연산
(스위치 회로)		(다이오드 회로)
(f) TTL AND 연산		(g) CMOS AND 연산
(TTL 회로)		(CMOS 회로)

3 입력 AND 게이트의 논리기호는 〈그림 3.2〉와 같다.

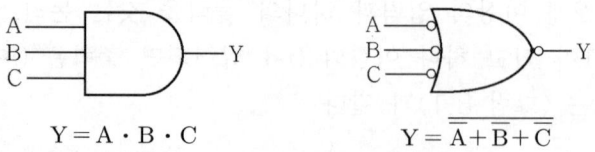

$$Y = A \cdot B \cdot C$$

$$Y = \overline{\overline{A} + \overline{B} + \overline{C}}$$

〈그림 3.2〉 3입력 AND 게이트 논리기호와 논리식

〈표 3.8〉 3입력의 AND 게이트 진리표

입력			출력
A	B	C	Y
0	0	0	0
0	0	1	0
0	1	0	0
0	1	1	0
1	0	0	0
1	0	1	0
1	1	0	0
1	1	1	1

② OR 게이트(논리 합)

OR 게이트는 2개 이상의 입력과 하나의 출력을 갖는 논리소자이다. 입력이 하나라도 1이면 출력은 1이 되고 모든 입력이 0일 때만 출력이 0이 된다.

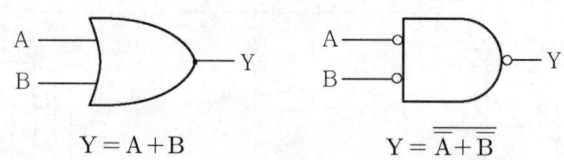

$$Y = A + B$$

$$Y = \overline{\overline{A} + \overline{B}}$$

〈그림 3.3〉 2입력 OR 게이트 논리기호와 논리식

OR 연산에 관한 내용은 〈표 3.9〉에 나타내었다.

〈표 3.9〉 2입력 OR 게이트 연산과 특징

(a) OR 게이트 기호	(b) 진리표	(c) 타이밍도

입력		출력
A	B	Y
0	0	0
0	1	1
1	0	1
1	1	1

$$Y = A + B$$

(d) 스위치 OR 연산	(e) 다이오드 OR 연산

(f) TTL OR 연산	(g) CMOS OR 연산

3 입력 OR 게이트의 논리기호는 〈그림 3.4〉와 같다.

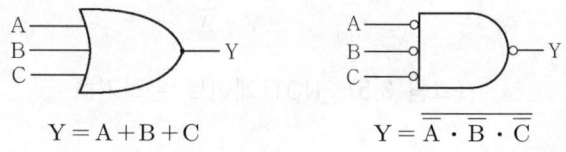

$$Y = A + B + C \qquad Y = \overline{\overline{A} \cdot \overline{B} \cdot \overline{C}}$$

〈그림 3.4〉 3입력 OR 게이트 논리기호와 논리식

〈표 3.10〉 3입력의 OR 게이트 진리표

입력			출력
A	B	C	Y
0	0	0	0
0	0	1	1
0	1	0	1
0	1	1	1
1	0	0	1
1	0	1	1
1	1	0	1
1	1	1	1

❸ NOT 게이트(논리 부정)

NOT 게이트는 하나의 입력과 하나의 출력을 갖고 반전(invert) 또는 보수(complement) 기능을 수행한다. 다시 말하면 입력이 0이면 출력은 1, 입력이 1이면 출력은 0이 된다. NOT 게이트는 2진신호를 역으로 만들기 때문에 인버터(inverter)라고도 한다.

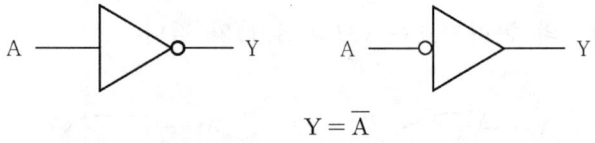

$$Y = \overline{A}$$

〈그림 3.5〉 NOT 게이트 논리기호

NOT 연산은 〈표 3.11〉에 나타내었다.

〈표 3.11〉 NOT 게이트 연산과 특징

(a) NOT 게이트 기호	(b) 진리표	(c) 타이밍도

(a) NOT 게이트 기호

A ———▷○——— Y

$$Y = \overline{A}$$

(b) 진리표

입력	출력
A	Y
0	1
1	0

(c) 타이밍도

(d) 스위치 NOT 연산	(e) 다이오드 NOT 연산
	구성할 수 없음

(f) TTL NOT 연산	(g) CMOS NOT 연산

4 버퍼(buffer) 게이트

버퍼는 하나의 입력과 하나의 출력을 갖는다. 어떠한 논리연산도 수행하지 않고 단순히 전달 기능만 수행하는 게이트로 입력과 출력 데이터는 동일하다. 이 게이트는 2진 신호를 전력 증폭하는 데 사용하며 NOT 게이트를 2개 연결한 것과 같다.

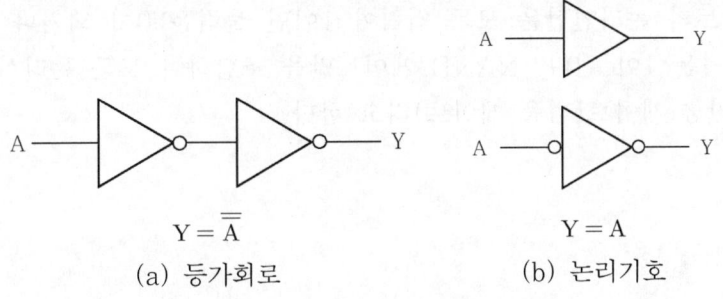

$$Y = \overline{\overline{A}}$$

(a) 등가회로

$$Y = A$$

(b) 논리기호

〈그림 3.6〉 버퍼 게이트

버퍼 연산은 〈표 3.12〉에 나타내었다.

〈표 3.12〉 버퍼 게이트 연산과 특징

(a) 버퍼 게이트 기호	(b) 진리표	(c) 타이밍도

입력	출력
A	Y
0	0
1	1

$$Y = \overline{\overline{A}} = A$$

(d) 스위치 버퍼 연산	(e) 다이오드 버퍼 연산

(f) TTL 버퍼 연산	(g) CMOS 버퍼 연산

⑤ NAND 게이트

NAND 게이트는 NOT과 AND의 합성어(NOT+AND)로서 AND 게이트에 NOT 게이트를 직렬로 연결한 게이트이다. 이 게이트는 AND 게이트의 출력을 역으로 만든다. NAND 게이트의 논리연산은 모든 입력이 1이면 출력은 0이 되거나 하나의 입력이라도 0이면 출력은 1이 된다. NAND 게이트만을 조합하여 모든 논리회로를 구현할 수 있기 때문에 만능 게이트(범용 게이트)라고 한다.

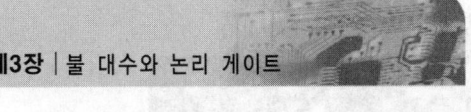

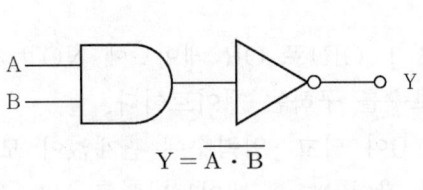

$$Y = \overline{A \cdot B}$$

(a) 등가회로

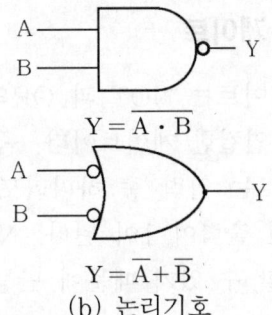

$$Y = \overline{A \cdot B}$$

$$Y = \overline{A} + \overline{B}$$

(b) 논리기호

〈그림 3.7〉 NAND 게이트

NAND 게이트 연산은 〈표 3.13〉에 나타내었다.

〈표 3.13〉 NAND 게이트 연산과 특징

(a) NAND 게이트 기호	(b) 진리표			(c) 타이밍도

(a) NAND 게이트 기호

$$Y = \overline{A \cdot B}$$
$$Y = \overline{A} + \overline{B}$$

(b) 진리표

입력		출력
A	B	Y
0	0	1
0	1	1
1	0	1
1	1	0

(c) 타이밍도

(d) 스위치 NAND 연산	(e) 다이오드 NAND 연산

(e) 다이오드 NAND 연산

구성할 수 없음

(f) TTL NAND 연산	(g) CMOS NAND 연산

6 NOR 게이트

NOR 게이트는 NOT 과 OR의 합성어(NOT + OR)로 OR 게이트에 NOT 게이트를 직렬로 연결한 게이트이다. 즉 OR 연산의 보수를 구하는 게이트이다.

이 게이트는 입력 중 하나라도 1이면 출력은 0이 되고, 입력수에 관계없이 모든 입력이 0이면 출력이 1이 된다. NAND 게이트와 같이 NOR 게이트만으로 모든 논리회로를 구현할 수 있기 때문에 만능 게이트(범용 게이트)라고 한다.

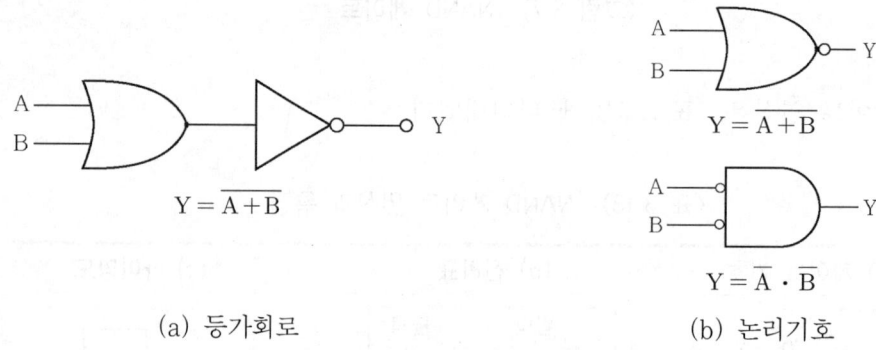

$$Y = \overline{A + B}$$

(a) 등가회로

$$Y = \overline{A + B}$$

$$Y = \overline{A} \cdot \overline{B}$$

(b) 논리기호

〈그림 3.8〉 NOR 게이트

NOR 게이트 연산은 〈표 3.14〉에 나타내었다.

〈표 3.14〉 NOR 게이트 연산과 특징

(a) NOR 게이트 기호	(b) 진리표			(c) 타이밍도
$Y = \overline{A + B}$ $Y = \overline{A} \cdot \overline{B}$	입력		출력	
	A	B	Y	
	0	0	1	
	0	1	0	
	1	0	0	
	1	1	0	
(d) 스위치 NOR 연산		(e) 다이오드 NOR 연산		
		구성할 수 없음		

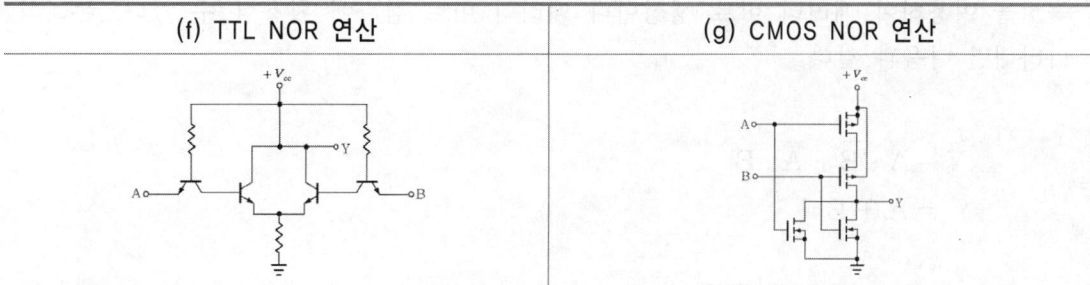

〈표 3.15〉는 기본 게이트를 만능 게이트로 변환한 것을 나타낸 것이다.

〈표 3.15〉 기본 게이트를 NOR/NAND 게이트로 변환

게이트	심볼	NOR 변환	NAND 변환
NOT	$Y = \overline{A}$	$Y = \overline{A+A} = \overline{A}$	$Y = \overline{A \cdot A} = \overline{A}$
OR	$Y = A+B$	$Y = \overline{\overline{A+B}} = \overline{\overline{A} \cdot \overline{B}}$ $= A+B$	$Y = \overline{\overline{A \cdot A} \cdot \overline{B \cdot B}}$ $= \overline{\overline{A} \cdot \overline{B}} = A+B$
AND	$Y = A \cdot B$	$Y = \overline{\overline{A+A}+\overline{B+B}}$ $= \overline{\overline{A}+\overline{B}} = A \cdot B$	$Y = \overline{\overline{A \cdot B}} = \overline{\overline{A}+\overline{B}}$ $= A \cdot B$

⑦ X-OR 게이트(배타적 논리합)

AND, OR, NOT의 조합논리로 〈그림 3.9(a)〉처럼 구성되며 줄여서 XOR(exc-lusive-OR) 또는 EOR 게이트라 표기된다. 2 입력 XOR 게이트의 경우 입력이 같으면 출력은 0이고, 입력이 서로 다르면 1이 출력된다. 바꾸어 설명하면 이 게이트는 입력 수에 상관없이 1의 개수가 홀수이면 그 출력은 1이고 짝수이면 0이 된다. 이런

특성을 이용하여 패리티 비트 생성이나 패리티 비트 검사에 활용할 수 있다. 논리식을 나타내면 다음과 같다.

$$Y = A \cdot \overline{B} + \overline{A} \cdot B$$
$$= A \oplus B$$

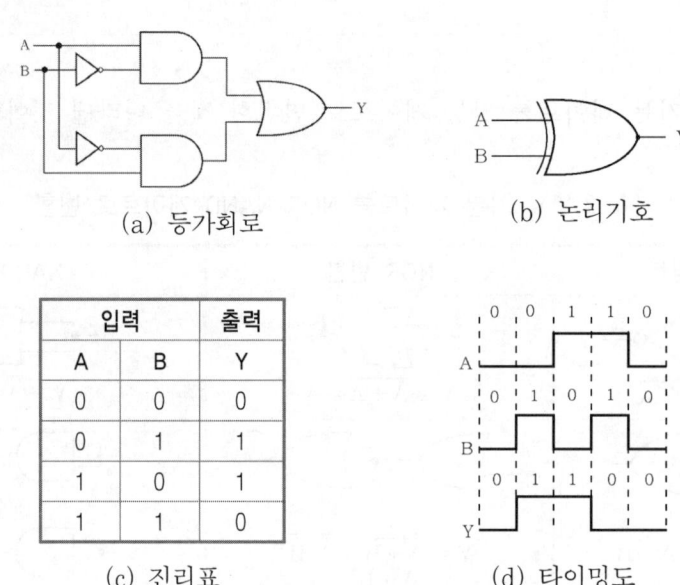

| (a) 등가회로 | (b) 논리기호 |

입력		출력
A	B	Y
0	0	0
0	1	1
1	0	1
1	1	0

(c) 진리표

(d) 타이밍도

〈그림 3.9〉 XOR 게이트

8 X - NOR 게이트(부정 배타적 논리합)

XOR 게이트의 보수를 구하는 게이트로서 줄여서 XNOR(exclusive−NOR) 또는 ENOR 게이트라 표기한다. 입력이 서로 같으면 출력이 1이 되므로 일치회로라고도 한다. 이 게이트는 입력 수에 관계없이 1의 개수가 홀수이면 그 출력은 0이고, 짝수이면 1이 된다. 이러한 특성을 이용하여 XOR 게이트와 함께 패리티 비트의 생성이나 패리티 비트 검사에 사용할 수 있다. 논리식을 나타내면 다음과 같다.

$$Y = \overline{A \cdot \overline{B} + \overline{A} \cdot B} = \overline{A \cdot \overline{B}} \ \overline{\overline{A} \cdot B} = (\overline{A} + B)(A + \overline{B})$$
$$= A \cdot B + \overline{A} \cdot \overline{B} = \overline{A \oplus B} = A \odot B$$

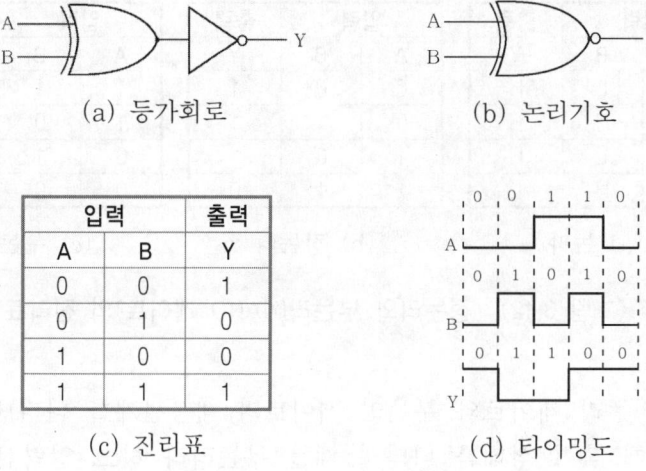

입력		출력
A	B	Y
0	0	1
0	1	0
1	0	0
1	1	1

(a) 등가회로   (b) 논리기호

(c) 진리표   (d) 타이밍도

〈그림 3.10〉 XNOR 게이트

5 정논리와 부논리

어떤 디지털 시스템에서 높은 전압(혹은 전류)과 낮은 전압(혹은 전류)의 두 레벨이 쓰일 때 둘 중 어느 것을 0 혹은 1로 잡느냐 하는 것은 설계자 임의로 정할 수 있는 문제이다. 만일 높은 레벨을 1로, 낮은 레벨을 0으로 잡으면 이 논리 시스템은 정(+) 논리 시스템(positive logic system)이라고 한다. 반대로 높은 레벨은 0으로 낮은 레벨을 1로 잡으면 이 논리 시스템은 부(−) 논리 시스템(negative logic system)이 된다.

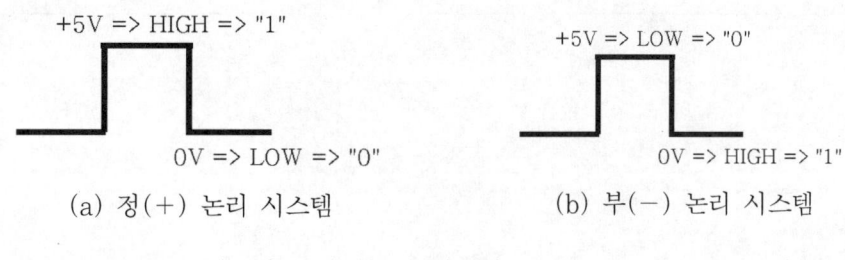

+5V => HIGH => "1"

0V => LOW => "0"

+5V => LOW => "0"

0V => HIGH => "1"

(a) 정(+) 논리 시스템   (b) 부(−) 논리 시스템

〈그림 3.11〉 논리 시스템

NAND 게이트를 정논리와 부논리의 진리표로 표현하면 〈그림 3.12〉와 같다.

입력		출력
A	B	Y
L	L	H
L	H	H
H	L	H
H	H	L

(a) 논리

입력		출력
A	B	Y
0	0	1
0	1	1
1	0	1
1	1	0

(b) 정논리

입력		출력
A	B	Y
1	1	0
1	0	0
0	1	0
0	0	1

(c) 부논리

〈그림 3.12〉 정논리와 부논리(NAND 게이트)의 진리표

〈표 3.16〉은 정논리 게이트와 부논리 게이트의 대응관계를 나타낸 것이다. 즉 입력 신호가 LOW일 때 출력 상태를 나타낼 때를 부논리라 하고 입력신호가 HIGH일 때 출력상태를 나타낼 때를 정논리라고 한다.

〈표 3.16〉 정논리 게이트와 부논리 게이트

정논리	부논리
A B ─ AND ─ Y	A B ─ NOR ─ Y
A B ─ OR ─ Y	A B ─ NAND ─ Y
A B ─ NAND ─ Y	A B ─ OR ─ Y
A B ─ NOR ─ Y	A B ─ AND ─ Y

1. 다음을 대수적인 방법을 이용하여 간략화하라.

① $AD + BCD + \overline{A}BC$

② $(A + \overline{B} + D)(\overline{A} + B + D)(A + B + D)$

③ $\overline{A}\,\overline{C} + ACD + B\overline{C}D + A\overline{B}C$ (콘센서스 이용)

④ $A\overline{B} + C + (\overline{A} + \overline{B})\,\overline{C}$

2. 다음을 최소항과 최대항으로 표현하라.

$Y(A, B, C, D) = \overline{A} + B\,\overline{C}$

3. 다음을 논리 게이트로 표현하라.

① $AD + BCD + \overline{A}BC$

② $(A + \overline{B} + D)(\overline{A} + B + D)(A + B + D)$

③ $\overline{A}\,\overline{C} + ACD + B\overline{C}D + A\overline{B}C$

④ $A\overline{B} + C + (\overline{A} + \overline{B})\,\overline{C}$

4. 다음을 NAND 게이트로만 표현하라.

① $AD + BCD + \overline{A}BC$

② $A\overline{B} + C + (\overline{A} + \overline{B})\,\overline{C}$

 **MEMO**

제 4 장 디지털 IC

IC(integrated circuit)는 집적회로라고 한다. 트랜지스터, 다이오드, 저항, 콘덴서 등에 의한 대부분의 회로가 칩상에 집적되어 있다. 집적도에 따른 IC를 분류하면 〈표 4.1과 같다.〉

〈표 4.1〉 집적도에 따른 IC의 분류

분류	소자 수
SSI	~ 99
MSI	100 ~ 999
LSI	1,000 ~ 9,999
VLSI	100,000~99,999
ULSI	1,000,000 이상

SSI : small scale integration
MSI : medium scale integration
LSI : large scale integration
VLSI : very scale integration
ULSI : ultra scale integration

1 아날로그 IC와 디지털 IC

아날로그 IC는 아날로그 신호를 다루는 IC, 디지털 IC는 디지털 신호를 다루는 IC 이다. 아날로그 IC는 선형(liner) IC라고도 한다. Linear란 직선이라고 하는 의미로 아날로그 IC의 입력 전압과 출력전압의 관계가 비례의 관계(그래프로 그리면 직선으로 나타내어지는 관계)가 있기 때문에 linear(선형)라 부른다.

디지털 IC에서는 다루는 신호가 디지털 신호이므로, 전압이 낮거나(LOW 레벨) 또는 전압이 높거나(HIGH 레벨)하는 2개의 상태만이 입·출력 전압으로서 다루어진다.

〈그림 4.1〉은 아날로그 IC와 디지털 IC의 입·출력 특성의 예를 나타낸다.

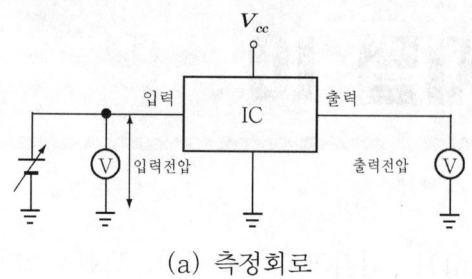

(a) 측정회로

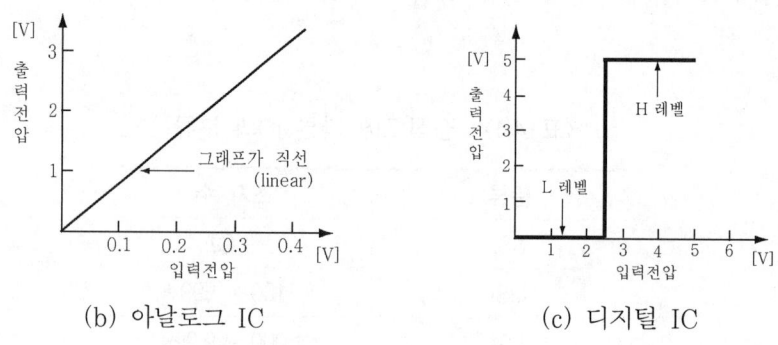

(b) 아날로그 IC   (c) 디지털 IC

〈그림 4.1〉 입·출력 특성의 이해

② 디지털 IC의 종류

디지털 IC 기본형의 종류는 〈그림 4.2〉에 보였다.

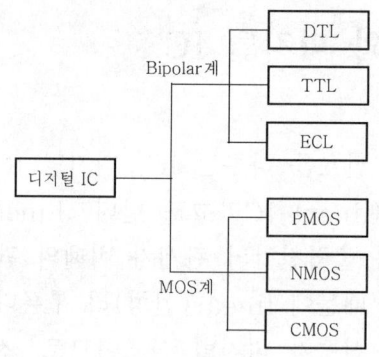

〈그림 4.2〉 디지털 IC 기본형의 종류

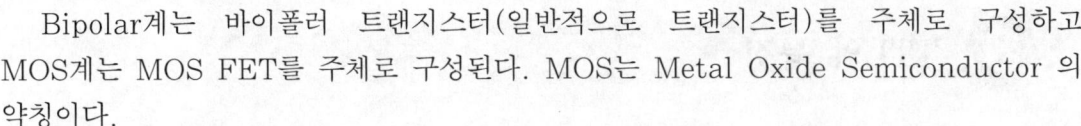

Bipolar계는 바이폴러 트랜지스터(일반적으로 트랜지스터)를 주체로 구성하고 MOS계는 MOS FET를 주체로 구성된다. MOS는 Metal Oxide Semiconductor 의 약칭이다.

1 DTL(Diode Transistor Logic)

DTL은 다이오드와 트랜지스터를 사용하여 논리를 구성하고 있다. 표준의 논리 IC로서 처음으로 시리즈화되었지만, 그 이후에 값이 싸고 성능이 좋은 TTL이 등장함에 따라 점차 사용되지 않게 되어 현재는 제조하지 않고 있다.

2 TTL(Transistor Transistor Logic)

TTL은 값이 싸서 여러 메이커에서 다양한 IC가 제조되고 있다. TTL은 전자산업계의 나사와 못으로 비교될 정도로 여러 가지 형태로 사용되고 있다. 그러나 최근에는 빠른 속도의 TTL 이외는 CMOS로 바뀌어 가는 경향이 있다. TTL의 기본은 NAND 게이트이다.

3 ECL(Emitter Coupled Logic)

ECL은 CML(Current Mode Logic)이라고도 부르고, 이미터 결합에 의해 매우 고속동작을 실현하고 있다. ECL은 주로 대형 전자 계산기의 CPU나 주변기기, 계측 분야 등 특히 고속처리가 필요한 분야에서 사용된다. ECL의 기본은 NOR 게이트이다.

4 PMOS(P channel Metal Oxide Semiconductor)

PMOS는 P 채널의 MOS FET에 의해서 구성된다. 마이너스 전원을 필요로 하므로 현재에는 거의 사용되지 않는다.

5 NMOS(N channel Metal Oxide Semiconductor)

NMOS는 N 채널의 MOS FET에 의해 구성된다. CMOS와 비교해서 소비전력이 크기 때문에 점차 제조되지 않게 되어 왔다.

6 CMOS(Complementary Metal Oxide Semiconductor)

현재의 디지털 IC의 주류이다. 저 소비전력이므로 전지로 동작시키는 전자제품에는 대부분이 이 CMOS가 사용된다. CMOS의 기본회로는 인버터이다.

③ TTL의 특징

TTL의 종류는 〈그림 4.3〉에 보였다.

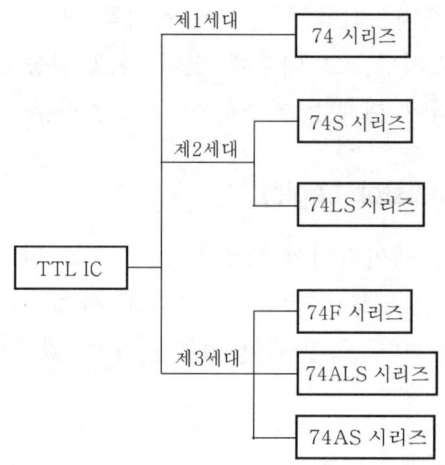

〈그림 4.3〉 TTL의 종류

① 74 시리즈

74 시리즈 TTL은 표준 TTL이나 NORMAL TTL 등이라고도 불려진다. 시리즈화된 TTL 중에서 가장 오래된 타입의 것이다. 널리 사용되고 있던 DTL에 비해 동작속도가 매우 빠르기 때문에 이 74 시리즈의 출력에 의해 DTL은 TTL로 전환하게 되었다. 그러나 이 74 시리즈 위에 등장한 다른 TTL에 비하여 소비전력이 크고 동작속도가 늦기 때문에 현재에는 그다지 사용되고 있지 않다.

② 74S 시리즈

74S 시리즈의 TTL은 "Schottky(쇼트키) 베리어 다이오드"를 사용하고 있으므로 S라는 기호가 사용되고 있다. 쇼트키 베리어 다이오드를 트랜지스터의 컬렉터, 베이스 간에 접속한 다이오드 클램프 회로를 구성함에 의해 고속 동작을 실현하고 있는 점이 큰 특징이다.

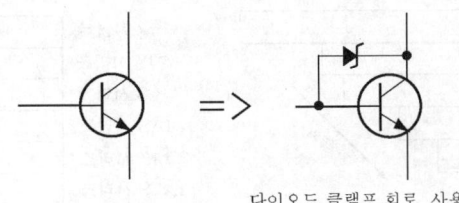

다이오드 클램프 회로 사용

〈그림 4.4〉 다이오드 클램프 회로 적용의 예

③ 74LS 시리즈

74LS 시리즈는 74S 시리즈의 소비전력을 내리는 것을 목적으로 개발되어 저전력 쇼트키(Low Power Schottky)에서 LS의 기호가 붙여져 현재 가장 일반적으로 많이 사용되고 있는 TTL 이다. 74S 시리즈에 대한 구조상의 큰 차이는 입력부에 멀티 이미터형의 트랜지스터를 사용하지 않고 쇼트키 베이러 다이오드를 사용한 것이다.

④ 74F 시리즈

74F 시리즈의 F는 고속(fast) TTL의 F이다. 74S 시리즈의 동작속도, 소비전력을 개선하는 것을 목적으로 Fairchild(페어 차일드)사가 개발한 것으로 유일하게 TI(텍사스 인스트루먼츠)사 이외의 제조업체에서 개발된 TTL이다. 74AS 시리즈와 함께 새로운 TTL로서 주목받고 있다.

⑤ 74ALS 시리즈

74ALS 시리즈는 개량된 저전력 쇼트키(Advanced Low Power Schottky)인 것이다. 이 74ALS 시리즈는 74S 시리즈의 동작속도를 떨어뜨리지 않고 소비전력을 개선하는 것을 목표로 개발되었다. 그 결과 74S 시리즈와 비교하여 동작속도는 조금 개량되고 소비전력이 대폭적으로 작은 TTL로 되었다.

⑥ 74AS 시리즈

74AS 시리즈는 개량된 쇼트키(Advanced Schottky)를 말하는 것으로 TI사가 개발한 것이다. Fairchild(페어차일드)사의 74F 시리즈와 동일한 성능을 가지고 있으며 새로운 TTL로서 주목되고 있다.
TTL IC의 동작속도와 소비전력을 비교하면 〈그림 4.5〉와 같다.

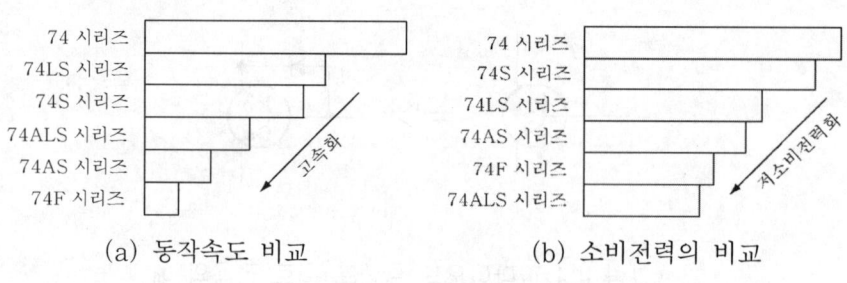

(a) 동작속도 비교   (b) 소비전력의 비교

〈그림 4.5〉 TTL IC의 상대적 특성 비교

4 CMOS IC의 특징

CMOS IC는 TTL IC에 비해 소비전력이 작다(1/10 ~1/100 배). 동작 전원범위는 TTL IC에 비해 넓다(TTL : 4.5V~5.5V, CMOS : 3V~18V). 또한 노이즈에 대해서 강하다. 최근의 CMOS IC는 느리지 않다. CMOS IC를 분류하면 〈그림 4.6〉과 같다.

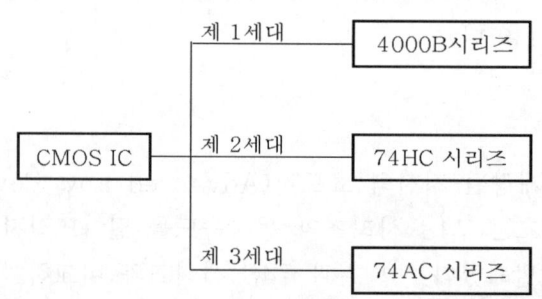

〈그림 4.6〉 CMOS IC의 분류

〈그림 4.7〉은 CMOS IC의 동작속도를 비교한 것이다.

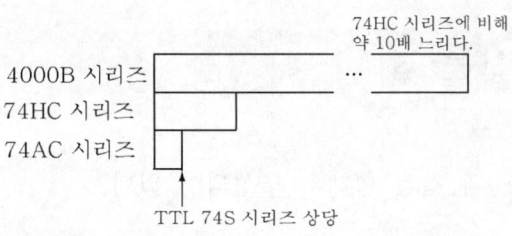

〈그림 4.7〉 CMOS IC 동작속도 비교

1 4000B 시리즈

4000B 시리즈는 CMOS IC 중에서 가장 표준적인 것으로서 유명하다. 동작속도가 74HC 시리즈에 비해 10배 정도 느리고, 인터페이스, 핀 배치 등도 TTL의 시리즈와는 다르다. 또한 래치업, 정전 파괴 등의 문제도 있어 사용하기 어려운 점이 많다. 그러나, 동작 전원 전압범위의 상한이 다른 CMOS 시리즈와 비교해서 매우 높고, 15V 이상 사용할 수 있기 때문에 저속, 고 잡음 여유도를 갖는 분야에서는 현재도 사용되고 있다.

2 74HC 시리즈

74HC 시리즈는 고속 CMOS(High Speed CMOS) 라 하며 TTL의 74LS 시리즈의 성능을 소비전력은 물론, 동작 속도면에서도 상회하고 있는 CMOS IC이다. 또한 4000B 시리즈와 비교해서 래치업, 정전 파괴에 대한 개선이 이루어지고 있다. 그리고 TTL의 74 시리즈와 동일 스타일명, 핀 배치를 사용하고 있기 때문에 중속도 분야에서는 74LS 시리즈로 바꾸어 주력 IC 가 되어가는 경향이 있다.

3 74AC 시리즈

74AC 시리즈(개량된 CMOS 시리즈)는 초고속 CMOS IC이다. 같은 AC 시리즈라도 메이커에 따라 핀 배치가 다른 것이 있다는 것에 주의할 필요가 있다. 최근에는 다음에 나타내는 2계통으로 나누어져 있다.

Fairchild(페어차일드)사가 중심이 되어 추진하고 있는 FACT는 종래의 74 시리즈의 핀 배치에 맞춘 것이다. 이것에 대해 TI(Texas Instruments사)가 중심이 되어 개발을 추진하고 있는 것은 노이즈(Noise)에 유리하게 될 수 있도록 지금까지와는 다른 아주 새로운 핀 배치로 되어 있다.

5 IC 형명 보는 법

IC 형명은 〈그림 4.8〉과 같은 형태로 구성되어 있다.

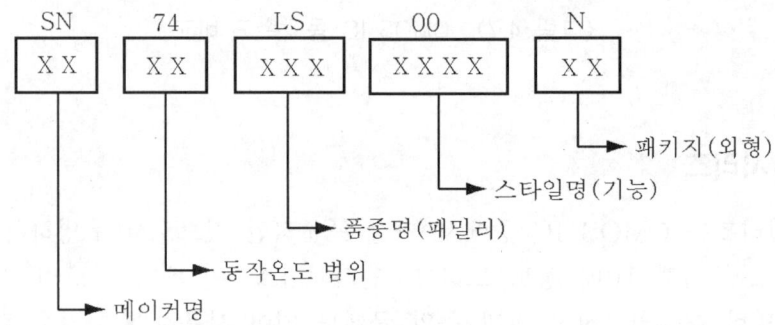

〈그림 4.8〉 IC 형명을 보는 방법

1 메이커 명

〈그림 4.8〉에 실제 사용되고 있는 TTL IC와 CMOS IC의 형명의 예를 나타내면 〈표 4.2〉와 같다.

〈표 4.2〉 메이커명의 예

메이커명	IC의 종류	
	TTL	CMOS
TI(Texas Instruments)	SN	SN
MOT(Motorola)	MC	MC
도시바(東芝))	SN, MC	TC
히다치(日立)	HD	HD
NEC	μPB	μPD
NS(National Semiconductor)	DM	MM
미쓰비시(三菱)	M	M

② 동작 온도 범위

동작온도 범위인 부분에는 74 혹은 54 가 들어가고 TTL IC의 경우 74로 나타내면 −20~+75℃, 54로 나타내면 −55~+125℃의 온도범위를 나타낸다. CMOS인 경우에는 74로 나타내면 −40~+85℃, 54로 나타내면 −55~+125℃의 온도범위를 나타낸다.

③ 품종명(패밀리)

품종명(패밀리) 부분에는 알파벳이 들어간다. 일반적으로 사용되는 TTL IC에 대해서는 〈표 4.3〉에 CMOS IC에 대해서는 〈표 4.4〉에 그 품종명의 기호와 품종명을 나타내었다.

〈표 4.3〉 TTL IC의 품종명

기 호	품 종 명
없 음	표준 TTL
S	쇼트키 TTL
LS	저전력 쇼트키 TTL
F	Fast TTL
ALS	저전력 어드밴스트 TTL
AD	어드밴스트 TTL

〈표 4.4〉 CMOS IC의 품종명

기 호	품 종 명	타 입
HC	고속 타입 CMOS	CMOS 입력, 버퍼 출력
HCU	고속 타입 CMOS	CMOS 입력, 버퍼 없는 출력
HCT	고속 타입 CMOS	TTL 입력, 버퍼 출력
AC	초고속 타입 CMOS	CMOS 입력, 버퍼 출력
ACT	초고속 타입 CMOS	TTL 입력, 버퍼 출력

④ 형명(기능)

형명(기능)의 부분에는 25자리의 숫자가 들어가고 여기의 숫자가 동일 IC라면 동일한 논리기능을 가지고 있다.

⑤ 패키지(외형)

패키지(외형) 부분에는 알파벳에 의한 기호가 들어간다. 그러나 메이커에 따라 기호를 붙이는 방법은 가지각색이므로 주의할 필요가 있다.

⑥ 최대정격

최대정격은 한순간이라도 넘어서는 안되는 한계값이다. 따라서 최대정격에 나타내는 값을 지키지 않았을 경우는 IC의 파괴와 성능의 저하등을 유발하는 경우가 있다.

〈표 4.5〉 TI사의 SN74LS00의 최대정격(TTL)

absolute maximum ratings over operating free-air temperature (unless otherwise noted)†

Supply voltage, V_{CC} (see Note 1) .... 7 V
Input voltage: '00, 'S00 .... 5.5 V
　　　　　　　'LS00 .... 7 V
Package thermal impedance, θ_{JA} (see Note 2): D package .... 86°C/W
　　　　　　　　　　　　　　　　　　　　 DB package .... 96°C/W
　　　　　　　　　　　　　　　　　　　　 N package .... 80°C/W
　　　　　　　　　　　　　　　　　　　　 NS package .... 76°C/W
　　　　　　　　　　　　　　　　　　　　 PS package .... 95°C/W
Storage temperature range, T_{stg} .... −65°C to 150°C

† Stresses beyond those listed under "absolute maximum ratings" may cause permanent damage to the device. These are stress ratings only, and functional operation of the device at these or any other conditions beyond those indicated under "recommended operating conditions" is not implied. Exposure to absolute-maximum-rated conditions for extended periods may affect device reliability.
NOTES: 1. Voltage values are with respect to network ground terminal.
　　　　 2. The package termal impedance is calculated in accordance with JESD 51-7.

〈표 4.6〉 TI사의 SN74HC00의 최대정격(CMOS)

absolute maximum ratings over operating free-air temperature range (unless otherwise noted)†

Supply voltage range, V_{CC} .... −0.5 V to 7 V
Input clamp current, I_{IK} ($V_I < 0$ or $V_I > V_{CC}$) (see Note 1) .... ±20 mA
Output clamp current, I_{OK} ($V_O < 0$ or $V_O > V_{CC}$) (see Note 1) .... ±20 mA
Continuous output current, I_O ($V_O = 0$ to V_{CC}) .... ±25 mA
Continuous current through V_{CC} or GND .... ±50 mA
Package thermal impedance, θ_{JA} (see Note 2): D package .... 86°C/W
　　　　　　　　　　　　　　　　　　　 PW package .... 113°C/W
Storage temperature range, T_{stg} .... −65°C to 150°C

† Stresses beyond those listed under "absolute maximum ratings" may cause permanent damage to the device. These are stress ratings only, and functional operation of the device at these or any other conditions beyond those indicated under "recommended operating conditions" is not implied. Exposure to absolute-maximum-rated conditions for extended periods may affect device reliability.
NOTES: 1. The input and output voltage ratings may be exceeded if the input and output current ratings are observed.
　　　　 2. The package thermal impedance is calculated in accordance with JESD 51-7.

① **전원전압(V_{cc})**

파괴나 특성의 열화가 생기지 않는 전원전압

② **입력전압(V_{IN})**

파괴나 특성의 열화가 생기지 않는 입력전압

③ **입력전류(I_{IN}(TTL), I_{IK}(CMOS))**

파괴나 특성의 열화가 생기지 않는 입력전류

④ **허용손실(P_T(TTL), P_D(CMOS))**

허용손실이라는 것은 허용되고 있는 모든 동작온도범위 내에 있어서 IC가 파괴되지 않는 소비전력을 포함힌다.

⑤ **보존온도(t_{stg})**

보존온도라는 것은 전원전압을 가하지 않은 상태에서 장시간 방치하더라도 특성등의 성능의 열화가 생기지 않는 온도(IC의 온도) 범위를 나타낸다.

⑦ 권장 동작 조건

권장 동작조건이란 정상적인 동작기능을 하기 위해 정해진 조건(반드시 전기적 특성이 보증되어 있는 것은 아니다.)이다.

〈표 4.7〉 TI사의 SN74LS00의 권장 동작 조건(TTL)

recommended operating conditions (see Note 3)		SN5400			SN7400			UNIT
		MIN	NOM	MAX	MIN	NOM	MAX	
V_{CC}	Supply voltage	4.5	5	5.5	4.75	5	5.25	V
V_{IH}	High-level input voltage	2			2			V
V_{IL}	Low-level input voltage			0.8			0.8	V
I_{OH}	High-level output current			-0.4			-0.4	mA
I_{OL}	Low-level output current			16			16	mA
T_A	Operating free-air temperature	-55		125	0		70	℃

NOTE 3: All unused inputs of the device must be held at V_{CC} or GND to ensure proper device operation. Refer to the TI application report, *Implications of Slow or Floating CMOS Inputs*, literature number SCBA004.

〈표 4.8〉 TI사의 SN74HC00의 권장 동작조건(CMOS)

recommended operating conditions (see Note 3)			MIN	NOM	MAX	UNIT
V_{CC}	Supply voltage		2	5	6	V
V_{IH}	High-level input voltage	V_{CC} = 2 V	1.5			V
		V_{CC} = 4.5 V	3.15			
		V_{CC} = 6 V	4.2			
V_{IL}	Low-level input voltage	V_{CC} = 2 V			0.5	V
		V_{CC} = 4.5 V			1.35	
		V_{CC} = 6 V			1.8	
V_I	Input voltage		0		V_{CC}	V
V_O	Output voltage		0		V_{CC}	V
$\Delta t/\Delta v$	Input transition rise/fall time	V_{CC} = 2 V			1000	ns
		V_{CC} = 4.5 V			500	
		V_{CC} = 6 V			400	
T_A	Operating free-air temperature		-40		125	℃

NOTE 3: All unused inputs of the device must be held at V_{CC} or GND to ensure proper device operation. Refer to the TI application report, *Implications of Slow or Floating CMOS Inputs*, literature number SCBA004.

❶ 전원전압(V_{cc})

❷ 동작전압(V_{IH}, V_{IL})

❸ 입력전압(V_I)

GND를 기준으로 하여 정상적인 논리 동작 및 전기적 특성이 보증되는 입력전압의 범위를 나타낸다.

❹ 출력전압(V_o)

GND를 기준으로 하여 정상적인 논리 동작 및 전기적 특성이 보증되는 출력 전압의 범위를 나타낸다.

5 출력전류(I_{OH}, I_{OL}) : TTL에만 존재

I_{OH} : IC가 HIGH의 출력을 가지고 있을 때 전류가 역으로 흐르게 할 수 있는 최대 전류 값이다.

I_{OL} : IC가 LOW의 출력을 가지고 있을 때 전류가 역으로 흐르게 할 수 있는 최대 전류 값이다.

규격표의 값을 만족하려면 I_{OH}, I_{OL}의 범위내에서 IC의 출력에 부하를 부여하여야 한다.

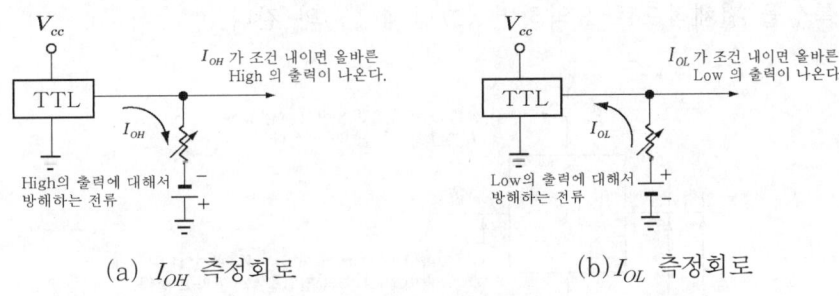

(a) I_{OH} 측정회로　　　　(b) I_{OL} 측정회로

〈그림 4.9〉 권장동작 조건(I_{OH}, I_{OL})

6 입력 상승시간과 하강시간

입력신호의 파형의 상승시간과 하강시간이 길어졌을 경우에는 출력이 발진하고 오동작과 소비전력의 증대를 초래하는 경우가 있다. 따라서 입력상승, 하강시간을 규정하고 있다. 실제로 IC를 사용할 때는 입력단자에 여분의 용량(배성의 돌리기 등으로 인한)이 첨가되지 않도록 주의한다.

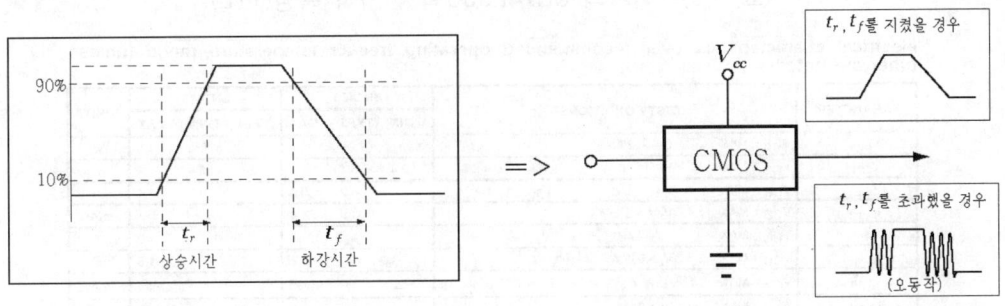

〈그림 4.10〉 상승시간과 하강시간

7 동작온도(t_{opr})

동작온도(t_{opr})라는 것은 정상적인 논리동작 및 전기적 특성을 만족할 수 있는 IC 주위의 온도 범위를 나타낸다. 메이커에 따라 동일 형명이라도 온도범위가 넓은 것도 있다.

8 전기적 특성

전기적 특성을 전체적으로 요약하면 〈그림 4.11〉과 같다.

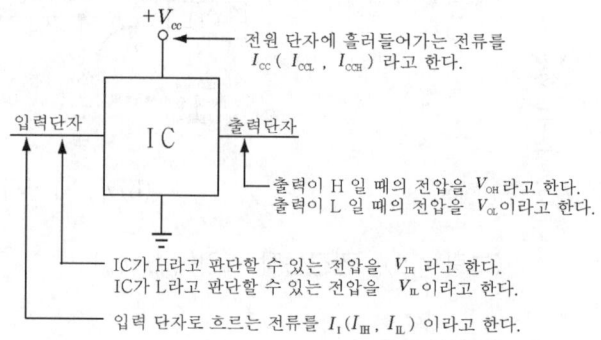

+V_{cc} → 전원 단자에 흘러들어가는 전류를 I_{cc} (I_{ccL} , I_{ccH}) 라고 한다.

입력단자   IC   출력단자

출력이 H 일 때의 전압을 V_{OH} 라고 한다.
출력이 L 일 때의 전압을 V_{OL} 이라고 한다.

IC가 H라고 판단할 수 있는 전압을 V_{IH} 라고 한다.
IC가 L라고 판단할 수 있는 전압을 V_{IL} 이라고 한다.

입력 단자로 흐르는 전류를 $I_I (I_{IH}, I_{IL})$ 이라고 한다.

〈그림 4.11〉 전기적 특성

〈표 4.9〉는 TI사의 SN74LS00(TTL)의 전기적 특성을 나타내고 있다. 〈표 4.10〉은 TI사의 SN74HC00(CMOS)의 전기적 특성을 보이고 있다.

〈표 4.9〉 TI사의 SN74LS00의 전기적 특성(TTL)

electrical characteristics over recommended operating free-air temperature range (unless otherwise noted)

PARAMETER	TEST CONDITIONS‡			SN5400			SN7400			UNIT
				MIN	TYP§	MAX	MIN	TYP§	MAX	
V_{IK}	V_{CC} = MIN,	I_I = −12 mA				−1.5			−1.5	V
V_{OH}	V_{CC} = MIN,	V_{IL} = 0.8 V,	I_{OH} = −0.4 mA	2.4	3.4		2.4	3.4		V
V_{OL}	V_{CC} = MIN,	V_{IH} = 2 V,	I_{OL} = 16 mA		0.2	0.4		0.2	0.4	V
I_I	V_{CC} = MAX,	V_I = 5.5 V				1			1	mA
I_{IH}	V_{CC} = MAX,	V_I = 2.4 V				40			40	μA
I_{IL}	V_{CC} = MAX,	V_I = 0.4 V				−1.6			−1.6	mA
I_{OS}¶	V_{CC} = MAX			−20		−55	−18		−55	mA
I_{CCH}	V_{CC} = MAX,	V_I = 0 V			4	8		4	8	mA
I_{CCL}	V_{CC} = MAX,	V_I = 4.5 V			12	22		12	22	mA

‡ For conditions shown as MIN or MAX, use the appropriate value specified under recommended operating conditions.
§ All typical values are at V_{CC} = 5 V, T_A = 25°C.
¶ Not more than one output should be shorted at a time.

〈표 4.10〉 TI사의 SN74HC00의 전기적 특성(CMOS)

PARAMETER	TEST CONDITIONS		V_{CC}	$T_A = 25°C$			MIN MAX		UNIT
				MIN	TYP	MAX	MIN	MAX	
V_{OH}	$V_I = V_{IH}$ or V_{IL}	$I_{OH} = -20 \mu A$	2 V	1.9	1.998		1.9		V
			4.5 V	4.4	4.499		4.4		
			6 V	5.9	5.999		5.9		
		$I_{OH} = -4$ mA	4.5 V	3.98	4.3		3.7		
		$I_{OH} = -5.2$ mA	6 V	5.48	5.8		5.2		
V_{OL}	$V_I = V_{IH}$ or V_{IL}	$I_{OL} = 20 \mu A$	2 V		0.002	0.1		0.1	V
			4.5 V		0.001	0.1		0.1	
			6 V		0.001	0.1		0.1	
		$I_{OL} = 4$ mA	4.5 V		0.17	0.26		0.4	
		$I_{OL} = 5.2$ mA	6 V		0.15	0.26		0.4	
I_I	$V_I = V_{CC}$ or 0		6 V		±0.1	±100		±1000	nA
I_{CC}	$V_I = V_{CC}$ or 0,	$I_O = 0$	6 V			2		40	μA
C_i			2 V to 6 V		3	10		10	pF

electrical characteristics over recommended operating free-air temperature range (unless otherwise noted)

① 입력전압(V_{IH}, V_{IL})

IC를 정상적으로 동작시키기 위한 입력전압은 V_{IH}(HIGH 레벨 입력 전압)와 V_{IL} (LOW 레벨 입력 전압)에 의해 규정된다. V_{IH}는 IC에서 HIGH라고 판단되는 입력전압이고 V_{IL}은 IC에서 LOW라고 판단되는 입력전압이다.

② 출력전압(V_{OH}, V_{OL})

출력전압의 특성은 HIGH 레벨 출력전압(V_{OH})과 LOW 레벨 출력전압(V_{OL})으로 구분된다. V_{OH}은 HIGH 상태에 있을 때의 출력전압을 나타낸다. V_{OL}은 출력이 LOW 상태에 있을 때의 출력전압이다.

〈그림 4.12〉는 TTL IC의 인버터인 입력과 출력전압 레벨을 정의한 것이다.

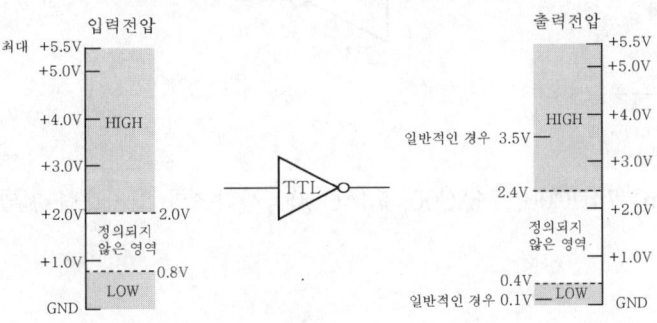

〈그림 4.12〉 TTL의 입력과 출력 전압 레벨의 정의

HIGH의 출력은 경우에 따라서 2.4V까지 낮아질 수도 있다. HIGH 출력 레벨은 출력측에 걸리는 부하 저항 값에 따라 달라진다. 다시 말해 부하전류가 증가할수록 HIGH 출력전압은 낮아진다.

〈그림 4.13〉은 CMOS의 입력과 출력전압 레벨의 정의를 나타낸 것이다. 일반적인 4000시리즈와 74C00 시리즈의 CMOS IC들은 더 넓은 범위의 전원전압($+3V \sim +15V$)에서 동작한다. 〈그림 4.13(a)〉와 같이 4000 시리즈와 74C00 시리즈의 CMOS 인버터는 V_{DD}의 0~30% 사이의 입력전압은 LOW로 동작하고 70%~100% 사이의 입력전압은 HIGH로 동작한다.

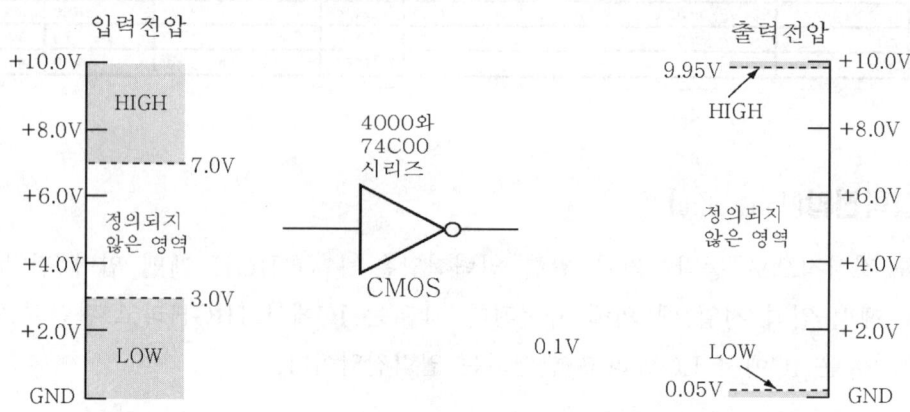

(a) 4000과 74C00 시리즈의 입·출력 전압특성

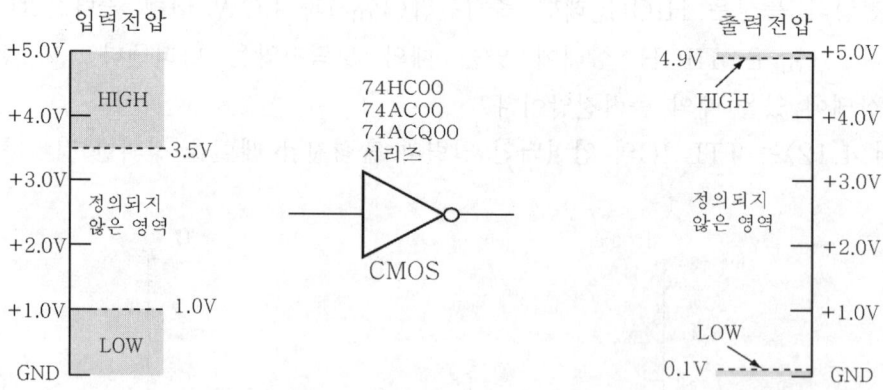

(b) 74HC00, 74AC00, 74ACQ00 시리즈의 입·출력 전압특성

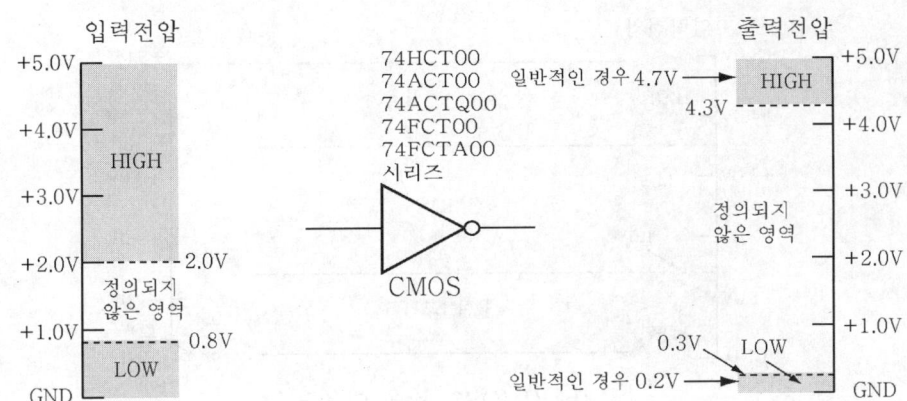

(c) 74HCT00, 74ACT00, 74ACTQ00, 74FCT00, 74FCTA00 시리즈의 입·출력 전압특성

〈그림 4.13〉 CMOS 의 입력과 출력 전압 레벨의 정의

③ 잡음여유도(noise margin)

CMOS IC의 장점은 전력소모가 적다는 점과 잡음에 대한 면역성이 강하다는 점이다. 잡음 면역성은 잡음이나 원하지 않는 전압에 대한 회로의 둔감선을 나타낸다. 잡음 면역성을 디지털 회로에서는 잡음 여유도(noise margin)라고도 한다. 〈그림 4.14〉는 TTL과 CMOS 논리군의 잡음 여유도를 비교한 것으로 CMOS의 잡음 여유도가 우수하다는 것을 알 수 있다. CMOS는 입력에 1.5V 정도의 잡음을 가하여도 출력에 영향을 미치지 않는다.

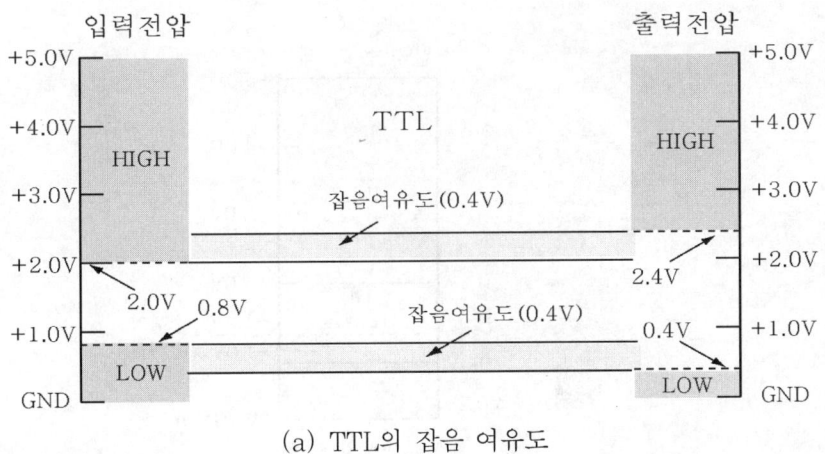

(a) TTL의 잡음 여유도

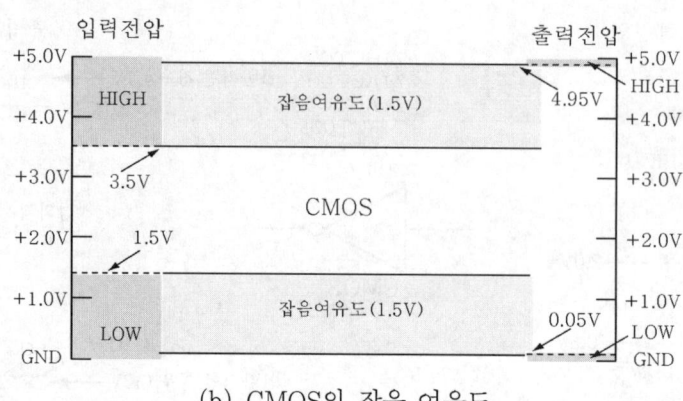

(b) CMOS의 잡음 여유도

〈그림 4.14〉 TTL과 CMOS의 잡음 여유도 비교

디지털 시스템에서는 연결전선이나 인쇄회로기판의 패턴에 유도되는 원하지 않는 전압을 말하며 이러한 잡음은 입력 논리 레벨에 영향을 주어 출력에 에러를 발생하게 한다. 〈그림 4.15〉는 TTL 입력에 대한 LOW, HIGH, 정의되지 않은 영역을 보여주고 있다. 실제의 입력전압이 0.2V이면 이 전압과 정의되지 않은 영역 사이의 여유는 0.6V(0.8V−0.2V=0.6V)이다. 이것이 잡음여유도이다. 다시 말해, LOW 전압이 정의되지 않은 영역으로 바뀌기 위해서는 0.6V이상이 더해져야 한다. 실제적으로 LOW 전압이 〈그림 4.15〉에서 1.2V로 표시되어 있는 스위칭 임계전압까지 상승하여야 하므로 잡음 여유도는 더 큰 값을 갖는다. 따라서 실제의 LOW 전압이 +0.2V이고 스위칭 임계전압이 +1.2V라면 잡음여유도 1V(1.2V−0.2V=1V)가 된다.

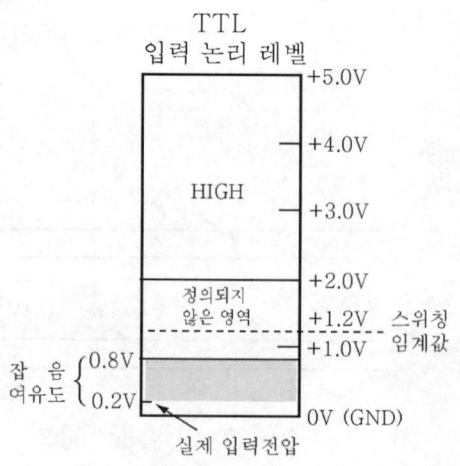

〈그림 4.15〉 TTL의 입력 논리 레벨과 잡음 여유도

④ 입력전류(I_I, I_{IH}, I_{IL})

입력전류의 특성값은 입력전류 I_I, HIGH 레벨 입력전류 I_{IH}, LOW 레벨 입력전류 I_{IL}로 구분된다. I_I는 입력단자에 최대 입력전압을 더한 경우, I_{IH}는 규정의 HIGH 레벨 입력 전압을 더한 경우, I_{IL}은 규정의 LOW 레벨 입력전압을 더한 경우의 전류값을 나타낸다. CMOS IC의 경우는 극히 적은 전류밖에 흐르지 않기 때문에 I_{IH}나 I_{IL}은 일반적으로 나타나 있지 않다. TTL IC의 경우는 IC의 종류나 입력단자에 따라 전류값이 다르다.

⑤ 팬아웃(fan – out)

바이폴라 트랜지스터는 최대 전력과 컬렉터 정격전류를 갖고 있다. 이러한 특성들에 의해 구동능력으로서 한 게이트의 출력에 의해 구동될 수 있는 표준 입력의 수를 의미한다. 만약 표준 TTL 게이트의 팬아웃(fan out)이 10이라면 이것은 하나의 게이트의 출력이 동일한 부 계열에 속한 10개 게이트의 입력을 구동할 수 있다는 것을 의미한다. 표준 TTL IC의 팬 아웃은 일반적으로 10이고 저전력 쇼트키 TTL(LS-TTL) IC는 20이고 4000 시리즈 CMOS IC는 약 50정도이다. 〈그림 4.16〉은 표준 TTL의 전압과 전류의 특성을 나타낸 것이다.

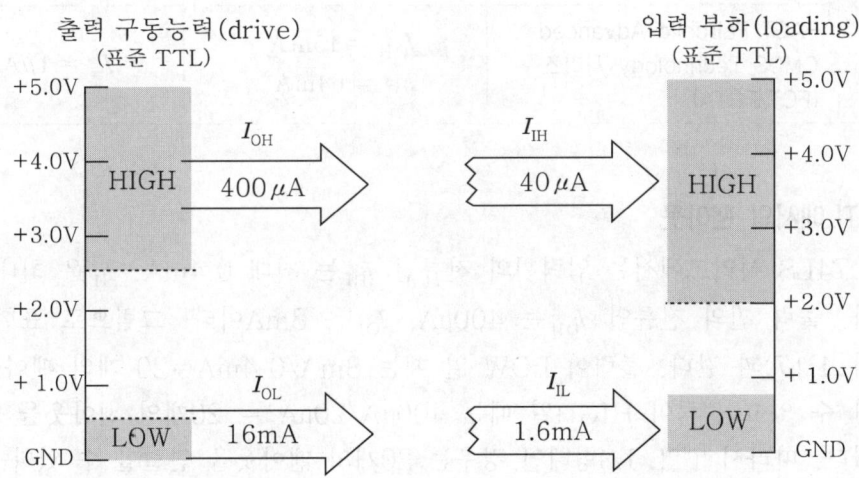

〈그림 4.16〉 표준 TTL 의 전압과 전류 특성

〈표 4.11〉은 TTL과 CMOS 논리군의 출력 구동능력(driver)과 입력 부하(loading) 특성을 나타낸 것이다. 이 표는 인터페이스에 적용할 때 유용하게 이용할 수 있다.

〈표 4.11〉 TTL과 CMOS 논리군의 출력 구동능력과 입력 부하 특성

디바이스 패밀리		출력 구동능력 (output drive)	입력부하 (input loading)
TTL	표준 TTL (74XX)	$I_{OH} = 400\mu A$ $I_{OL} = 16mA$	$I_{IH} = 40\mu A$ $I_{IL} = 1.6mA$
	저전력-쇼트키 (74LSXX)	$I_{OH} = 400\mu A$ $I_{OL} = 8mA$	$I_{IH} = 20\mu A$ $I_{IL} = 400\mu A$
	저전력 어드밴스트 쇼트키(74ALSXX)	$I_{OH} = 400\mu A$ $I_{OL} = 8mA$	$I_{IH} = 20\mu A$ $I_{IL} = 100\mu A$
	패스트 패어차일드 어드밴스트 쇼트키(74FXX)	$I_{OH} = 1mA$ $I_{OL} = 20mA$	$I_{IH} = 20\mu A$ $I_{IL} = 0.6mA$
CMOS	4000 시리즈	$I_{OH} = 400\mu A$ $I_{OL} = 400\mu A$	$I_{\in} = 1\mu A$
	74HC00 시리즈	$I_{OH} = 4mA$ $I_{OL} = 4mA$	$I_{\in} = 1\mu A$
	FACT Fairchild Advanced CMOS Technology 시리즈 (AC/ACT/ACQ/ACTQ)	$I_{OH} = 24mA$ $I_{OL} = 24mA$	$I_{\in} = 1\mu A$
	FACT Fairchild Advanced CMOS Technology 시리즈 (FCT/FCTA)	$I_{OH} = 15mA$ $I_{OL} = 64mA$	$I_{\in} = 1\mu A$

(1) TTL에서의 팬아웃

74LS 시리즈에서는 입력핀의 전류인 I_{IH}는 최대 0.4mA, I_{IL}은 최대 20μA이다. 출력 핀의 전류인 I_{OH}는 400μA, I_{OL}은 8mA이다. 그림으로 표현하면 〈그림 4.17〉과 같다. 출력이 LOW 일 때는 8mA/0.4mA=20 개의 팬아웃을 연결할 수 있고 출력이 HIGH일 때는 400μA/20μA = 20개의 팬아웃을 연결할 수 있다. 따라서 TTL LS형태인 경우는 20개의 팬아웃을 연결할 수 있다.

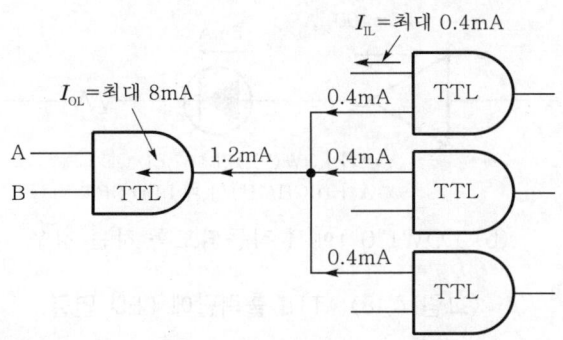

(a) 출력이 LOW일 때의 전류 흐름

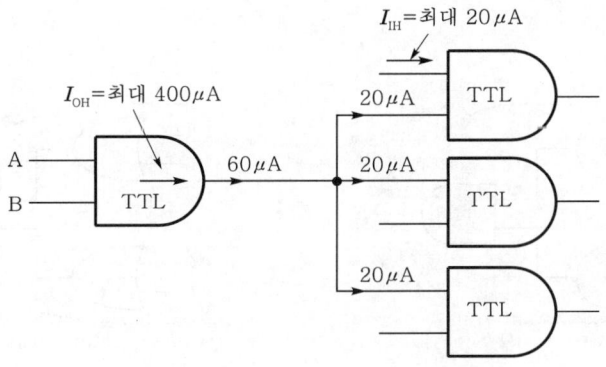

(b) 출력이 HIGH일 때의 전류 흐름

〈그림 4.17〉 74LS08의 팬 아웃 계산

출력핀에 LED를 접속한 경우에는 〈그림 4.18〉과 같이 2가지의 경우를 생각할 수 있다. 〈그림 4.18(a)〉에서는 I_{OL}의 전류가 8mA로 LED에 흐르는 전류 5mA보다 크기 때문에 출력 핀에 문제가 발생하지 않은 것이다. 하지만 〈그림 4.18(b)〉에서는 I_{OH}의 전류가 0.4mA로 5mA 보다 작기 때문에 LED가 발광하게 되면 출력핀에 문제가 발생할 수 있다.

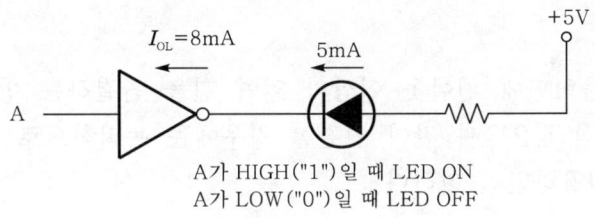

A가 HIGH("1")일 때 LED ON
A가 LOW("0")일 때 LED OFF

(a) HIGH("1")에서 점등되도록 하는 경우

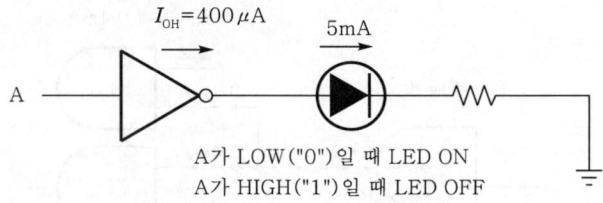

$I_{OH}=400\mu A$ 5mA

A가 LOW("0")일 때 LED ON
A가 HIGH("1")일 때 LED OFF

(b) LOW("0")에서 점등되도록 하는 경우

〈그림 4.18〉 TTL 출력단에 LED 연결

(2) 입력 핀 확장과 축소

입력 핀을 확장하는 방법으로는 〈그림 4.19〉와 같이 적용할 수 있다.

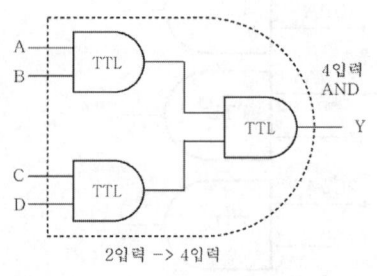

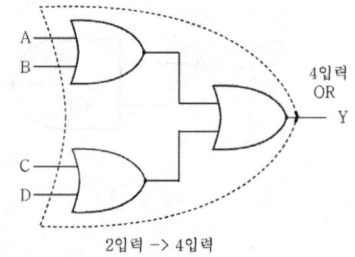

(a) AND 게이트를 이용한 경우   (b) OR 게이트를 이용한 경우

〈그림 4.19〉 입력 핀의 확장의 예

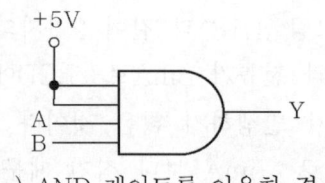

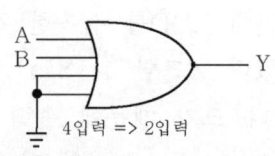

(a) AND 게이트를 이용한 경우   (b) OR 게이트를 이용한 경우

〈그림 4.20〉 입력 핀의 축소의 예

(3) 출력핀 확장

한 개의 출력핀에 팬아웃 이상의 입력 핀을 연결하는 방법은 〈그림 4.21〉에 보였다. 〈그림 4.21〉과 같이 연결할 경우에는 논리적으로 아무 기능을 하지 않는 버퍼를 사용하면 편리하다.

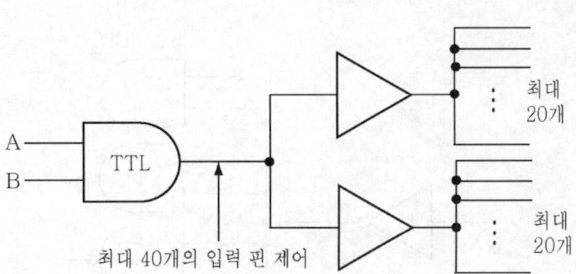

〈그림 4.21〉 TTL의 출력 핀 확장

(4) CMOS에서 팬아웃

CMOS는 입력저항이 매우 높기 때문에 전류가 거의 흐르지 않는다. 그러므로 팬아웃은 무한하다고 생각할지 모른다. 하지만 CMOS의 입력핀에는 정전용량이 있기 때문에 입력신호가 0에서 1 또는 1에서 0으로 변할때마다 이 정전용량에 충·방전 전류가 흐르게 된다. 이 때문에 CMOS 전류의 팬아웃은 약 50개 정도가 된다.

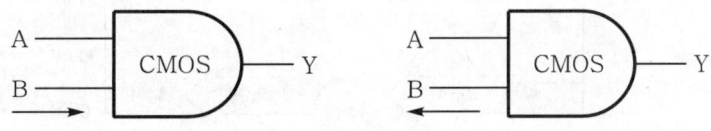

입력저항이 높기 때문에 전류가 거의 흐르지 않는다.

(a) CMOS의 입력특성

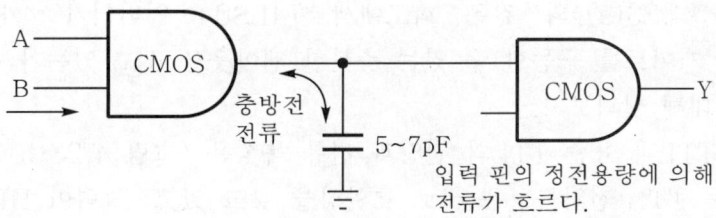

(b) CMOS의 정전용량

〈그림 4.22〉 CMOS의 특성

하나의 게이트에 주어지는 입력부하특성을 팬인(fan-in)이라 한다. 〈그림 4.23〉(b)의 입력부하는 각각의 IC 논리군의 팬인을 나타내며 이러한 팬인 혹은 입력 부하특성은 IC 논리군에 따라 서로 다른 값을 갖는다.

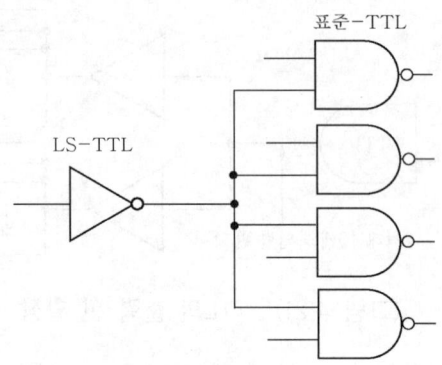

(a) 인터페이스 문제의 논리회로도

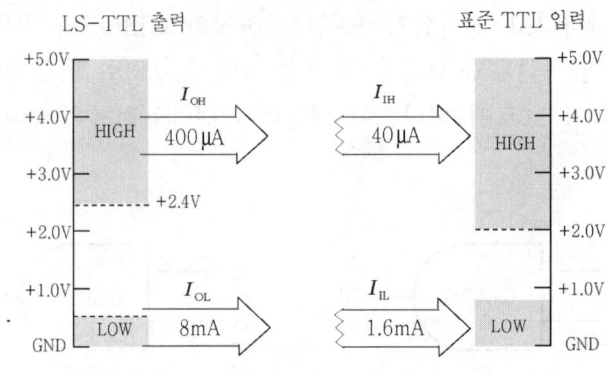

(b) 문제를 해결하기 위한 전압과 전류 특성

〈그림 4.23〉 LS-TTL 과 표준 TTL의 인터페이스 문제

〈그림 4.23(a)〉와 같은 회로에서 74LS04 인버터가 4개의 표준 TTL NAND 게이트를 구동할 수 있는 충분한 팬아웃을 갖고 있는가 하는 인터페이스 문제에 대해 살펴보자.

LS-TTL과 표준 TTL의 전압과 전류 특성은 〈그림 4.23(b)〉에 보여주고 있다. 모든 TTL 전압특성은 서로 호환성을 갖고 있고, 출력이 HIGH일 때 LS-TTL 게이트는 20개의 표준 TTL 게이트를 구동할 수 있다.

⑥ 소비 전류(I_{CC}, I_{CCH}, I_{CCL})

소비전류는 IC의 전원단자로부터 내부로 흘러 들어가는 전류로 표현되므로 전원 전류의 스타일로 표시된다. TTL IC는 HIGH 레벨 출력시 전원전류 I_{CCH}와 LOW 레벨 출력시 전원전류 I_{CCL}로 표시된다. I_{CCH}는 모든 출력이 HIGH 레벨이 되도록 입력조건을 주었을 때의 전원전류로, I_{CCL}는 모든 출력이 LOW 레벨이 되도록 입력 조건을 주었을 때 전원 전류이다. 어느 것이나 출력이 고정상태(정적인 상태인) 전원 전류값이다.

CMOS IC는 전원 전류값이 극히 작기 때문에 I_{CCH}, I_{CCL}로 구별하지 않고 큰 쪽의 값을 정격전원 전류 I_{CC} 로서 나타내고 있다.

❾ 스위칭 특성

IC 내부의 회로를 신호가 전해지는 시간은 아무리 고속인 IC에서도 0으로는 할 수 없다. 그 때문에 입력신호가 주어지고 나서 출력이 응답하기까지의 지연이 생긴다. 이 지연시간을 전달지연시간이라고 하고 출력이 LOW부터 HIGH가 되는 시간을 t_{PLH}, 출력이 HIGH에서 LOW로 될 때의 입·출력간의 지연을 t_{PHL}이라 한다. 시간측정 포인트는 입출력파형의 절반(50%)의 레벨을 사용한다.

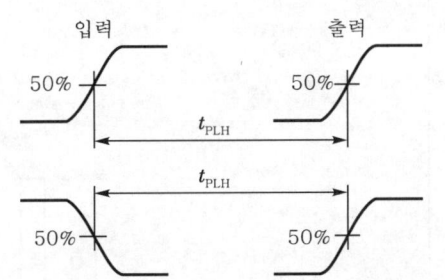

(a) t_{PLH}(출력이 LOW에서 HIGH 가 될 때)

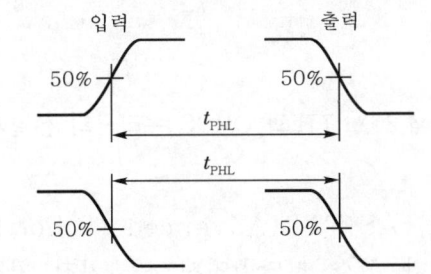

(b) t_{PHL}(출력이 HIGH에서 LOW 가 될 때)

〈그림 4.24〉 시간 지연시간

〈그림 4.25〉는 표준 TTL 7404N 인버터 IC의 전달지연시간을 나타낸 것이다. 일반적인 표준 TTL 인버터의 전달지연시간은 입력이 LOW에서 HIGH로 변할 때는 약 12ns, HIGH에서 LOW로 변할 때는 약 7ns 정도이다.

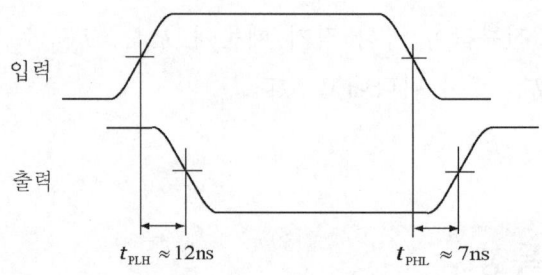

입력

출력

$t_{PLH} \approx 12ns$ $t_{PHL} \approx 7ns$

〈그림 4.25〉 표준 TTL 인버터의 전달지연시간

〈그림 4.26〉은 각 논리군들이 대표적인 최소전달지연시간을 그래프로 나타낸 것이다. IC의 전달지연시간이 짧을수록 동작속도는 빠르다.

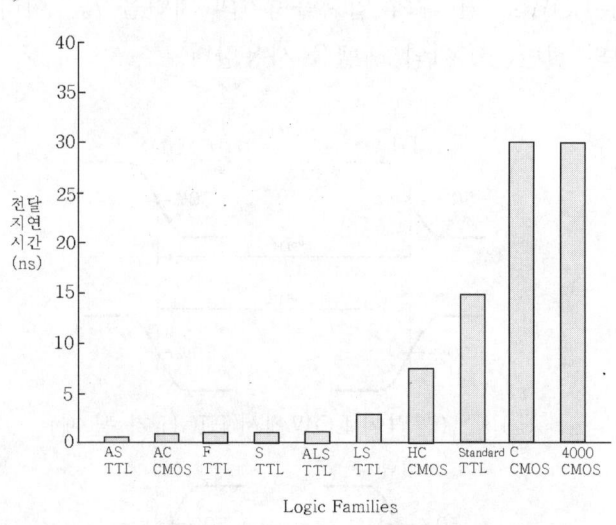

〈그림 4.26〉 TTL과 CMOS 논리군의 전달지연시간

〈그림 4.26〉을 보면 AS-TTL(Advanced Schottky TTL)과 AC-CMOS (FACT-AC sybfamily)가 최소 전달지연시간을 가진 가장 빠른 논리군이라는 것을 알 수 있고, 간단한 인버터의 경우에는 약 1ns 정도의 값을 갖는다. 기존의 4000과 74C00 시리즈의 CMOS 논리군은 최대의 전달지연시간을 가진 가장 느린 논리군이

다. 일부의 4000 시리즈 IC는 100ns 이상의 전달지연시간을 가진 것들도 있다. 과거에는 TTL IC가 CMOS 기술을 사용하여 만든 IC 보다 더 빠른 것으로 인식되어 왔지만, 최근에 개발된 FACT CMOS 시리즈는 가장 우수한 전달지연시간 특성을 갖고 있는 TTL IC와 거의 유사한 성능을 보여주고 있다. 아주 고속 동작이 요구되는 분야에는 ECL(Emitter Coupled Logic)이나 GaAs(Gallium Arsenide) 계열을 사용하여야 한다.

〈표 4.12〉는 TI사의 SN74LS00의 스위칭 특성(TTL)을 보인 것이다.

〈표 4.12〉 TI사의 SN74LS00의 스위칭 특성(TTL)

switching characterstics, VCC=5V, TA=25℃(see Figure 1)

PARAMETER	FROM (INPUT)	TO (OUTPUT)	TEST CONDITIONS	SN54LSOO SN74LSOO			UNIT
				NIN	TYP	MAX	
t_{PLH}	A or B	Y	R_L=2㏀, C_L=15pF		9	15	ns
t_{PHL}					10	15	

〈표 4.13〉 TI사의 SN74HC00의 전기적 특성(CMOS)을 보인 것이다. 〈표 4.13〉에서 t_{pd}는 t_{PLH}와 t_{PHL} 과 같은 의미이다.

〈표 4.13〉 TI사의 SN74HC00의 전기적 특성(CMOS)

switching characterstics over recommended operating free-air temperature range, C_L=50pF (unless otherwise noted)

PARAMETER	FROM (INPUT)	TO (OUTPUT)	V_{CC}	SN54LSOO SN74LSOO			MIN	MAX	UNIT
				NIN	TYP	MAX			
t_{pd}	A or B	Y	2V		45	90		135	ns
			4.5V		9	18		27	
			6V		8	15		23	
t_t		Y	2V		38	75		110	ns
			4.5V		8	15		22	
			6V		6	13		19	

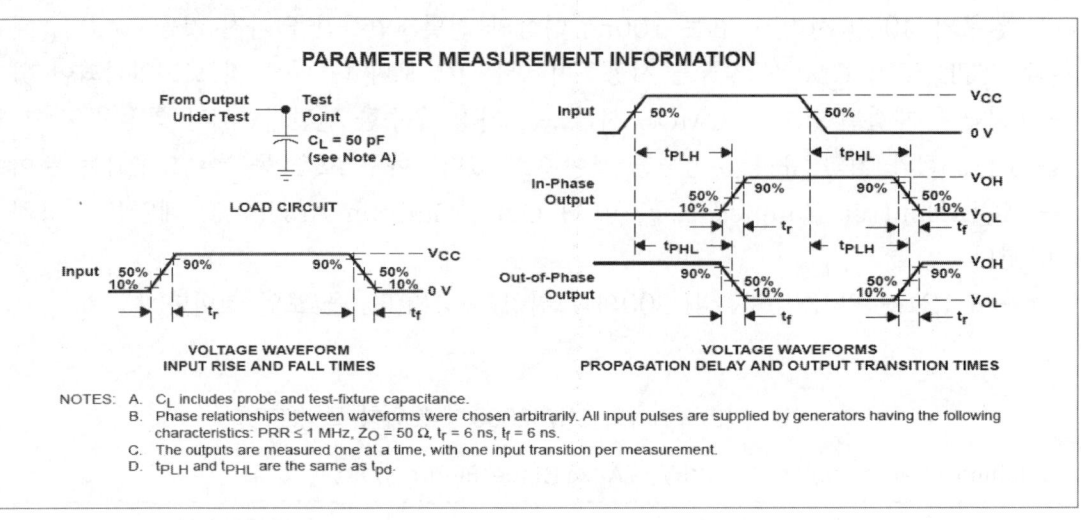

⑩ 전력소모량

 일반적으로 전달지연시간이 감소함에 따라 즉 동작속도가 증가함에 따라 전력소모량과 발열량은 증가한다. TTL IC는 약 10ns 정도의 전달지연시간을 갖고 있으며 4000 시리즈의 CMOS IC는 약 30ns에서 50ns 정도의 전달지연시간을 갖고 있다. 그러나 전력소모량은 표준 TTL 게이트는 약 10mW, 4000 시리즈의 CMOS IC는 0.001mW 정도로 아주 작다. CMOS 전력소모량은 동작주파수에 따라 증가하며 100kHz에서 4000 시리즈는 0.1mW 정도의 전력을 소모한다.
 〈그림 4.27〉은 TTL과 CMOS 논리군의 동작속도와 전력소모량을 비교한 것이다. 그래프의 수직축은 ns 단위의 전달지연시간을 나타내고, 수평축은 각 게이트의 mW 단위의 전력소모량을 나타낸다. 동작속도와 전력소모량의 가장 바람직한 조합을 가진 논리군은 그래프의 좌측 하단에 있는 것이다. 몇 년전만 하더라도 많은 설계자들은 ALS-TTL(Advanced Low-Power Schottky TTL) 계열이 동작속도와 전력소모량을 고려한 가장 바락직한 계열이라고 생각했다. 그러나 새로운 논리군들이 개발됨에 따라 FACT(Fairchild Advanced CMOS Technology) 계열이 가장 우수한 특성을 보여주고 있다. 지금은 FACT 계열과 함께 FAST(Fairchild Advanced Schottky TTL) 계열도 디지털 회로설계에 많이 사용되고 있다.

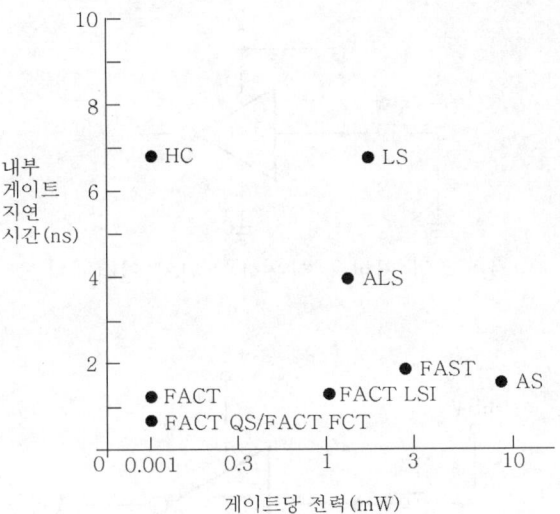

〈그림 4.27〉 TTL과 CMOS 논리군이 동작속두와 전력소모량에 대한 비교특성

11 풀업 저항과 풀다운 저항

디지털 시스템에 정보를 입력하는 가장 일반적인 방법 중의 하나는 스위치나 키보드를 사용하는 것이다. 이와 같은 예는 디지털 시계의 스위치나 휴대용 계산기의 키, 마이크로컴퓨터의 키보드 등에서 찾아볼 수 있다. 이 절에서는 스위치를 사용하여 TTL이나 CMOS 디지털 회로에 데이터를 입력하는 방법에 대해 알아보려고 한다.

〈그림 4.28〉은 3종류의 간단한 스위치 인터페이스 회로를 보여주고 있다. 〈그림 4.28(a)〉에서는 푸시 버튼 스위치를 누르면 TTL 인버터의 입력은 접지 레벨 혹은 LOW 로 떨어지고, 스위치를 놓으면 개방되어 TTL 인버터의 입력은 연결되지 않는 상태가 된다. TTL에서 입력이 연결되지 않은 상태는 HIGH 논리 레벨로 동작하게 된다.

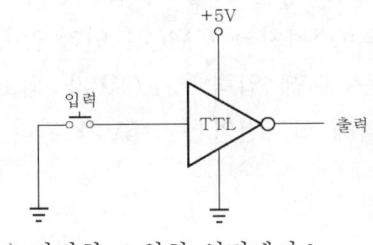

(a) 간단한 스위치 인터페이스

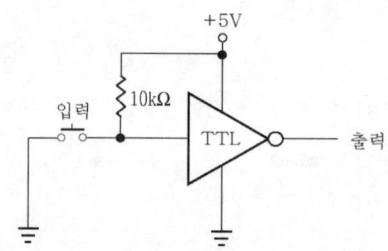

(b) 풀업 저항을 사용한 스위치 인터페이스

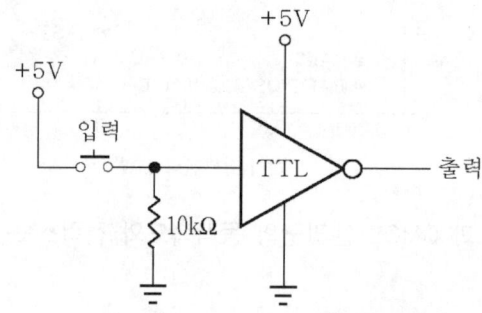

(c) 풀다운 저항을 사용한 스위치 인터페이스

〈그림 4.28〉 스위치와 TTL의 인터페이스

이와 같이 입력이 연결되지 않은 상태는 바람직하지 않기 때문에 〈그림 4.28(b)〉에서는 스위치의 입력회로를 약간 수정하였다. 즉 스위치가 개방되었을 때 TTL 인버터의 입력이 확실히 HIGH가 되도록 하기 이해 10kΩ의 저항을 추가하였으며 이러한 저항을 풀업(pull-up)저항이라 한다. 풀업 저항은 입력전압을 +5V로 끌어올리는 역할을 한다. 〈그림 4.28(a)〉와 〈그림 4.28(b)〉는 모두 스위치가 눌러졌을 때 입력이 LOW가 되는 예이다.

〈그림 4.28(c)〉는 스위치가 눌러졌을 때 +5V가 직접 TTL 인버터의 입력에 연결되어 HIGH가 되는 회로이다. 스위치가 개방되면 입력은 풀다운(pull-down) 저항에 의해 LOW로 떨어지게 된다. 표준 TTL 게이트의 입력전류는 1.6mA 정로로 높기 때문에 풀다운 저항은 상대적으로 작은 값을 가져야 한다.

〈그림 4.29〉는 2종류의 스위치와 CMOS 인터페이스 회로를 보여주고 있다. 〈그림 4.29(a)〉에서 스위치를 누르면 입력이 LOW가 되고 스위치를 놓으면 개방이 되어 100kΩ의 풀업 저항에 의해 입력전압은 +5V가 된다.

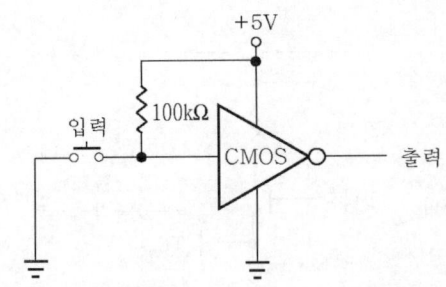

(a) 풀업 저항을 사용한 스위치 인터페이스

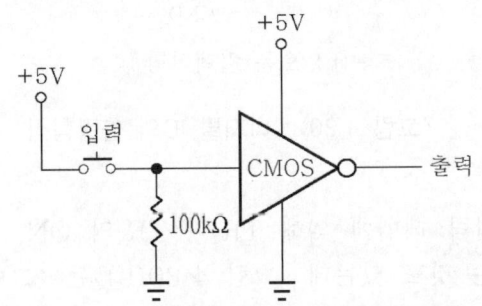

(b) 풀다운 저항을 사용한 스위치 인터페이스

〈그림 4.29〉 스위치와 CMOS 인터페이스

〈그림 4.29(b)〉에서는 스위치를 누르면 입력이 HIGH가 되고 스위치를 놓으면 LOW가 된다. 100kΩ의 풀다운 저항은 입력 스위치가 개방되었을 때 CMOS 인버터의 입력이 확실히 접지에 가까운 전압으로 떨어지게 하기 위해 사용되었다.

풀업 저항이나 풀다운 저항은 TTL 인터페이스 회로보다 훨씬 큰 값을 갖고 있다. 그 이유는 TTL의 입력 부하 전류가 CMOS보다 훨씬 크기 때문이다. 〈그림 4.29〉와 같은 회로는 4000, 74C00, 74HC00, FACT 시리즈의 CMOS IC에 모두 적용될 수 있다.

⑫ 디지털 IC의 출력형태

〈그림 4.30〉(a)는 표준형 TTL의 출력 회로도이며 이러한 형태를 토템폴형이라고 한다. 또 다른 형태인 〈그림 4.30〉(b)와 같은 형태는 오픈컬렉터 형, 〈그림 4.30〉(c)와 같은 형태를 3−state형이라고 한다.

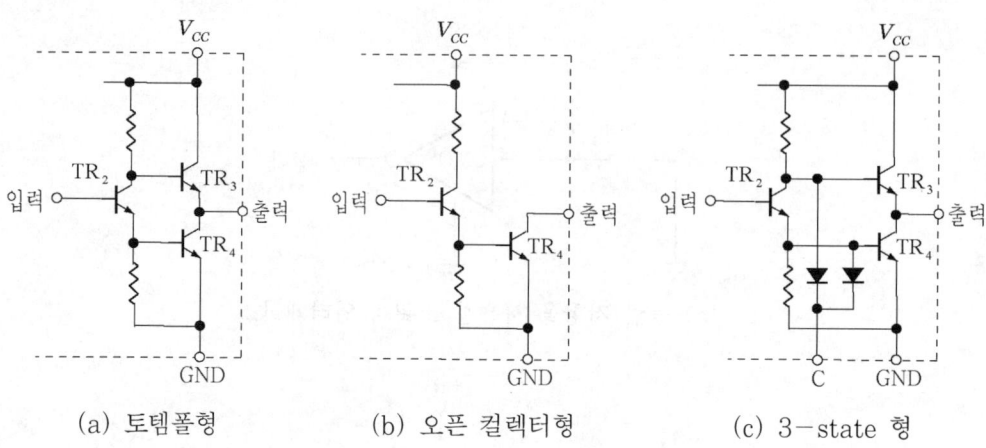

|(a) 토템폴형 | (b) 오픈 컬렉터형 | (c) 3−state 형 |

〈그림 4.30〉 디지털 IC의 출력형식

〈그림 4.30(a)〉는 입력 레벨에 의해 TR_3와 TR_4의 ON, OFF가 전환되어 HIGH 또는 LOW 출력을 내는 것도 있는데 〈그림 4.30(b)〉는 〈그림 4.30(a)〉의 TR_3를 생략한 형태로 되어있다. 그리고 〈그림 4.30(c)〉는 입력단자 이외에 제어 입력단자 C를 가지고 있으며 이것에 가하는 전압에 따라 특별한 동작을 시킬 수가 있다. 여기서 〈그림 4.30(c)〉는 실제회로와 다르지만 동작을 알기 쉽게 설명하기 위한 의미로 이 회로를 기본 회로로 생각한다.

① 오픈 컬렉터 형

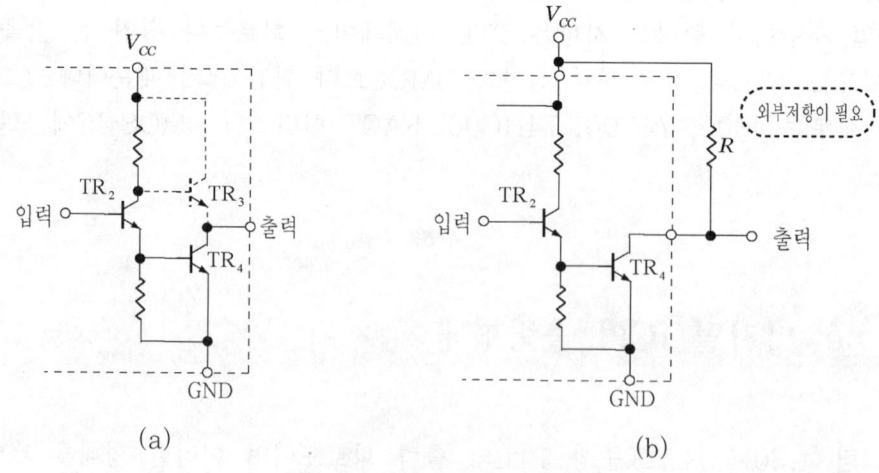

|(a)|(b)|

〈그림 4.31〉 오픈 컬렉터형

오픈 컬렉터형에서는 실제로 HIGH 레벨을 출력하는 것이 아니라 〈그림 4.31(a)〉의
TR$_4$가 OFF 될 뿐이며 LOW 레벨을 출력하는 경우에도 TR$_4$가 ON되는 것 뿐이다.
즉, 출력은 HIGH, LOW의 전압으로 출력하는 것이 아니라 ON, OFF 스위치로 출력
하는 것이다.

그러나 HIGH와 LOW의 전압 출력이 필요한 경우는 〈그림 4.31(b)〉와 같이 V_{cc}
와 출력 단자간에 저항 R을 접속하면 된다. 이와 같이 해두면 토템폴형과 마찬가지로
HIGH나 LOW의 전압을 출력으로 얻을 수 있다. TR$_4$가 OFF 일 때는 출력전압이
HIGH가 되고 ON 일 때는 LOW로 된다.

첫 번째, 오픈 컬렉터형 IC는 IC 출력단자를 2개 이상 직접 접속할 수 있다는 장점
을 갖는다. 토템 폴형의 경우는 〈그림 4.32(a)〉와 같이 출력단자끼리 직접 접속하면
다음과 같은 현상이 발생한다.

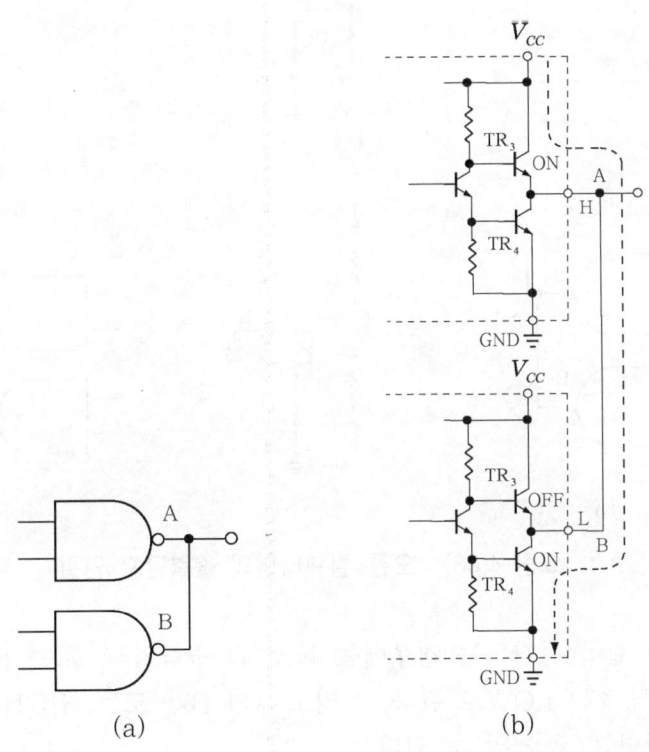

〈그림 4.32〉 토템 폴형의 출력단자끼리 접속한 경우

〈그림 4.32(a)〉회로에서 출력 A가 HIGH이고 출력 B가 LOW 인 경우는 출력전압
이 어떻게 될까? 이 때의 회로는 〈그림 4.32(b)〉와 같이 전원 V_{cc}와 GND 단자가 단

락된 형태로 되고 만다. 즉 이와 같이 하면 출력이 HIGH 또는 LOW을 알 수 없는 상태가 될뿐만 아니라 V_{cc}에서 GND로 큰 전류가 흘러 IC를 파손하는 경우도 있다.

오픈 컬렉터형에서는 〈그림 4.33(a)〉와 같이 접속되어도 〈그림 4.33(b)〉회로에서 알 수 있듯이 TR₃가 없으므로 V_{cc}와 GND가 단락상태가 되는 일은 없다. 또한 오픈컬렉터형에서는 〈그림 4.33(c)〉와 같이 출력단자의 접속점과 전원 V_{cc}의 사이에 저항을 접속함으로써 OR 동작을 할 수 있다는 것이다.

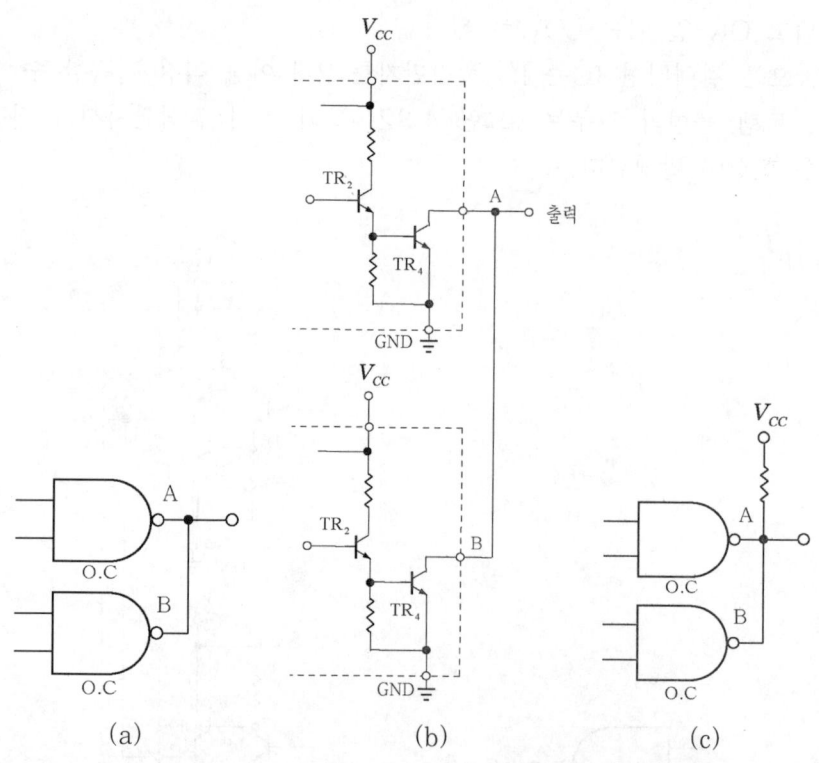

$$(a) \qquad\qquad (b) \qquad\qquad (c)$$

〈그림 4.33〉 오픈 컬렉터형의 출력단자 연결

〈그림 4.34〉와 같이 동작하는 경우에는 NAND 출력의 A 또는 B의 어느 것인가가 LOW가 되면 출력 Y는 LOW로 된다. 그리고 A와 B가 모두 HIGH로 되는 경우만 출력이 HIGH로 된다는 것을 알 수 있다.

즉 출력회로는 로 액티브로 OR 동작을 하고 있다. 이렇게 해서 다른 IC를 사용할 필요없이 출력을 공통으로 접속하는 것만으로 OR 동작이 가능하므로 이것을 와이어드(wired) OR라고 한다.

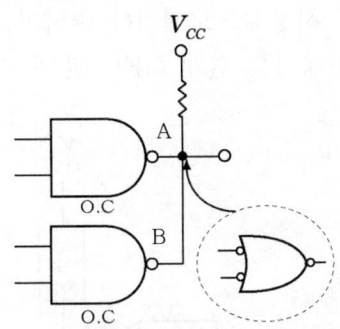

〈그림 4.34〉 오픈 컬렉터의 출력단자의 동작 예

〈그림 4.34〉 회로를 등가회로로 보는 방법을 바꾸면 정논리의 AND 동작으로 볼 수도 있다. 그래서 최근에는 와이어드 AND라고도 부르고 있다.

두 번째, 오픈컬렉터의 장점은 출력전압을 자유로이 설정할 수 있다는 것이다. 〈그림 4.35(a)〉와 같은 토템폴형인 경우에는 출력전압을 IC의 전원 V_{cc}에서 꺼내고 있으므로 출력전압은 V_{cc}이상으로 되는 경우는 없다. 그러나 오픈컬렉터는 〈그림 4.35(b)〉 같이 전원 V_{cc}의 값을 바꿈으로써 가장 높은 출력전압을 꺼낼 수도 있다. 예를 들면 V_{cc}가 12V이면 OFF일 때는 출력은 12V가 된다.

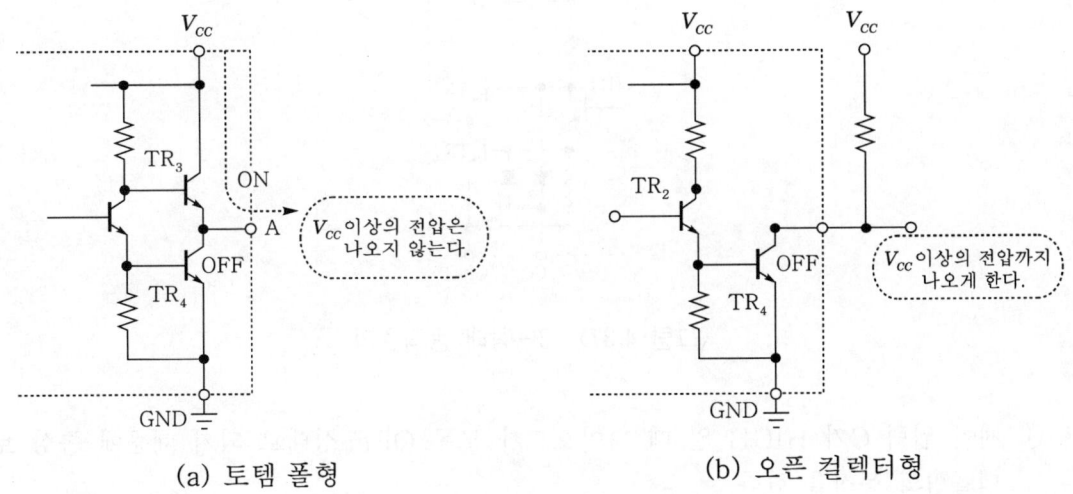

〈그림 4.35〉 전원공급과 출력전압

이렇게 해서 오픈 컬렉터회로는 전원전압이 다른 디지털 시스템간에 데이터의 교환을 하는 경우에 흔히 사용된다. 또한 〈그림 4.36〉은 12V의 릴레이 IC로 동작시키는 경우

121

의 예인데 오픈 컬렉터회로를 사용함으로써 IC 출력이 LOW일 때는 릴레이를 동작시키고 출력이 HIGH일 때는 릴레이를 쉽게 OFF 할 수 있다.

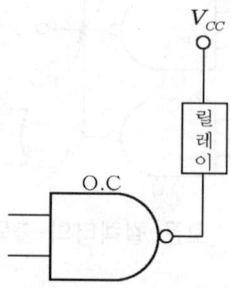

〈그림 4.36〉 오픈 컬렉터를 이용한 릴레이 제어

❷ 3 - state 형

3-상태형은 〈그림 4.37〉과 같은 회로를 구성으로 되어 있으며 제어 입력 C에 따라 다음과 같은 동작을 한다.

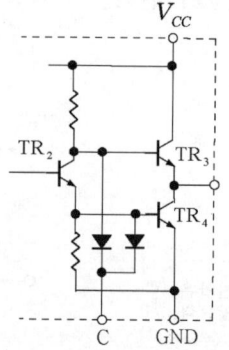

〈그림 4.37〉 3-상태 동작원리

① 제어 입력 C가 HIGH 일 때 다이오드가 모두 OFF 상태로 되기 때문에 통상 토템폴형의 동작을 한다.

② 제어 입력 C가 LOW 일 때 다이오드가 ON 상태로 되어 TR_3와 TR_4의 베이스 전압이 저하하고 TR_3와 TR_4는 모두 OFF로 된다. 즉 출력단자는 IC 내부와 연결되어 있지 않은 상태, 즉 고임피던스 상태로 되어 있다. 3-상태형 IC의 출력 상태라고 하는 것은 명칭 그대로 다음과 같은 3가지 상태가 있다.

㉠ HIGH 상태
㉡ LOW 상태
㉢ 고임피던스 상태

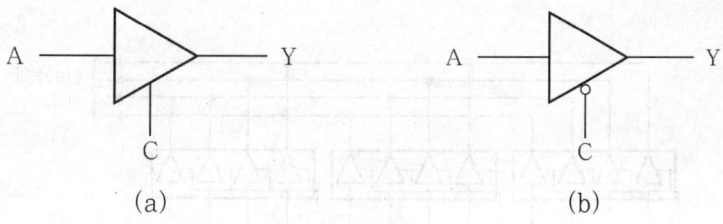

〈그림 4.38〉 3-상태 게이트의 예

〈그림 4.38(a)〉 회로의 동작은 다음과 같다.

　　C = HIGH 이면 Y = HIGH 또는 LOW
　　C = LOW 이면 Y = 고임피던스(내부와 분리된다.)

　많은 신호를 전송할 때 1개의 신호선으로는 어렵다. 〈그림 4.39(a)〉는 A, B, C의 3가지 신호를 1개의 신호선으로 전송하려는 회로이다. 〈그림 4.39(b)〉는 타이밍 차트에 나타난 바와 같이 A′, B′, C′의 제어 입력의 조작에 따라 신호선에 어떤 전압이 실리는가를 조사해 보면 잘 알 수 있다. $t_1 \sim t_2$기간은 A′가 HIGH 이므로 A 입력이 신호선에 나타난다. 또는 $t_3 \sim t_4$의 기간은 B입력이 $t_5 \sim t_6$의 기간은 C 입력이 각각 신호선상에 나타난다. 그리고 그 이오의 기간일 때는 A′, B′, C′는 LOW 이므로 신호선은 모든 IC 출력과 분리된 상태가 된다. 이렇게 3-상태 IC를 사용하면 1개의 전송용 신호선만으로 많은 신호를 시간적으로 분할하여 보낼 수 있는 것이다.

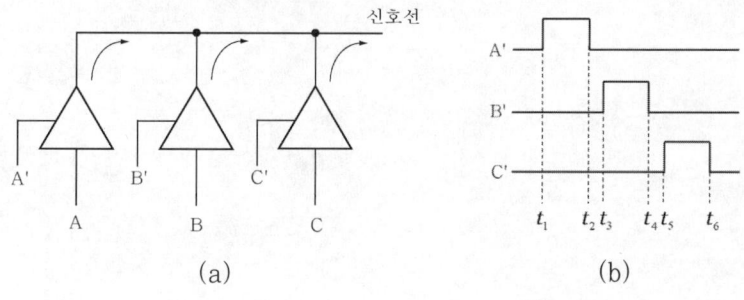

〈그림 4.39〉 3-상태 게이트를 이용 원리

〈그림 4.40〉은 4개의 신호선을 통하여 A, B, C 3대의 입력장치에서 4비트 신호를 전송하는 회로 예이다. A′, B′, C′의 제어선을 조작함으로써 각 장치에서 입력 데이터를 시간적으로 분할하여 전송할 수 있다. 이와 같은 신호 전송방법을 버스 구성이라고 한다.

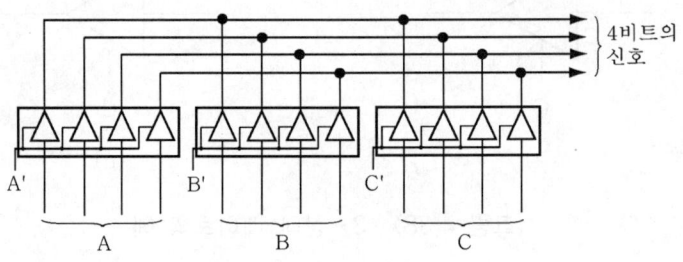

〈그림 4.40〉 3-상태의 응용

1. 74LS00의 전기적 특성을 조사하라.

2. 74HC00의 전기적 특성을 조사하라.

3. 74LS08과 74HC08의 차이점을 논하라.

4. 74LS08의 전기적 특성을 조사하라.

5. 74HC08의 전기적 특성을 조사하라.

6. 74LS08과 74HC08의 차이점을 논하라.

MEMO

제 2 편

논리회로

제 5 장 조합 논리회로 설계의 기초

1 불 함수의 간략화

불 함수(Boolean function)는 논리연산자(AND, OR, NOT), 논리변수, 괄호와 등호등으로 구성된 식으로 논리함수(logical function)라고도 한다. 논리 변수들의 범위는 0과 1이며 함수의 결과 또한 항상 0 또는 1이다.

디지털 회로를 설계할 경우는 불 함수를 단순화(simplification) 또는 간략화(minimization)하여야 한다. 불 함수를 표현하는 항(term)의 수와 문자(literal)의 수는 시스템을 하드웨어적으로 구현할 때 회로의 복잡도와 게이트의 수에 직접적인 영향을 주기 때문이다. 즉, 불 함수를 하드웨어적으로 구현하기 전에 그 함수를 간략화하는 것은 그만큼 회로가 간단해진다는 것을 의미한다.

불 함수의 간략화에는 일반적으로 다음과 같은 3가지 방식이 있다.

① 대수적인 간략화 방법(algebraic minimization method)

이 방법은 주어진 불 함수에 대하여 불 대수의 정리를 대수적으로 적용시키는 것이다. 이방법을 통한 불 함수의 간소화는 많은 경험이 요구되므로 일반적으로 잘 사용되지 않는다. 그러나 나머지 두 방법은 이론적으로 대수적 간소화를 바탕으로 구성되어 있다. 따라서 이러한 간략화 과정을 이해하기 위해서는 기본적으로 대수적인 간략화 과정을 잘 습득해야 한다. 이 내용은 3장에서 설명하였다.

② 카르노 맵(Karnaugh map) 방법

이 방법은 불 함수의 각 항들을 쉽게 하나의 곱 형태로 간략화 한다. 그러나 이 방법은 변수가 많아짐에 따라 맵의 구성이 매우 복잡해지므로 실제로 여섯 개 또는 그 이하 변수를 가진 함수만을 대상으로 한다.

③ 콰인 – 맥클러스키 방법(Quine – McCluskey's method)

이 방법은 테이블을 사용하여 간략화 알고리즘(minimization algorithm)을 쉽게 구현할 수 있다. 따라서 많은 변수를 갖고 있는 함수를 컴퓨터로 처리하기에 적당한 방법이다.

② 카르노 맵 방법

1953년 카르노는 모든 최소항을 최소로 커버할 수 있는 기하학적인 방법을 발표하였다. 이 방법은 베이치(E. W. Veitch, 1592)에 의해 구상되었다. 즉, 진리표를 그레이 코드로 나타낸 변수들의 조합을 2진법 순서로 나열하여 도표로 간략화시키는 개념이다. 그 후 카르노에 의해 불 함수의 간략화방법이 수정되었기 때문에 베이치 다이어그램 또는 카르노 맵 혹은 K–맵이라고 한다.

① 2변수 맵 방법

2변수에 대한 진리표를 나타내면 〈그림 5.1〉과 같다.

A B	최소항
0 0	$\overline{A}\,\overline{B}$
0 1	$\overline{A}\,B$
1 0	$A\,\overline{B}$
1 1	$A\,B$

A＼B	0	1
0	$\overline{A}\,\overline{B}$	$\overline{A}\,B$
	m_0	m_1
1	$A\,\overline{B}$	$A\,B$
	m_2	m_3

(a) 진리표   (b) 카르노 맵

〈그림 5.1〉 2변수 맵 방법

2변수에 대한 간략화의 예를 들면 〈그림 5.2〉와 같다.

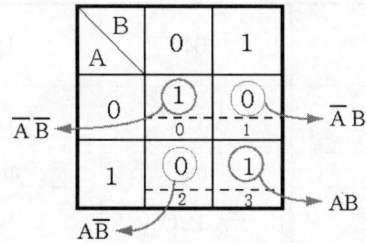

(a) $Y = \overline{A}\,\overline{B} + AB$, $\overline{Y} = \overline{A}B + A\overline{B}$

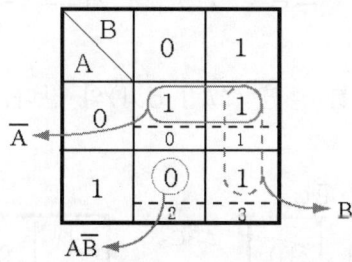

(b) $Y = \overline{A} + B$, $\overline{Y} = A\overline{B}$

〈그림 5.2〉 2변수 맵 방법의 예

③ 3변수 맵 방법

3변수에 대한 진리표를 나타내면 〈표 5.1〉과 같다.

〈표 5.1〉 3변수에 대한 진리표

A B C	최소항
0 0 0	$\overline{A}\,\overline{B}\,\overline{C}$
0 0 1	$\overline{A}\,\overline{B}\,C$
0 1 0	$\overline{A}\,B\,\overline{C}$
0 1 1	$\overline{A}\,B\,C$
1 0 0	$A\,\overline{B}\,\overline{C}$
1 0 1	$A\,\overline{B}\,C$
1 1 0	$A\,B\,\overline{C}$
1 1 1	$A\,B\,C$

A＼BC	00	01	11	10
0	$\overline{A}\,\overline{B}\,\overline{C}$	$\overline{A}\,\overline{B}\,C$	$\overline{A}\,B\,C$	$\overline{A}\,B\,\overline{C}$
	m_0	m_1	m_3	m_2
1	$A\,\overline{B}\,\overline{C}$	$A\,\overline{B}\,C$	$A\,B\,C$	$A\,B\,\overline{C}$
	m_4	m_5	m_7	m_6

〈그림 5.3〉 3변수 카르노 맵

3변수에 대한 간략화의 예를 들면 〈그림 5.4〉와 같다.

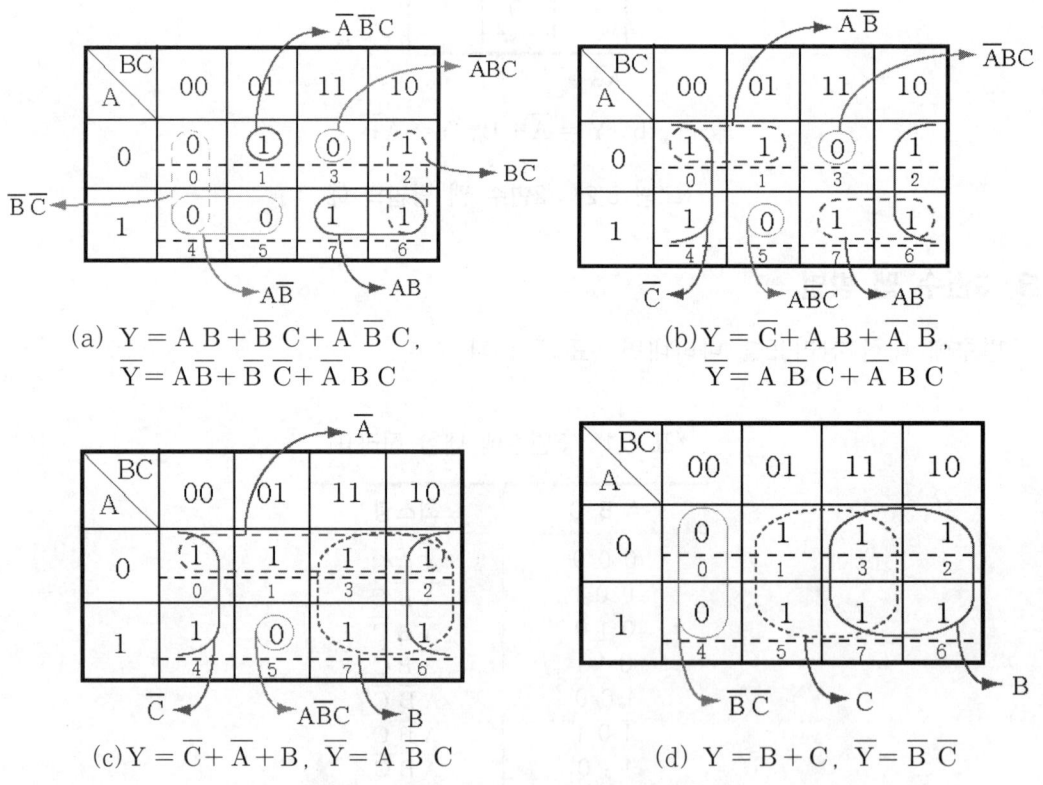

(a) $Y = A\,B + \overline{B}\,C + \overline{A}\,\overline{B}\,C$,
$\overline{Y} = A\,\overline{B} + \overline{B}\,\overline{C} + \overline{A}\,B\,C$

(b) $Y = \overline{C} + A\,B + \overline{A}\,\overline{B}$,
$\overline{Y} = A\,\overline{B}\,C + \overline{A}\,B\,C$

(c) $Y = \overline{C} + \overline{A} + B$, $\overline{Y} = A\,\overline{B}\,C$

(d) $Y = B + C$, $\overline{Y} = \overline{B}\,\overline{C}$

〈그림 5.4〉 3변수 맵 방법의 예

4 4변수 맵 방법

4변수에 대한 진리표를 나타내면 〈표 5.2〉와 같다.

〈표 5.2〉 4변수에 대한 진리표

A B C D	최소항
0 0 0 0	$\overline{A}\,\overline{B}\,\overline{C}\,\overline{D}$
0 0 0 1	$\overline{A}\,\overline{B}\,\overline{C}\,D$
0 0 1 0	$\overline{A}\,\overline{B}\,C\,\overline{D}$
0 0 1 1	$\overline{A}\,\overline{B}\,C\,D$
0 1 0 0	$\overline{A}\,B\,\overline{C}\,\overline{D}$
0 1 0 1	$\overline{A}\,B\,\overline{C}\,D$
0 1 1 0	$\overline{A}\,B\,C\,\overline{D}$
0 1 1 1	$\overline{A}\,B\,C\,D$
1 0 0 0	$A\,\overline{B}\,\overline{C}\,\overline{D}$
1 0 0 1	$A\,\overline{B}\,\overline{C}\,D$
1 0 1 0	$A\,\overline{B}\,C\,\overline{D}$
1 0 1 1	$A\,\overline{B}\,C\,D$
1 1 0 0	$A\,B\,\overline{C}\,\overline{D}$
1 1 0 1	$A\,B\,\overline{C}\,D$
1 1 1 0	$A\,B\,C\,\overline{D}$
1 1 1 1	$A\,B\,C\,D$

AB \ CD	00	01	11	10
00	$\overline{A}\,\overline{B}\,\overline{C}\,\overline{D}$ m_0	$\overline{A}\,\overline{B}\,\overline{C}\,D$ m_1	$\overline{A}\,\overline{B}\,C\,D$ m_3	$\overline{A}\,\overline{B}\,C\,\overline{D}$ m_2
01	$\overline{A}\,B\,\overline{C}\,\overline{D}$ m_4	$\overline{A}\,B\,\overline{C}\,D$ m_5	$\overline{A}\,B\,C\,D$ m_7	$\overline{A}\,B\,C\,\overline{D}$ m_6
11	$A\,B\,\overline{C}\,\overline{D}$ m_{12}	$A\,B\,\overline{C}\,D$ m_{13}	$A\,B\,C\,D$ m_{15}	$A\,B\,C\,\overline{D}$ m_{14}
10	$A\,\overline{B}\,\overline{C}\,\overline{D}$ m_8	$A\,\overline{B}\,\overline{C}\,D$ m_9	$A\,\overline{B}\,C\,D$ m_{11}	$A\,\overline{B}\,C\,\overline{D}$ m_{10}

〈그림 5.5〉 4변수 카르노 맵

4변수에 대한 간략화의 예를 들면 〈그림 5.6〉과 같다.

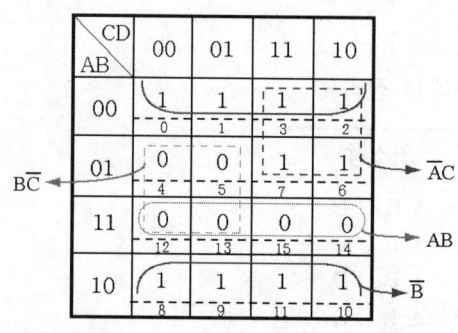

(a) $Y = \overline{A}C + \overline{B}$, $\overline{Y} = B\overline{C} + AB$

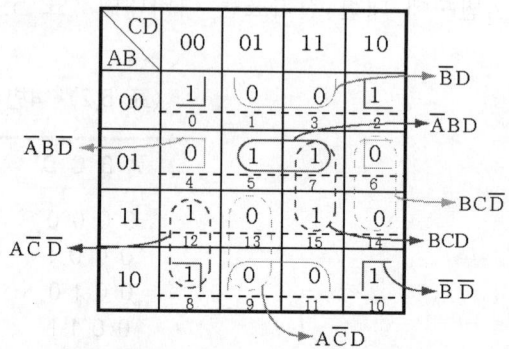

(b) $Y = \overline{B}\,\overline{D} + \overline{A}\,B\,D + B\,C\,D + A\,\overline{C}\,\overline{D}$

$\overline{Y} = \overline{B}\,D + B\,C\,\overline{D} + A\,\overline{C}\,D + \overline{A}\,B\,\overline{D}$

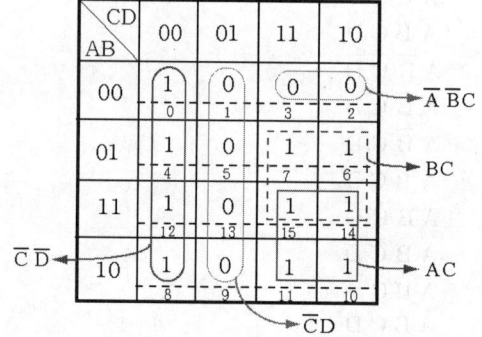

(c) $Y = \overline{C}\,\overline{D} + A\,C + B\,C$, $\overline{Y} = \overline{C}\,D + \overline{A}\,\overline{B}\,C$

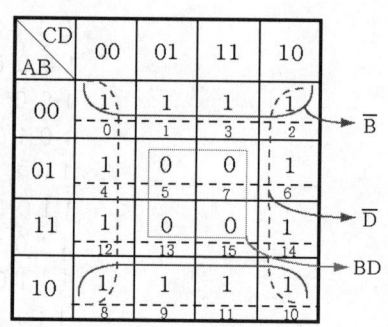

(d) $Y = \overline{B} + \overline{D}$, $\overline{Y} = BD$

〈그림 5.6〉 4변수 카르노 맵의 예

⑤ 5변수 맵 방법

5변수에 대한 카르노 맵을 나타내면 〈그림 5.7〉과 같다.

CDE \ AB	000	001	011	010	110	111	101	100
00	$\bar A \bar B \bar C \bar D \bar E$	$\bar A \bar B \bar C \bar D E$	$\bar A \bar B \bar C D E$	$\bar A \bar B \bar C D \bar E$	$\bar A \bar B C D \bar E$	$\bar A \bar B C D E$	$\bar A \bar B C \bar D E$	$\bar A \bar B C \bar D \bar E$
	m_0	m_1	m_3	m_2	m_6	m_7	m_5	m_4
01	$\bar A B \bar C \bar D \bar E$	$\bar A B \bar C \bar D E$	$\bar A B \bar C D E$	$\bar A B \bar C D \bar E$	$\bar A B C D \bar E$	$\bar A B C D E$	$\bar A B C \bar D E$	$\bar A B C \bar D \bar E$
	m_8	m_9	m_{11}	m_{10}	m_{14}	m_{15}	m_{13}	m_{12}
11	$A B \bar C \bar D \bar E$	$A B \bar C \bar D E$	$A B \bar C D E$	$A B \bar C D \bar E$	$A B C D \bar E$	$A B C D E$	$A B C \bar D E$	$A B C \bar D \bar E$
	m_{24}	m_{25}	m_{27}	m_{26}	m_{30}	m_{31}	m_{29}	m_{28}
10	$A \bar B \bar C \bar D \bar E$	$A \bar B \bar C \bar D E$	$A \bar B \bar C D E$	$A \bar B \bar C D \bar E$	$A \bar B C D \bar E$	$A \bar B C D E$	$A \bar B C \bar D E$	$A \bar B C \bar D \bar E$
	m_{16}	m_{17}	m_{19}	m_{18}	m_{22}	m_{23}	m_{21}	m_{20}

〈그림 5.7〉 5변수 카르노 맵

5변수를 이용한 간략화의 예를 들면 〈그림 5.8〉과 같다.

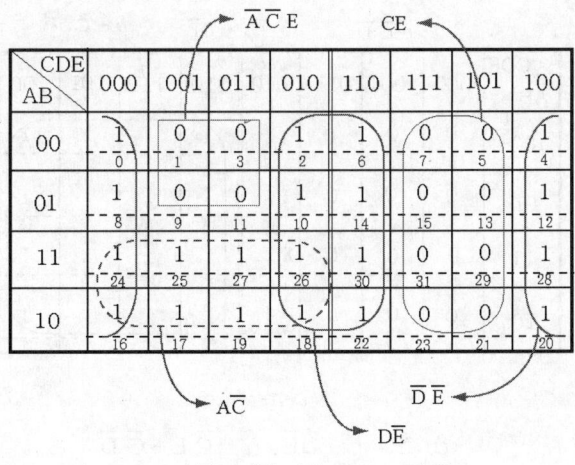

(a) $Y = \bar E + A \bar C$, $\bar Y = CE + \bar A \bar C E$

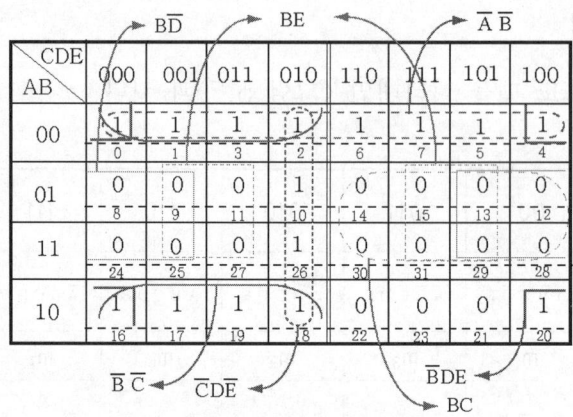

(b) $Y = \overline{B}\,\overline{C} + \overline{C}\,D\,\overline{E} + \overline{A}\,\overline{B} + \overline{B}\,D\,E$, $\overline{Y} = B\,E + B\,\overline{D} + B\,C$

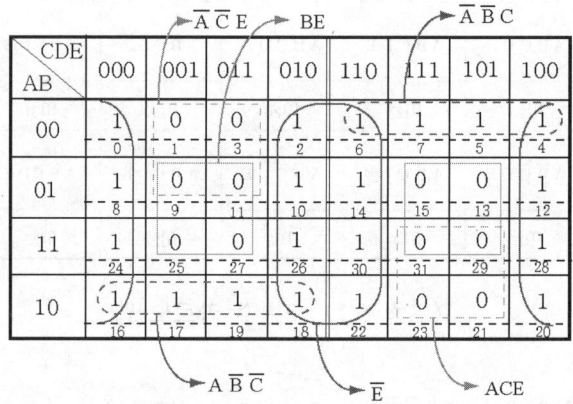

(c) $Y = \overline{E} + A\,\overline{B}\,\overline{C} + \overline{A}\,\overline{B}\,C$, $\overline{Y} = B\,E + \overline{A}\,\overline{C}\,E + A\,C\,E$

CDE \ AB	000	001	011	010	110	111	101	100
00	0	0	0	1	1	1	1	1
	0	1	3	2	6	7	5	4
01	0	0	0	1	1	1	1	1
	8	9	11	10	14	15	13	12
11	0	0	0	1	1	1	1	1
	24	25	27	26	30	31	29	28
10	0	0	0	1	1	1	1	1
	16	17	19	18	22	23	21	20

$\overline{C}\,\overline{D}$ $D\,\overline{E}$ C $\overline{C}\,E$

(d) $Y = C + D\,\overline{E}$, $\overline{Y} = \overline{C}\,E + \overline{C}\,\overline{D}$

〈그림 5.8〉 5변수 간략화의 예

⑥ 6변수 맵 방법

6변수의 맵의 구성을 보이면 〈그림 5.9〉와 같다.

ABC＼DEF	000	001	011	010	110	111	101	100
000	000000	000001	000011	000010	000110	000111	000101	000100
	m_0	m_1	m_3	m_2	m_6	m_7	m_5	m_4
001	001000	001001	001011	001010	001110	001111	001101	001100
	m_8	m_9	m_{11}	m_{10}	m_{14}	m_{15}	m_{13}	m_{12}
011	011000	011001	011011	011010	011110	011111	011101	011100
	m_{24}	m_{25}	m_{27}	m_{26}	m_{30}	m_{31}	m_{29}	m_{28}
010	010000	010001	010011	010010	010110	010111	010101	010100
	m_{16}	m_{17}	m_{19}	m_{18}	m_{22}	m_{23}	m_{21}	m_{20}
110	110000	110001	110011	110010	110110	110111	110101	110100
	m_{48}	m_{49}	m_{51}	m_{50}	m_{54}	m_{55}	m_{53}	m_{52}
111	111000	111001	111011	111010	111110	111111	111101	111100
	m_{56}	m_{57}	m_{59}	m_{58}	m_{62}	m_{63}	m_{61}	m_{60}
101	101000	101001	101011	101010	101110	101111	101101	101100
	m_{40}	m_{41}	m_{43}	m_{42}	m_{46}	m_{47}	m_{45}	m_{44}
100	100000	100001	100011	100010	100110	100111	100101	100100
	m_{32}	m_{33}	m_{35}	m_{34}	m_{38}	m_{39}	m_{37}	m_{36}

〈그림 5.9〉 6변수의 맵 구성

6변수의 간략화의 예를 들면 〈그림 5.10〉과 같다.

$\overline{C}\,\overline{F}$

DEF \ ABC	000	001	011	010	110	111	101	100
000	1 (0)	(1)	(3)	1 (2)	1 (6)	(7)	(5)	1 (4)
001	(8)	(9)	(11)	(10)	(14)	(15)	(13)	(12)
011	(24)	(25)	(27)	(26)	(30)	(31)	(29)	(28)
010	1 (16)	(17)	(19)	1 (18)	1 (22)	(23)	(21)	1 (20)
110	1 (48)	(49)	(51)	1 (50)	1 (54)	(55)	(53)	1 (52)
111	(56)	(57)	(59)	(58)	(62)	(63)	(61)	(60)
101	(40)	(41)	(43)	(42)	(46)	(47)	(45)	(44)
100	1 (32)	(33)	(35)	1 (34)	1 (38)	(39)	(37)	1 (36)

(a) $Y = \overline{C}\,\overline{F}$

CF

DEF \ ABC	000	001	011	010	110	111	101	100
000	(0)	(1)	(3)	(2)	(6)	(7)	(5)	(4)
001	(8)	1 (9)	1 (11)	(10)	(14)	1 (15)	1 (13)	(12)
011	(24)	1 (25)	1 (27)	(26)	(30)	1 (31)	1 (29)	(28)
010	(16)	(17)	(19)	(18)	(22)	(23)	(21)	(20)
110	(48)	(49)	(51)	(50)	(54)	(55)	(53)	(52)
111	(56)	1 (57)	1 (59)	(58)	(62)	1 (63)	1 (61)	(60)
101	(40)	1 (41)	1 (43)	(42)	(46)	1 (47)	1 (45)	(44)
100	(32)	(33)	(35)	(34)	(38)	(39)	(37)	(36)

(b) $Y = C\,F$

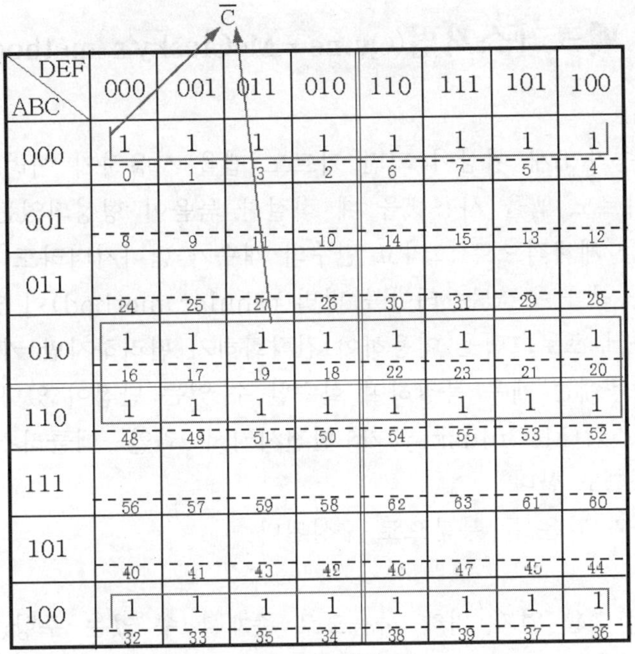

$\overline{C}$

DEF \ ABC	000	001	011	010	110	111	101	100
000	1 (0)	1 (1)	1 (3)	1 (2)	1 (6)	1 (7)	1 (5)	1 (4)
001	(8)	(9)	(11)	(10)	(14)	(15)	(13)	(12)
011	(24)	(25)	(27)	(26)	(30)	(31)	(29)	(28)
010	1 (16)	1 (17)	1 (19)	1 (18)	1 (22)	1 (23)	1 (21)	1 (20)
110	1 (48)	1 (49)	1 (51)	1 (50)	1 (54)	1 (55)	1 (53)	1 (52)
111	(56)	(57)	(59)	(58)	(62)	(63)	(61)	(60)
101	(40)	(41)	(43)	(42)	(46)	(47)	(45)	(44)
100	1 (32)	1 (33)	1 (35)	1 (34)	1 (38)	1 (39)	1 (37)	1 (36)

(c) $Y = \overline{C}$

$E\overline{F}$ DF

DEF \ ABC	000	001	011	010	110	111	101	100
000	(0)	(1)	(3)	1 (2)	1 (6)	1 (7)	1 (5)	(4)
001	(8)	(9)	(11)	1 (10)	1 (14)	1 (15)	1 (13)	(12)
011	(24)	(25)	(27)	1 (26)	1 (30)	1 (31)	1 (29)	(28)
010	(16)	(17)	(19)	1 (18)	1 (22)	1 (23)	1 (21)	(20)
110	(48)	(49)	(51)	1 (50)	1 (54)	1 (55)	1 (53)	(52)
111	(56)	(57)	(59)	1 (58)	1 (62)	1 (63)	1 (61)	(60)
101	(40)	(41)	(43)	1 (42)	1 (46)	1 (47)	1 (45)	(44)
100	(32)	(33)	(35)	1 (34)	1 (38)	1 (39)	1 (37)	(36)

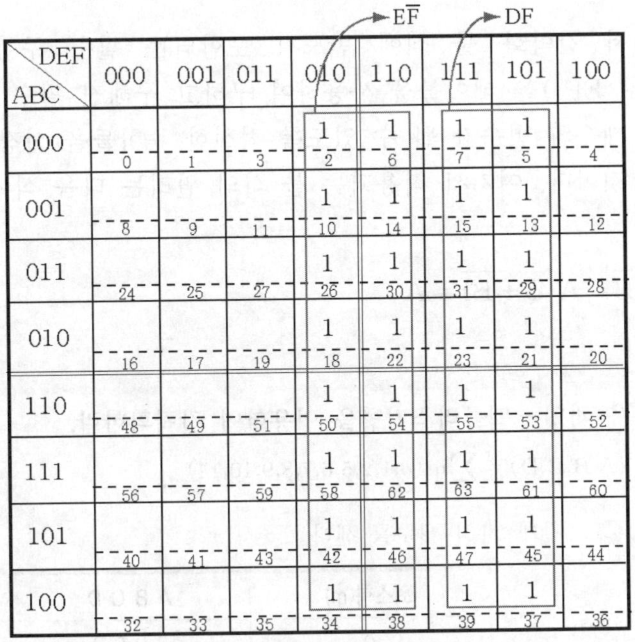

(d) $Y = E\,\overline{F} + D\,F$

〈그림 5.10〉 6변수의 간략화의 예

3 콰인 맥크러스키법(Quine - McClusky's method)

입력변수의 개수가 5개 이상이 되면 카르노 맵을 사용하기 어려우며 변수의 개수가 적은 경우라도 카르노 맵을 사용했을 때 적절한 묶음이 형성되었는지 판단이 쉽지 않다. 묶음의 형성을 체계적으로 그리고 변수의 개수가 많아지더라도 단계별 순서에 의해 간략화된 불 식을 얻을 수 있는 테이블 방법(tabular method)이 있다.

이 방법은 컴퓨터 프로그램을 이용하여 간략화하기 편리하지만 카르노 맵처럼 손으로 간략화를 하는 경우에는 매우 복잡하여 실수할 수 있는 단점이 있다. 이 방법은 콰인이 개발하고 맥클러스키(McCuluskey)가 발전시켜서 콰인-맥클러스키(Quine-McCluskey) 방법이라고도 한다.

이 방법은 다음과 같은 두 부분으로 구성된다.

(1) 간략화된 함수를 얻기 위해 묶음으로 존재할 수 있는 주항(prime implicant, PI)을 찾는다.

(2) 주항 중에서 간략화 불 식에 반드시 포함되는 필수 주항(essential prime implicant, EPI)을 테이블을 사용하여 구하고 구해진 필수 주항과 최소 개수의 항과 최소 개수의 변수가 될 수 있도록 적절한 주항들을 선정하여 간략화된 불식을 구하는 것이다. 여기서 적용되는 불 식의 원리는 다음 식에 의한다.

$$A\,B + A\,\overline{B} = A(B + \overline{B}) = A$$

예제 5-1 다음을 콰인-맥클러스키법을 이용하여 간략화하라.

① $Y(A,B,C,D) = \sum m(0,1,2,5,6,7,8,9,10,14)$

풀이 ▶ 1단계 : 1의 개수를 센다.

최소항(m)	A B C D	1의 개수
0	0 0 0 0	0
1	0 0 0 1	1
2	0 0 1 0	1
5	0 1 0 1	2
6	0 1 1 0	2

최소항(m)	A B C D	1의 개수
7	0 1 1 1	3
8	1 0 0 0	1
9	1 0 0 1	2
10	1 0 1 0	2
14	1 1 1 0	3

2단계 : 1의 개수별로 그룹을 구성한다.

3단계 : 간략화 과정을 수행한 후 주항 결정

그룹	① 최소항	① ABCD	① 주항	② 최소항	② ABCD	② 주항	③ 최소항	③ ABCD	③ 주항
G(0)	0	0000	√	(0, 1) (0, 2) (0, 8)	000_ 00_0 _000	√ √ √	(0, 1, 8, 9) (0, 2, 8,10)	_00_ _0_0	
G(1)	1 2 8	0001 0010 1000	√ √ √	(1, 5) (1, 9) (2, 6) (2,10) (8, 9) (8,10)	0_01 _001 0_10 _101 100_ 10_0	 √ √ √ √ √	(2, 6,10,14)	__10	
G(2)	5 6 9 10	0101 0110 1001 1010	√ √ √ √	(5, 7) (6, 7) (6,14) (10,14)	01_1 011_ _110 1_10	 √ √			
G(3)	7 14	0111 1110							

주항은 다음과 같다.

- (1, 5) : 0_01 → $\overline{A}\,\overline{C}\,D$
- (5, 7) : 01_1 → $\overline{A}\,B\,D$
- (6, 7) : 011_ → $\overline{A}\,B\,C$
- (0, 1, 8, 9) : _00_ → $\overline{B}\,\overline{C}$
- (0, 2, 8,10) : _0_0 → $\overline{B}\,\overline{D}$
- (2, 6,10,14) : __10 → $C\,\overline{D}$

따라서 논리식은 다음과 같이 표현된다.

$$Y = \overline{A}\,\overline{C}\,D + \overline{A}\,B\,D + \overline{A}\,B\,C + \overline{B}\,\overline{C} + \overline{B}\,\overline{D} + C\,\overline{D}$$

4단계 : 필수 주항 결정

주항(PI; Prime Implicant)들이 구해지면 이들 중에서 필수주항 (EPI; Essential Prime-Implicant)을 구해야 한다. 가로축의 각 최소항들을 하나씩 조사하여 오직 1회만 묶음을 형성할 때 사용한 최소항을 결정할 수 있고 이러한 최소항을 포함하는 묶음이 필수 주항이 된다.

주항	최소항(m) A B C D	0	1	2	5	6	7	8	9	10	14
(1, 5)	0 _ 0 1		O		O						
(5, 7)	0 1 _ 1				O		O				
(6, 7)	0 1 1 _					O	O				
(0, 1, 8, 9)	_ 0 0 _	O	O					O	O		
(0, 2, 8,10)	_ 0 _ 0	O		O				O		O	
(2, 6,10,14)	_ _ 1 0			O		O				O	O

(a) 주항 표시

주항	최소항(m) A B C D	0	1	2	5	6	7	8	9	10	14
(1, 5)	0 _ 0 1		O		O						
(5, 7)	0 1 _ 1				O		O				
(6, 7)	0 1 1 _					O	O				
(0, 1, 8, 9)	_ 0 0 _	O	O					O	◎		
(0, 2, 8,10)	_ 0 _ 0	O		O				O		O	
(2, 6,10,14)	_ _ 1 0			O		O				O	◎

(b) 필수 주항 표시

주항	최소항(m) A B C D	0	1	2	5	6	7	8	9	10	14
(1, 5)	0 _ 0 1		O		O						
(5, 7)	0 1 _ 1				O		O				
(6, 7)	0 1 1 _					O	O				
(0, 1, 8, 9)	_ 0 0 _	O	O					O	◎		
(0, 2, 8,10)	_ 0 _ 0	O		O				O		O	
(2, 6,10,14)	_ _ 1 0			O		O				O	◎
		√	√	√		√		√	√	√	√

(c) √ 표시

〈그림 5.11〉 필수 주항

필수주항은 다음과 같다.

필수 주항 : $\overline{B}\,\overline{C}$, $C\,\overline{D}$

〈그림 5.11〉(c)에서 √표시가 되지 않은 최소항들은 이 묶음을 형성하는 주항들이 필수 주항에 의해서 제거되지 않은 주항들로 (1,5), (5,7), (6,7)이 된다.

5단계 : 필수 주항에 의해 제거되지 않은 항을 최소항을 간략화
필수 주항에 다음 항을 추가함

Y = 필수 주항 + $\overline{A}$ B D

주항	최소항(m)	5	7
	A B C D		
(1, 5)	0 _ 0 1	○	
(5, 7)	0 1 _ 1	○	○
(6, 7)	0 1 1 _		○
		√	√

〈그림 5.12〉 필수 주항에 의해 제거되지 않는 최소항의 간략화

따라서 최종적으로 간략화된 논리식은 다음과 같다.

Y = $\overline{B}\,\overline{C}$ + $C\,\overline{D}$ + $\overline{A}$ B D

무시항(don't care) 조건이 있는 경우에는 다음과 같은 조건을 따르면 된다.
① 주항을 구할 때는 무시항을 1로 간주하고
② 필수 주항을 구할 때는 무시항을 0으로 간주한다.

〈그림 5.13〉은 무시항(don't care)이 있을 때의 필수 주항의 예를 보인 것이다.

주항	최소항(m)		1	5	6	7	8	9	10	14
	A B C D									
(1, 5)	0 _ 0 1		○	○						
(5, 7)	0 1 _ 1			○		○				
(6, 7)	0 1 1 _				○	○				
(0, 1, 8, 9)	_ 0 0 _		○				○	◎		
(0, 2, 8,10)	_ 0 _ 0						○		○	
(2, 6,10,14)	_ _ 1 0				○				○	◎

〈그림 5.13〉 무시항이 (0, 2)라고 가정한 경우 필수 주항의 예

 BCD 검출기 설계

BCD 검출기란 BCD중 특정한 값이 나오면 그 결과를 알려주는 회로이다.

예제 5-2 BCD 부호 중 6, 8을 검출하는 회로를 설계하라.

① 1단계 : 입·출력 정의

입력 : D(MSB), C, B, A(LSB)

출력 : Y

② 2단계 : 진리표 구성

입력(BCD)				출력(Y)
D	C	B	A	
0	0	0	0	0
0	0	0	1	0
0	0	1	0	0
0	0	1	1	0
0	1	0	0	0
0	1	0	1	0
0	1	1	0	1
0	1	1	1	0
1	0	0	0	1
1	0	0	1	0

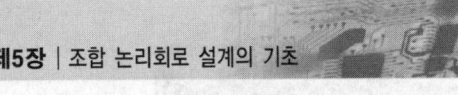
③ 3단계 : 간략화

$$Y = \overline{A} D + \overline{A} B C = \overline{A}(D + B C)$$

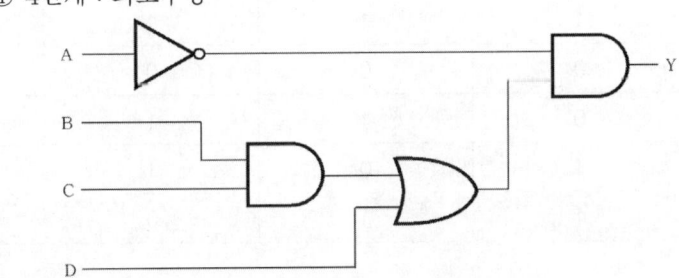

DC\BA	00	01	11	10
00	0 ₀	0 ₁	0 ₃	0 ₂
01	0 ₄	0 ₅	0 ₇	1 ₆
11	d ₁₂	d ₁₃	d ₁₅	d ₁₄
10	1 ₈	0 ₉	d ₁₁	d ₁₀

→ $\overline{A}BC$

→ $\overline{A}D$

④ 4단계 : 회로구성

문제 5-1

➡ BCD 부호중 2, 8, 9를 검출하는 회로를 설계하라.

5 패리티 체커

패리티 체커는 에러가 적은 데이터 통신에서 에러를 검출하는 데 이용하고 있으며, 2개 이상의 에러는 검출하지 못하는 단점이 있다. 또한 에러를 검출하면 송신측에 데이터를 재전송할 것을 요구해야 한다.

1 패리티(parity)

패리티는 홀수(기수, odd) 패리티와 짝수(우수, even) 패리티 방식이 있다. 홀수 패리티 비트 발생기는 입력 데이터에서 "1"의 개수가 홀수가 되도록 패리티 비트를 발생

시키는 것이다. 짝수 패리티 비트 발생기는 입력 데이터에서 "1"의 개수가 짝수가 되도록 패리티 비트를 발생시키는 것이다. 〈표 5.3〉은 패리티 비트 발생기의 예를 보인 것이다.

〈표 5.3〉 패리티 비트 발생기의 예

입력 데이터			패리티 비트	
A	B	C	홀수	짝수
0	0	0	1	0
0	0	1	0	1
0	1	0	0	1
0	1	1	1	0
1	0	0	0	1
1	0	1	1	0
1	1	0	1	0
1	1	1	0	1

예제 5-3 짝수 패리티비트 발생기를 설계하라.

① 1단계 : 입·출력 변수 정의
입력 : A, B, C
출력 : Y
② 2단계 : 진리표 구성

입력 데이터			패리티 비트
A	B	C	홀수
0	0	0	1
0	0	1	0
0	1	0	0
0	1	1	1
1	0	0	0
1	0	1	1
1	1	0	1
1	1	1	0

③ 3단계 : 간략화

$$Y = \overline{A}\,\overline{B}\,\overline{C} + A B \overline{C} + \overline{A} B C + A \overline{B} C$$
$$= (\overline{A}\,\overline{B} + A B)\,\overline{C} + (\overline{A} B + A \overline{B})\,C$$
$$= \overline{(\overline{A} B + A \overline{B})}\,\overline{C} + (\overline{A} B + A \overline{B})\,C$$
$$= \overline{(A \oplus B)}\,\overline{C} + (A \oplus B)\,C$$
$$= \overline{(A \oplus B \oplus C)}$$

④ 4단계 : 회로구성

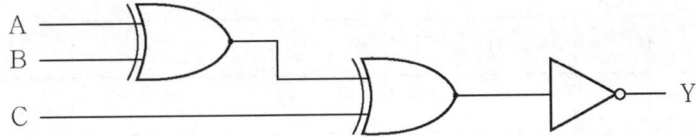

 **문제 5-2**

➡ 홀수 패리티 비트 발생기를 설계하라.

2 패리티 체커

패리티 체커는 2가지가 있다. 하나는 짝수 패리티 체커이고 다른 하나는 홀수 패리티 체커이다. 짝수 패리티 체커는 입력 데이터와 패리티 비트를 함께 수신하여 "1"의 개수가 홀수이면 에러가 발생, 짝수이면 에러없이 수신한 것이다. 홀수 패리티 체커는 입력 데이터와 패리티 비트를 함께 수신하여 "1"의 개수가 짝수이면 에러가 발생, 홀수이면 에러없이 수신한 것이다. 패리티 체커의 예를 보이면 〈표 5.4〉와 같다.

〈표 5.4〉 패리티 체커의 예

입력 데이터				패리티 체커	
A	B	C	P (패리티 비트)	홀수	짝수
0	0	0	0	1	0
0	0	1	1	1	0
0	1	0	0	0	1

입력 데이터				패리티 체커	
A	B	C	P (패리티 비트)	홀수	짝수
0	1	1	1	0	1
1	0	0	0	0	1
1	0	1	1	0	1
1	1	0	0	1	0
1	1	1	1	1	0

예제 5-4 3비트 신호를 송신하려고 한다. 수신단에서 짝수 패리티 체커를 하기 위한 회로를 설계하라.

① 1단계 : 입·출력 변수 정의

입력 : A, B, C, P

출력 : Y

② 2단계 : 진리표 구성

수신 데이터		짝수 패리티 체커(Y)	수신 데이터		짝수 패리티 체커(Y)
패리티 비트	입력 데이터		패리티 비트	입력 데이터	
P	C B A		P	C B A	
0	0 0 0	0	1	0 0 0	1(에러)
0	0 0 1	1(에러)	1	0 0 1	0
0	0 1 0	1(에러)	1	0 1 0	0
0	0 1 1	0	1	0 1 1	1(에러)
0	1 0 0	1(에러)	1	1 0 0	0
0	1 0 1	0	1	1 0 1	1(에러)
0	1 1 0	0	1	1 1 0	1(에러)
0	1 1 1	1(에러)	1	1 1 1	0

③ 3단계 : 간략화

$$Y(P, C, B, A) = \sum m(1, 2, 4, 7, 8, 11, 13, 14)$$

P C \ B A	0 0	0 1	1 1	1 0
0 0	0	1	0	1
	0	1	3	2
0 1	1	0	1	0
	4	5	7	6
1 1	0	1	0	1
	12	13	15	14
1 0	1	0	1	0
	8	9	11	10

카르노 맵을 이용해서는 간략화가 되지 않으므로 불 대수식을 이용하여 간략화한다.

$$Y = \overline{P}\,\overline{C}\,(\overline{B}\,A + B\overline{A}) + \overline{P}C(\overline{B}\,\overline{A} + BA) + PC\,(\overline{B}\,A + B\overline{A}) + P\overline{C}(\overline{B}\,\overline{A} + BA)$$
$$= \overline{P}\,\overline{C}\,(B \oplus A) + \overline{P}C(\overline{B \oplus A}) + PC\,(B \oplus A) + P\overline{C}(\overline{B \oplus A})$$
$$= (B \oplus A)(\overline{P}\,\overline{C} + PC) + (\overline{B \oplus A})(\overline{P}C + P\overline{C})$$
$$= (B \oplus A)\overline{(P \oplus C)} + \overline{(B \oplus A)}(P \oplus C)$$
$$= (B \oplus A) \oplus (P \oplus C)$$

④ 회로도

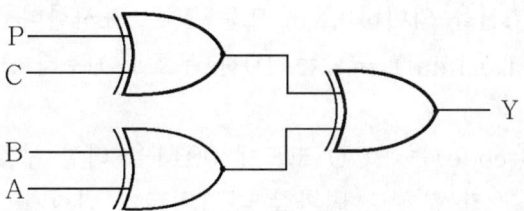

P
C
B
A
Y

문제 5-3

➡ 3비트 신호를 송신하려고 한다. 수신단에서 홀수 패리티 체커를 하기 위한 회로를 설계하라.

6 코드 변환회로 설계

각종 코드를 나타내면 〈표 5.5〉와 같다.

〈표 5.5〉 각종 코드

10진 코드	2진 코드	BCD 코드	Ex-3 코드	Gray 코드	10진 코드	2진 코드	BCD 코드	Ex-3 코드	Gray 코드
0	0000	0000	0011	0000	8	1000	1000	1011	1100
1	0001	0001	0100	0001	9	1001	1001	1100	1101
2	0010	0010	0101	0011	10	1010	X	d	1111
3	0011	0011	0110	0010	11	1011	X	d	1110
4	0100	0100	0111	0110	12	1100	X	d	1010
5	0101	0101	1000	0111	13	1101	X	d	1011
6	0110	0110	1001	0101	14	1110	X	d	1001
7	0111	0111	1010	0100	15	1111	X	d	1000

① don't care는 무정의 조건을 의미하며 "d" 또는 "X"로 표시한다.
② BCD(Binary Coded Decimal) 코드는 10진 부호로 0부터 9까지 2진 부호로 표시된다.
③ 3초과 부호(Excess-3 code)는 BCD 코드에 0011을 더한 부호이다.
④ Gray code는 0~15를 2진 부호로 변환할 때 1비트씩 변화가 일어나도록 한 부호이다.

예제 5-5 3초과 코드를 BCD 코드로 변환하는 회로를 설계하고 NAND 게이트로만 구성하라.
① 1단계 : 입·출력 정의
입력 : W(MSB), X, Y, Z(LSB)
출력 : D(MSB), C, B, A(LSB)
② 진리표

Ex−3 코드				BCD 코드			
W	X	Y	Z	D	C	B	A
0	0	1	1	0	0	0	0
0	1	0	0	0	0	0	1
0	1	0	1	0	0	1	0
0	1	1	0	0	0	1	1
0	1	1	1	0	1	0	0
1	0	0	0	0	1	0	1
1	0	0	1	0	1	1	0
1	0	1	0	0	1	1	1
1	0	1	1	1	0	0	0
1	1	0	0	1	0	0	1

$$d(W, X, Y, Z) = \sum m(0,1,2,13,14,15)$$

③ 논리식 및 간략화

㉠ $D(W, X, Y, Z) = \sum m(11, 12)$

$$D = W\,X + W\,X\,Z$$

㉡ $C(W, X, Y, Z) = \sum m(7, 8, 9, 10)$

$$C = \overline{X}\,\overline{Y} + \overline{X}\,\overline{Z} + X\,Y\,Z$$

ⓒ $B(W, X, Y, Z) = \sum m(5, 6, 9, 10)$

YZ \\ WX	00	01	11	10
00	d ⁰	d ¹	0 ³	d ²
01	0 ⁴	1 ⁵	0 ⁷	1 ⁶
11	0 ¹²	d ¹³	d ¹⁵	d ¹⁴
10	0 ⁸	1 ⁹	0 ¹¹	1 ¹⁰

→ $\overline{Y}Z$

→ $Y\overline{Z}$

$B = \overline{Y}\,Z + Y\,\overline{Z}$

ⓓ $A(W, X, Y, Z) = \sum m(4, 6, 8, 10, 12)$

YZ \\ WX	00	01	11	10
00	d ⁰	d ¹	0 ³	d ²
01	1 ⁴	0 ⁵	0 ⁷	1 ⁶
11	1 ¹²	d ¹³	d ¹⁵	d ¹⁴
10	1 ⁸	0 ⁹	0 ¹¹	1 ¹⁰

→ Z

$A = Z$

④ 논리식의 변형(NAND 게이트)

$$D = W\,X + W\,Y\,Z = \overline{\overline{W\,X + W\,Y\,Z}}$$
$$= \overline{\overline{W\,X} + \overline{W\,Y\,Z}} = \overline{\overline{W\,X} \cdot \overline{\overline{W\,Y\,Z}}}$$

$$C = \overline{X}\,\overline{Y} + \overline{X}\,\overline{Z} + X\,Y\,Z = \overline{X}\,(\overline{Y} + \overline{Z}) + X\,Y\,Z$$
$$= \overline{X}\,(\overline{Y\,Z}) + X\,Y\,Z = \overline{\overline{\overline{X}\,(\overline{Y\,Z}) + X\,Y\,Z}}$$
$$= \overline{\overline{\overline{X}\,(\overline{Y\,Z})} \cdot \overline{X\,Y\,Z}} = \overline{\overline{X}\,(\overline{Y\,Z}) \cdot X\,\overline{\overline{Y\,Z}}}$$

$$B = \overline{Y}\,Z + Y\,\overline{Z} = \overline{\overline{\overline{Y}\,Z + Y\,\overline{Z}}} = \overline{\overline{\overline{Y}\,\overline{Z}} \cdot \overline{Y\,Z}} = \overline{\overline{\overline{Y}\,\overline{Z}} \cdot \overline{Y\,Z}}$$
$$A = \overline{Z}$$

⑤ 회로도

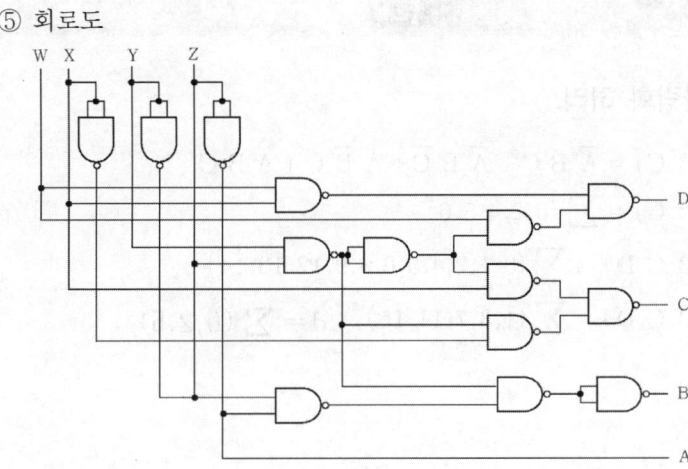

 문제 5-4

➡ BCD 코드를 Ex-3 코드로 변환하는 회로를 설계하라.

1. 다음을 간략화 하라.

① $Y(A,B,C) = \overline{A}\,B\,C + \overline{A}\,B\,\overline{C} + A\,\overline{B}\,C + A\,B\,C$

② $Y(A,B,C) = \sum(0,2,4,5,6)$

③ $Y(A,B,C,D) = \sum(0,1,2,4,5,6,8,9,12,13,14)$

④ $Y(A,B,C,D) = \sum(1,3,7,11,15), \quad d = \sum(0,2,5)$

2. 4 비트 신호를 송신하려고 한다. 수신단에서 홀수 패리티 체커를 하기 위한 회로를 설계하라.

3. 74180에 대해 기능을 조사하고 짝수 패리티 체커를 위한 회로를 구성하라.

4. 2진 코드를 그레이 코드로 변환하는 회로를 설계하라.

제 6 장　조합논리회로

1　조합논리회로와 순차논리회로

　디지털 시스템에서 논리회로(logic circuit)는 조합논리회로나 순차논리회로로 구현된다. 하나의 조합회로(combination circuit)는 여러 개의 논리 게이트로 이루어져 있고 이 논리 게이트들은 현재의 입력값에 따라 어느 특정 시간의 출력값을 결정하게 된다. 조합회로는 Boole 함수의 집합을 논리적으로 구현하는 동작을 수행한다. 반면에 순차회로(sequential circuit)는 논리 게이트에 저장 가능한 요소를 추가시킨 회로로서 순차회로의 출력은 저장된 값과 입력값에 따라 달라지게 되고 저장된 값은 또 이전 입력값에 따라 달라진다.

　결과적으로 순차회로의 출력값은 현재 입력값뿐만 아니라 이전 입력값에 따라 달라지게 된다. 따라서 회로의 동작을 입력값과 저장된 값의 시간 순서로 정의할 수 있다.

2　가산기

1　2진수의 가산

　2진 시스템은 디지털 시스템의 기본이며 디지털 회로에서 2진수 연산중 가산의 예를 들면 〈표 6.1〉과 〈표 6.2〉에 보였다. 〈표 6.1〉은 2개의 2진수를 가산한 예를 보인 것이며 〈표 6.2〉는 3개의 2진수 가산 예를 보인 것이다.

〈표 6.1〉 2개의 2진수 가산(A+B)

A(피가수)	B(가수)	합(sum)	자리올림수(carry)
0	0	0	0
0	1	1	0
1	0	1	0
1	1	0	1

〈표 6.2〉 3개의 2진수 가산(A+B+C)

A	B	C	합(sum)	자리올림수(carry)
0	0	0	0	0
0	0	1	1	0
0	1	0	1	0
0	1	1	0	1
1	0	0	1	0
1	0	1	0	1
1	1	0	0	1
1	1	1	1	1

② 반가산기

반가산기(HA ; half adder)는 2개의 2진수 A와 B를 가산하여 합의 출력 S(sum)과 자리올림수 C(carry)의 출력을 얻는 논리 회로이다. 반가산기의 진리표를 나타내면 〈표 6.3〉과 같다.

〈표 6.3〉 반가산기의 진리표

입 력		출 력	
A(피가수)	B(가수)	S(합)	C(자리올림수)
0	0	0	0
0	1	1	0
1	0	1	0
1	1	0	1

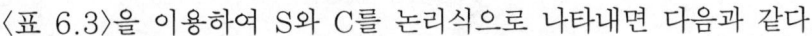

〈표 6.3〉을 이용하여 S와 C를 논리식으로 나타내면 다음과 같다.

$$S = \overline{A}B + A\overline{B} = A \oplus B$$
$$C = A \cdot B$$

위의 논리식을 이용하여 논리회로로 구성하면 〈그림 6.1〉과 같다.

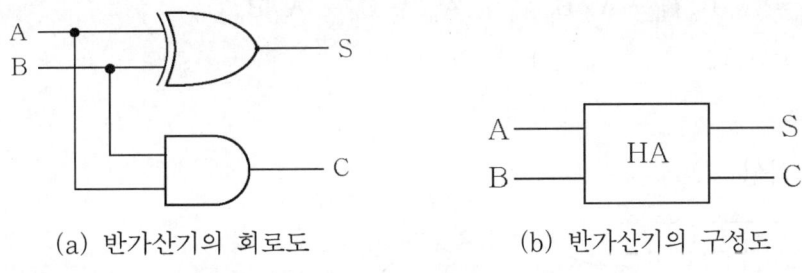

| (a) 반가산기의 회로도 | (b) 반가산기의 구성도 |

〈그림 6.1〉 반가산기

③ 전가산기

전가산기(FA ; full adder)는 2개의 2진수 A_n과 B_n을 가산하고 이전에 자리올림수 (C_{n-1})와 합하여 합(S_n)과 자리올림수(C_n)를 출력하여 얻는 논리 회로이다.

(1) 진리표

입 력			출 력	
A_n (피가수)	B_n (가수)	C_{n-1} (자리올림수)	S_n (합)	C_n (자리올림수)
0	0	0	0	0
0	0	1	1	0
0	1	0	1	0
0	1	1	0	1
1	0	0	1	0
1	0	1	0	1
1	1	0	0	1
1	1	1	1	1

(2) 논리식

$$S_n = \overline{A_n}\ \overline{B_n}\ C_{n-1} + \overline{A_n}\ B_n\ \overline{C_{n-1}} + A_n\ \overline{B_n}\ \overline{C_{n-1}} + A_n\ B_n\ C_{n-1}$$

$$= A_n \oplus B_n \oplus C_{n-1}$$

$$C_n = \overline{A_n}\ B_n\ C_n + A_n\ \overline{B_n}\ C_n + A_n\ B_n\ \overline{C_n} + A_n\ B_n\ C_n$$

$$= A_n\ B_n + A_n\ C_{n-1} + B_n\ C_{n-1}$$

또는

$$C_n = \overline{A_n}\ B_n\ C_n + A_n\ \overline{B_n}\ C_n + A_n\ B_n\ \overline{C_n} + A_n\ B_n\ C_n$$

$$= (A_n \oplus B_n)\ C_{n-1} + A_n\ B_n$$

(3) 회로도

① 간략화된 회로도

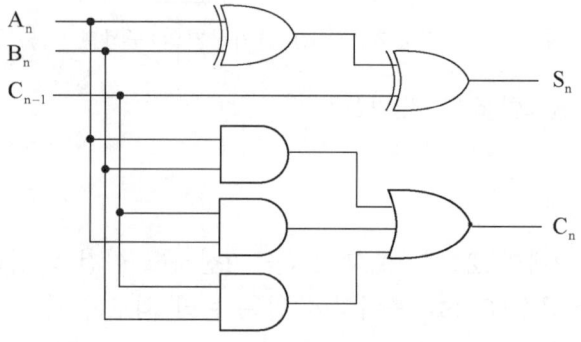

② 반가산기를 이용한 회로도

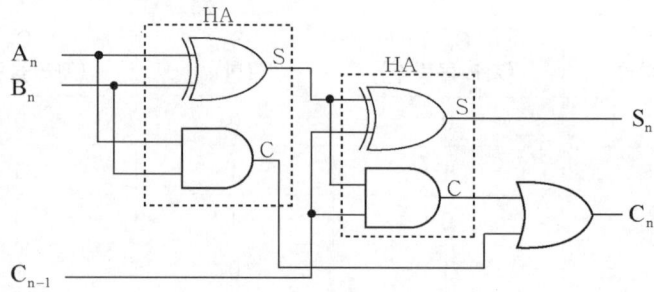

(4) 반가산기를 이용한 전가산기의 구성도

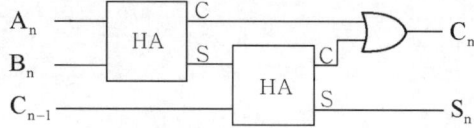

(5) 전가산기의 구성도

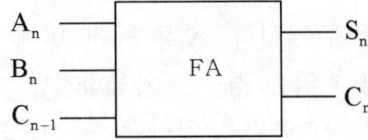

(6) 타이밍도

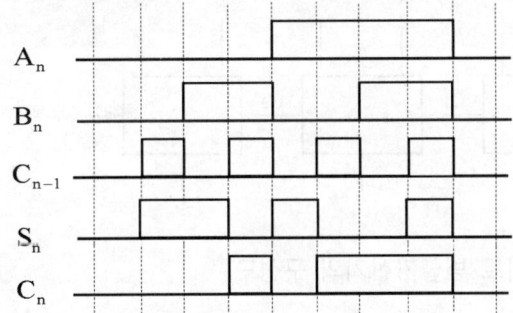

4 4비트 직렬 가산기

〈그림 6.2〉는 4비트 직렬가산기의 구성도를 나타낸 것이다. 직렬 가산기는 시프트 레지스터 외에 시프트 동작제어 등의 부가회로가 필요하며 가산 동작이 완료되기까지 시간이 많이 소요된다.

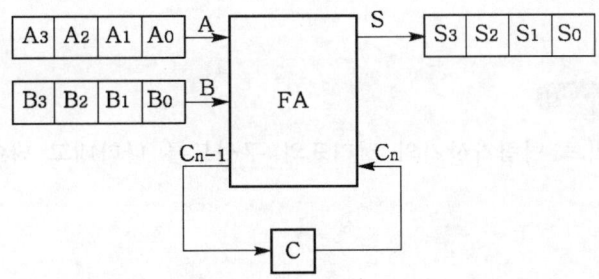

〈그림 6.2〉 4비트 직렬가산기의 구성도

⑤ 4비트 병렬 가산기

〈그림 6.3〉은 4비트 병렬가산기의 구성도를 나타낸 것이다. 오른쪽 첫 번째 가산기에 반가산기를 사용할 수도 있지만 전단에 자리올림이 없는 경우는 가능하지만 여러 개의 4비트 수로 나누어지는 경우 등의 전단으로부터 자리올림을 처리할 수 없으므로 모두 전가산기로 바꾸어 놓았다.

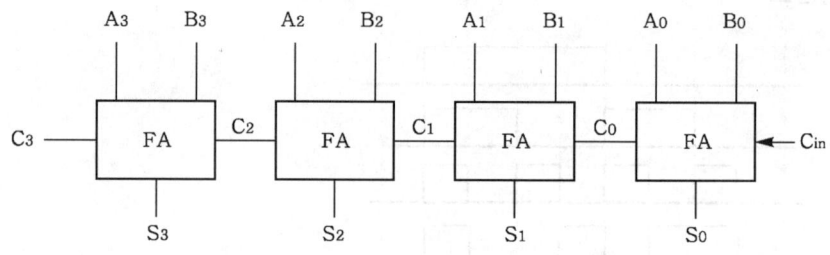

〈그림 6.3〉 4비트 병렬가산기의 구성도

 **문제 6-1**

➡ 2비트 직렬가산기의 진리표와 구성도를 나타내고 타이밍도를 그려라.

 문제 6-2

➡ 2비트 병렬가산기의 진리표와 구성도를 나타내고 타이밍도를 그려라.

3 감산기

1 2진수의 감산

〈표 6.4〉는 2개의 2진수 감산(A-B)의 예를 진리표로 나타낸 것이다. 〈표 6.5〉는 3개의 2진수 감산(A-B-C)의 예를 진리표로 나타낸 것이다.

〈표 6.4〉 2개의 2진수 감산

A(피감수)	B(감수)	차(difference)	자리빌림수(borrow)
0	0	0	0
0	1	1	1
1	0	1	0
1	1	0	0

〈표 6.5〉 3개의 2진수 감산(A − B − C)

A	B	C	차(difference)	자리빌림수(borrow)
0	0	0	0	0
0	0	1	1	1
0	1	0	1	1
0	1	1	0	1
1	0	0	1	0
1	0	1	0	0
1	1	0	0	0
1	1	1	1	1

2 반감산기(half subtracter)

2개의 2진수 A와 B를 감산하여 차의 출력 D(difference)와 자리빌림수 b(borrow)의 출력을 얻는 논리 회로이다. 반감산기의 진리표를 나타내면 〈표 6.6〉과 같다.

〈표 6.6〉 반감산기의 진리표

입 력		출 력	
A(피감수)	B(감수)	D(차)	b(자리빌림수)
0	0	0	0
0	1	1	1
1	0	1	0
1	1	0	0

〈표 6.6〉의 진리표를 이용하여 논리식으로 나타내면 다음과 같다.

$$D = \overline{A}B + A\overline{B} = A \oplus B$$
$$b = \overline{A} \cdot B$$

위의 논리식을 이용하여 논리회로를 구성하면 〈그림 6.4〉와 같다.

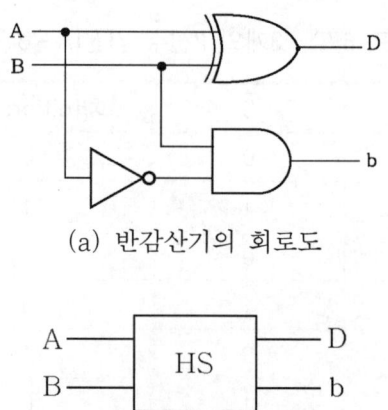

(a) 반감산기의 회로도

(b) 반감산기의 구성도

〈그림 6.4〉 반감산기

② 전감산기

전감산기(FS : full subtracter)는 2개의 2진수 A_n과 B_n을 감산하고 이전에 자리 빌림수(b_{n-1})와 감산하여 차(D_n)과 자리빌림수(b_n)을 얻는 논리회로이다.

(1) 진리표

입 력			출 력	
A_n (피감수)	B_n (감수)	b_{n-1} (자리빌림수)	D_n (차)	b_n (자리빌림수)
0	0	0	0	0
0	0	1	1	1
0	1	0	1	1
0	1	1	0	1
1	0	0	1	0
1	0	1	0	0
1	1	0	0	0
1	1	1	1	1

(2) 논리식

$$D = \overline{A_n}\,\overline{B_n}\,b_{n-1} + \overline{A_n}\,B_n\,\overline{b_{n-1}} + A_n\,\overline{B_n}\,\overline{b_{n-1}} + A_n\,B_n\,b_{n-1}$$

$$= A_n \oplus B_n \oplus b_{n-1}$$

$$b = \overline{A_n}\,\overline{B_n}\,b_{n-1} + \overline{A_n}\,B_n\,\overline{b_{n-1}} + \overline{A_n}\,B_n\,b_{n-1} + A_n\,B_n\,b_{n-1}$$

$$= \overline{A_n}\,B_n + \overline{A_n}\,b_{n-1} + B_n\,b_{n-1}$$

또는

$$b = \overline{A_n}\,\overline{B_n}\,b_{n-1} + \overline{A_n}\,B_n\,\overline{b_{n-1}} + \overline{A_n}\,B_n\,b_{n-1} + A_n\,B_n\,b_{n-1}$$

$$= \overline{A_n}\,B_n + (\overline{A_n \oplus B_n})b_{n-1}$$

(3) 회로도

① 간략화된 회로도

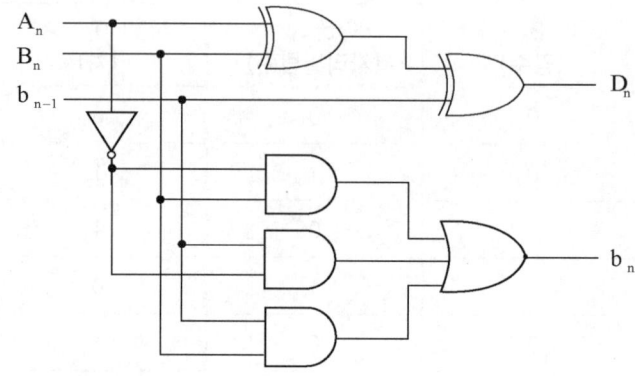

② 반감산기를 이용한 전감산기

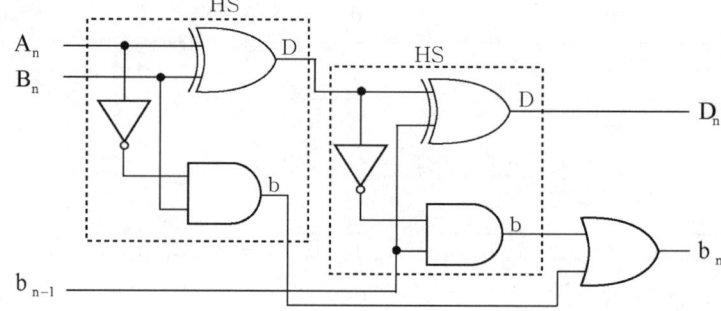

(4) 반감산기를 이용한 전감산기의 구성도

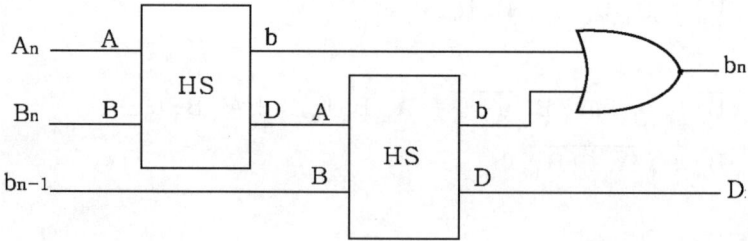

(5) 전감산기의 구성도

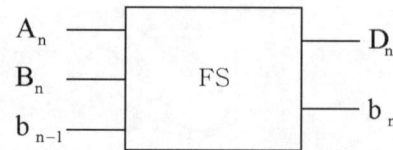

(6) 타이밍도

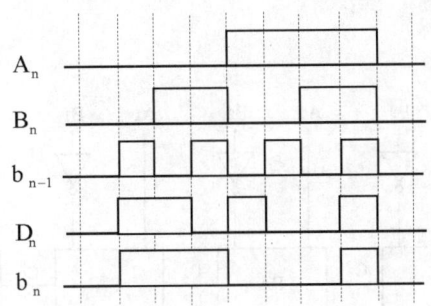

③ 4비트 병렬감산기

(1) 전 감산기 모듈을 이용한 전감산기

전감산기 4개를 이용하여 4비트 병렬감산기를 구성하면 〈그림 6.5〉와 같이 구성할 수 있다.

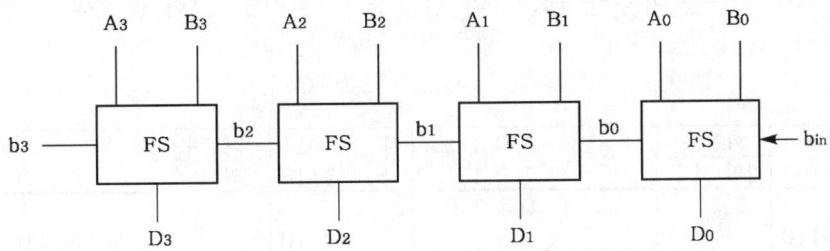

〈그림 6.5〉 4비트 전감산기의 구성도

(2) 전가산기를 이용한 4비트 전감산기

① 1의 보수를 이용한 4비트 전감산기

1의 보수를 이용한 감산기의 원리를 나타내면 〈그림 6.6〉과 같이 표현할 수 있다.

1011	피감수	1 0 1 1
−0101	1의 보수	+ 1 0 1 0
0110	결과	1 0 1 0 1 + 1
	결과값	0 1 1 0
설명	자리올림이 발생하면 최하위 비트(LSB)에 자리 올림 값을 더하여 준다.	

(a) 자리올림이 발생한 경우

1011	피감수	1 0 1 1
−1110	1의 보수	+ 0 0 0 1
− 0110	결과	1 1 0 0
	결과값	− 0 0 1 1
설명	자리올림이 발생하지 않으면 결과값에 1의 보수를 취한 후 "−"를 붙인다.	

(b) 자리올림이 발생하지 않은 경우

〈그림 6.6〉 1의 보수를 이용한 4비트 전감산기의 원리

1의 보수를 이용한 4비트 전감산기를 구성하면 〈그림 6.7〉과 같이 구성할 수 있다.

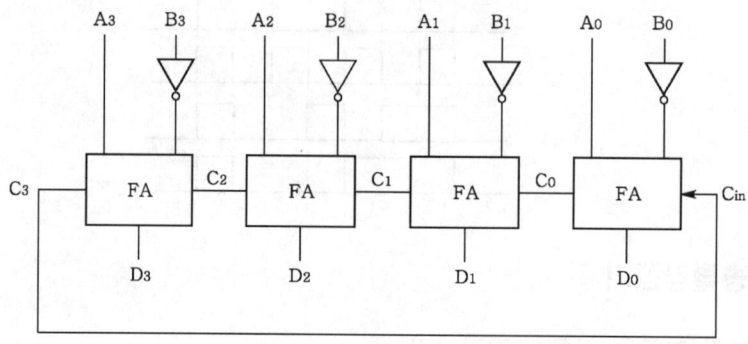

〈그림 6.7〉 1의 보수를 이용한 4비트 전감산기의 구성도

② 2의 보수를 이용한 경우 전감산기

2의 보수를 이용한 감산기의 원리를 나타내면 〈그림 6.8〉과 같이 표현할 수 있다.

1011	피감수	1 0 1 1
−0101	2의 보수	+ 1 0 1 1
0110	결과	1 0 1 1 0
	결과값	0 1 1 0
설명	자리올림이 발생하면 자리올림 값 무시한다.	

(a) 자리올림이 발생한 경우

1011	피감수	1 0 1 1
−1110	2의 보수	+ 0 0 1 0
− 0110	결과	1 1 0 1
		1의 보수 : 0 0 1 0
	결과값	− 0 0 1 1
설명	자리올림이 발생하지 않으면 결과값에 2의 보수를 취한 후 "−"를 붙인다.	

(b) 자리올림이 발생하지 않은 경우

〈그림 6.8〉 2의 보수를 이용한 4비트 전감산기의 원리

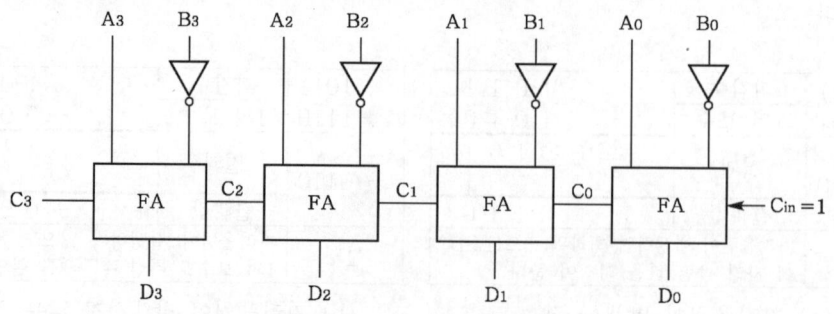

〈그림 6.9〉 2의 보수를 이용한 4비트 전감산기의 구성

 문제 6-3

➡ 2비트 직렬감산기의 진리표와 구성도를 나타내고 타이밍도를 그려라.

 문제 6-4

➡ 2비트 병렬감산기의 진리표와 구성도를 나타내고 타이밍도를 그려라.

 **BCD 가산기**

BCD는 4비트로 구성되어 있으며, 2진수와 BCD 코드를 비교하면 〈표 6.7〉과 같
다.

〈표 6.7〉 2진 코드와 BCD 코드외 비교

10진수	2진 코드	BCD 코드	10진수	2진 코드	BCD 코드
0	0000	0000	8	1000	1000
1	0001	0001	9	1001	1001
2	0010	0010	10	1010	don't care
3	0011	0011	11	1011	don't care
4	0100	0100	12	1100	don't care
5	0101	0101	13	1101	don't care
6	0110	0110	14	1110	don't care
7	0111	0111	15	1111	don't care

〈표 6.7〉을 보면 2진수와 같지 않기 때문에 BCD 코드가 아닌 것을 다음과 같이 구별하고 변환해야 한다.

1 BCD 코드가 아닌 회로를 검출

연산결과가 BCD 코드가 아닌 경우가 발생한다. 이에 관련된 예를 들면 〈그림 6.10〉과 같다.

0111	피가수	0 1 1 1
+0110	가수	+ 0 1 1 0
1100	결과	1 1 0 1 + 0 1 1 0
	결과값	0001 0 0 1 1
	설명	BCD 코드가 아니면 0110을 더한다.

〈그림 6.10〉 가산결과가 BCD 코드가 아닌 경우(1)

이를 보정하기 위한 부가회로는 즉, BCD에서 사용하지 않는 코드를 검출하는 회로는 〈표 6.7〉을 이용하여 다음 식으로 표현할 수 있다.

$$Y(D,C,B,A) = \sum m(10,11,12,13,14,15)$$

위의 식을 〈그림 6.11〉과 같이 간략화 하면 다음과 같은 논리식으로 표현할 수 있다.

BA \ DC	00	01	11	10
00	0	0	0	0
01	0	0	0	0
11	1	1	1	1
10	0	0	1	1

〈그림 6.11〉 BCD 코드가 아닌 회로 검출 논리식의 간략화

$$Y = DC + DB \hspace{4cm} (4.1)$$

② 연산결과에 자리올림이 발생했을 경우의 변환

연산결과에서 자리올림이 발생한 경우의 예를 〈그림 6.12〉에 보였다.

1000	피가수	1 0 0 0
+1001	가수	+ 1 0 0 1
1 0000	결과	1 0 0 0 1 + 0 1 1 0
	결과값	0001 0 1 1 1
	설명	자리올림수가 BCD 코드가 아니면 0110을 더한다.

〈그림 6.12〉 가산결과가 BCD 코드가 아닌 경우(2)

마지막 최상위 자리에 자리 올림이 발생한 경우에도 0110을 더해주어야 한다. BCD 코드가 아닌 경우를 검출한 회로와 마지막 자리에 자리올림이 발생한 경우를 적용하여 BCD 가산기의 구성도를 나타내면 〈그림 6.13〉과 같다.

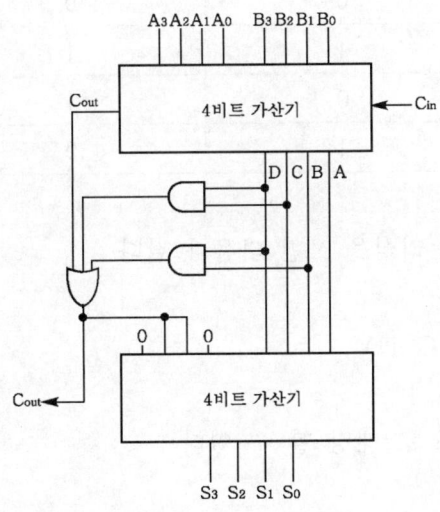

〈그림 6.13〉 BCD 가산기의 구성도

즉, BCD 가산기 회로는 2개의 2진 4비트 병렬가산기를 이용하고 결과 보정을 위한

회로가 부가된다: 보정 검출회로는 BCD 코드가 아닌 경우와 자리올림이 발생될 경우이므로 OR 논리가 만들어진다.

5 가/감산기

가/감산기는 하나의 회로로 가산기의 기능과 감산기의 기능을 가진 회로를 의미한다. 즉 제어신호를 이용하여 가산기와 감산기를 선택할 수 있는 회로이다.

1 기본적인 원리

두 입력이 서로 다를 때에만 출력이 1이 되는 점을 이용하여 입력을 제어하는 원리를 이용한다. 이를 진리표로 나타내면 〈표 6.8〉과 같다.

〈표 6.8〉 프로그래머블을 위한 진리표

제어입력신호	입력	출력	비고
C_t	A	Y	
0	0	0	버퍼
0	1	1	버퍼
1	0	1	인버터
1	1	0	인버터

〈표 6.8〉을 이용하여 논리식을 쓰면 다음과 같다.

$$Y = \overline{C_t}A + C_t\overline{A} = C_t \oplus A$$

즉 X-OR 게이트로 프로그래밍 할 수 있다.

2 반 가/감산기의 회로도

반가/감산기(HAS : half adder and subtracter) 회로에서 C_t가 "0"이면 반가산기

이고 "1"이면 반감산기이다. 이를 회로도로 나타내면 〈그림 6.14〉와 같다.

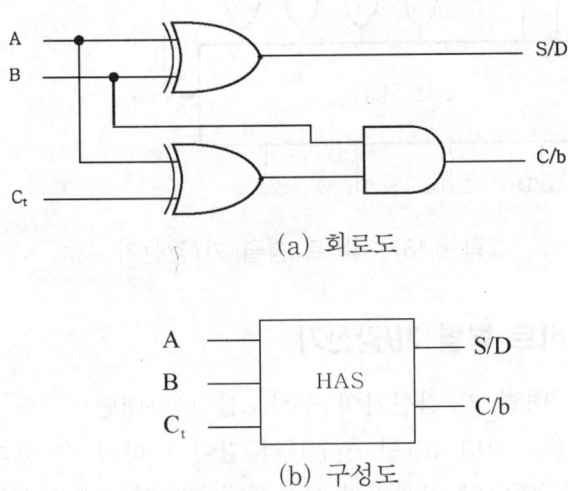

(a) 회로도

(b) 구성도

〈그림 6.14〉 반 가/감산기의 회로도와 구성도

프로그래머블한 반가/감산기를 이용하여 전가/감산기를 구성하면 〈그림 6.15〉와 같이 구성할 수 있다. 〈그림 6.15〉에서 C_t가 "0"이면 전가산기이고 "1"이면 전감산기이다.

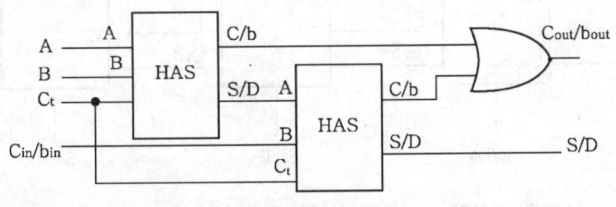

〈그림 6.15〉 프로그래머블한 전가/감산기

❹ 전가산기를 이용한 4비트 병렬 가/감산기

병렬 가산기와 2의 보수를 이용한 병렬 감산기로 동작할 수 있도록 제어할 수 있는 회로이다. C_t가 "0"이면 가산기이고 "1"이면 감산기이다. 이를 그림으로 표현하면 〈그림 6.16〉과 같다.

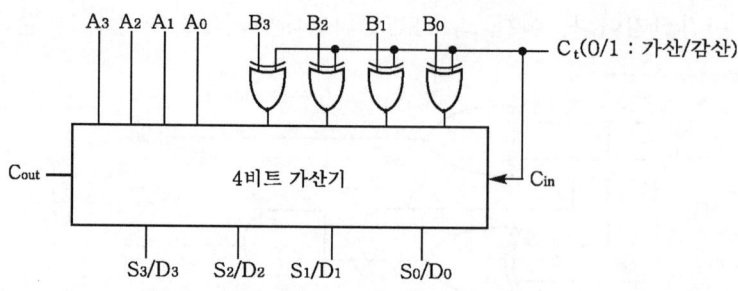

〈그림 6.16〉 4비트 병렬 가/감산기

⑤ 프로그래머블한 3비트 병렬 가/감산기

프로그래머블한 3비트 병렬 가/감산기의 구성도를 나타내면 〈그림 6.17〉과 같다. 이에 대한 상세한 회로도를 그리면 〈그림 6.18〉과 같이 나타낼 수 있다. 〈그림 6.17〉과 〈그림 6.18〉에서 C_t값이 "0"이면 가산기가 되고 "1"이면 감산기가 된다.

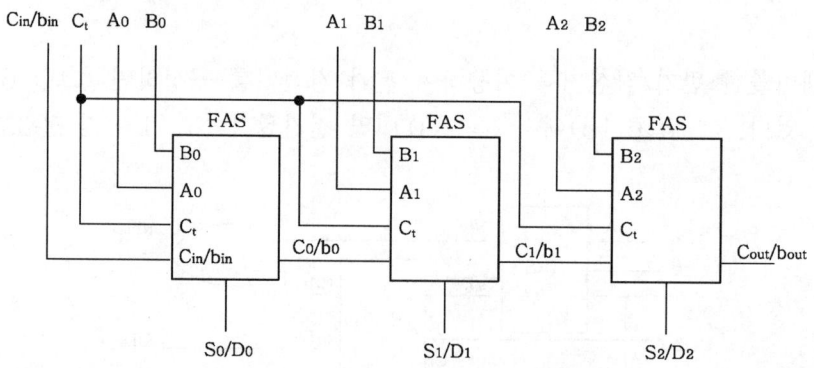

〈그림 6.17〉 3비트 병렬 가/감산기의 구성도

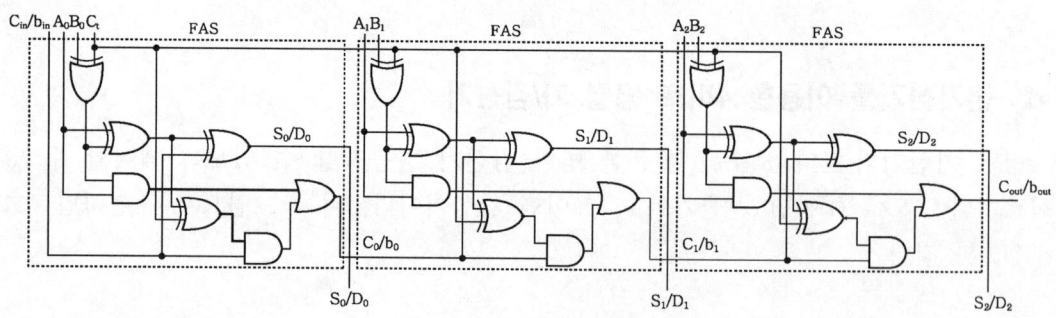

〈그림 6.18〉 3비트 병렬 가/감산기의 상세 회로도

1. 전가산기를 이용하여 3비트 병렬 가산기를 설계하라.

2. 전가산기를 이용하여 3비트 병렬 감산기를 설계하라.

3. 전가산기를 이용하여 3초과 코드 가산기를 설계하라.

4. 전가산기를 이용하여 3비트 가/감산기를 설계하라.

5. BCD 가산기의 전체적인 회로도를 그려라.

6. 7483 IC를 이용하여 BCD 가산기를 설계하라.

7. 7483 IC를 이용하여 4비트 가/감산기의 회로를 구성하라.

8. <그림 6.18>에 대한 진리표를 작성할 경우 임의로 입력을 10가지 선택하여 쓰고 타이밍도를 그려라.

9. 프로그래밍 가능한 2비트 병렬 가/감산기를 설계하고 진리표와 타이밍도를 그려라.

MEMO

제 7 장 MSI 논리회로

집적회로(集積回路: Integrated Circuit)는 칩(chip)이라고 부르는 Si 반도체의 조그마한 반도체의 결정체 위에 트랜지스터, 다이오드, 저항, 커패시터와 같은 소자들을 동시에 많은 공정을 거쳐서 만들고 소자들 사이도 내부적으로 연결한 회로구성을 집적회로라고 한다. 칩은 세라믹이나 플라스틱 기판에 부착되어 밀봉되고, 외부와의 연결은 IC의 핀을 통해서 한다. 핀의 수는 내부 회로에 따라 적게는 14개, 많게는 100개 이상이 된다.

IC제직 기술의 진보에 따라 한 개의 IC집에 넣을 수 있는 게이트의 수는 엄청나게 증가하고 있다. 한 개의 IC 안에 5-6개의 게이트를 가진 것을 SSI(Small Scalle IC), 10~100개의 게이트인 것을 MSI(Medium Scalle IC), 100개의 이상의 게이트가 집적된 것을 LSI(Large Scale IC)라고 한다. 한 개 칩에 수천 개 이상의 게이트가 집적된 것도 있는데 이것을 VLSI (Very Large Scale IC)라고 한다.

1 비교기

비교기란 2개의 입력신호를 서로 비교하여 그 결과를 알려주는 회로이다. 출력을 일치와 반일치로 했을 경우 진리표를 나타내면 〈표 7.1〉과 같다.

〈표 7.1〉 일치와 반일치 진리표

입력신호		출력신호	
A	B	X(일치)	Y(반일치)
0	0	1	0
0	1	0	1
1	0	0	1
1	1	1	0

〈표 7.1〉을 이용하여 논리식으로 나타내면 다음과 같다.

$$X = \overline{A}\,\overline{B} + AB = \overline{A \oplus B}$$
$$Y = \overline{A}\,B + A\,\overline{B} = A \oplus B$$

위의 논리식을 이용하여 회로도를 구성하면 〈그림 7.1〉과 같다.

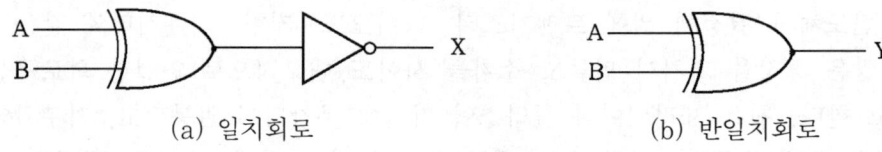

(a) 일치회로   (b) 반일치회로

〈그림 7.1〉 일치와 반일치 회로도

① 1비트 비교기

1비트의 크기를 비교하는 비교기를 설계하고자 할 경우 〈표 7.2〉와 같이 진리표로 나타낼 수 있다.

〈표 7.2〉 1비트 비교기 진리표

입력신호		출력신호		
A	B	X(A〉B)	Y(A〈B)	Z(A=B)
0	0	0	0	1
0	1	0	1	0
1	0	1	0	0
1	1	0	0	1

〈표 7.2〉를 이용하여 논리식을 구성하면 다음과 같다.

$$X = A\,\overline{B}$$
$$Y = \overline{A}\,B$$
$$Z = \overline{A}\,\overline{B} + AB = \overline{A \oplus B} = \overline{A\,\overline{B} + \overline{A}\,B}$$

위의 논리식을 이용하여 회로도를 표시하면 〈그림 7.2〉와 같다.

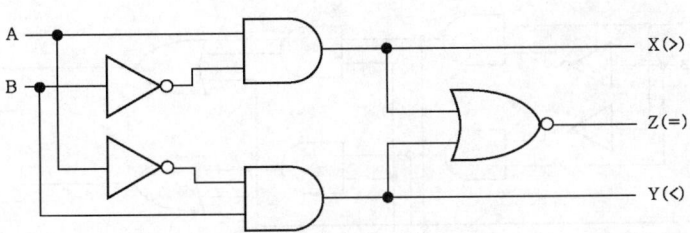

〈그림 7.2〉 1비트 비교기 회로도

② 1비트 비교기 모듈 설계

모든 단에 적용할 수 있는 1비트 비교기의 진리표를 나타내면 〈표 7.3〉과 같다.

〈표 7.3〉 1비트 비교기 진리표

입력신호					출력신호		
$X_{in}(A>B)$	$Y_{in}(A<B)$	$Z_{in}(A=B)$	A	B	$X_{out}(A>B)$	$Y_{out}(A<B)$	$Z_{out}(A=B)$
0	0	1	0	0	0	0	1
0	0	1	0	1	0	1	0
0	0	1	1	0	1	0	0
0	0	1	1	1	0	0	1
0	1	0	X	X	0	1	0
1	0	0	X	X	1	0	0

〈표 7.3〉을 이용하여 논리식을 표현하면 다음과 같다

$$X_{out} = X_{in} + Z_{in} A \overline{B}$$
$$Y_{out} = Y_{in} + Z_{in} \overline{A} B$$
$$Z_{out} = Z_{in} \overline{A}\,\overline{B} + Z_{in} A B = Z_{in}(\overline{A}\,\overline{B} + A B)$$
$$= Z_{in}(\overline{\overline{A} B + A \overline{B}}) = Z_{in}(\overline{A \oplus B})$$

위의 논리식을 이용하여 회로도를 나타내면 〈그림 7.3〉과 같다.

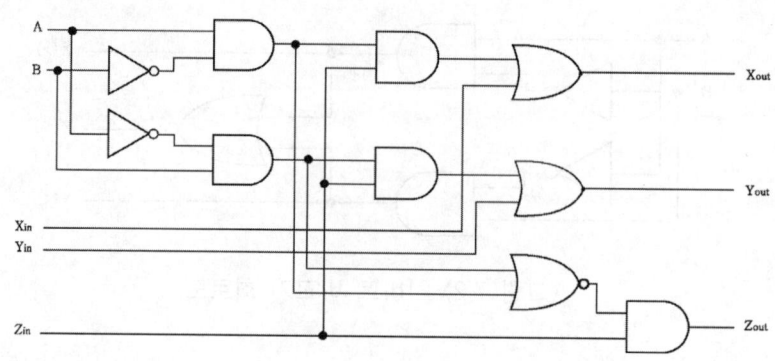

〈그림 7.3〉 1비트 비교기의 회로도

③ 4비트 비교기

두 수의 MSB(최상위 비트)를 먼저 비교하여 크거나 작다면 다음의 비교는 필요 없다. 여기서, MSB ; Most Significant Bit(최상위 비트), LSB ; Least Significant Bit(최하위 비트)

(1)　　MSB　　　　　　　　　　LSB

$$A = 1 \quad 1 \quad 0 \quad 0 \quad 1$$
$$B = 0 \quad 1 \quad 1 \quad 1 \quad 0$$
$$\uparrow$$

최상위 비트를 먼저 비교한 후 크거나 작다면
다음 단의 비교 없이 그 결과가 출력 값이 됨.

(2)　　MSB　　　　　　　　　　LSB

① $A = 1 \quad 1 \quad 0 \quad 0 \quad 1$
　 $B = 1 \quad 1 \quad 1 \quad 1 \quad 0$
　　$\uparrow$

최상위 비트를 먼저 비교한 후 같다면 다음 단의 비교

② $A = 1 \quad 1 \quad 0 \quad 0 \quad 1$
　 $B = 1 \quad 1 \quad 1 \quad 1 \quad 0$
　　　　$\uparrow$

같다면 다음 단의 비교

③ $A = 1 \quad 1 \quad 0 \quad 0 \quad 1$
　 $B = 1 \quad 1 \quad 1 \quad 1 \quad 0$
　　　　　$\uparrow$

비교한 결과가 출력 값이 된다.

$$X_3(A_3 > B_3) = A_3 \overline{B_3}$$

$$Y_3(A_3 < B_3) = \overline{A_3} B_3$$

$$Z_3(A_3 = B_3) = \overline{A_3} \ \overline{B_3} + A_3 B_3$$

$$X_2 = A_2 \overline{B_2}, \quad Y_2 = \overline{A_2} B_2, \quad Z_2 = \overline{A_2} \ \overline{B_2} + A_2 B_2$$

$$X_1 = A_1 \overline{B_1}, \quad Y_1 = \overline{A_1} B_1, \quad Z_1 = \overline{A_1} \ \overline{B_1} + A_1 B_1$$

$$X_0 = A_0 \overline{B_0}, \quad Y_0 = \overline{A_0} B_0, \quad Z_0 = \overline{A_0} \ \overline{B_0} + A_0 B_0$$

$$X = X_3 + Z_3 X_2 + Z_3 Z_2 X_1 + Z_3 Z_2 Z_1 X_0$$

$$Y = Y_3 + Z_3 Y_2 + Z_3 Z_2 Y_1 + Z_3 Z_2 Z_1 Y_0$$

$$Z = Z_3 Z_2 Z_1 Z_0$$

위의 논리식을 이용하여 회로도를 그리면 〈그림 7.4〉와 같다.

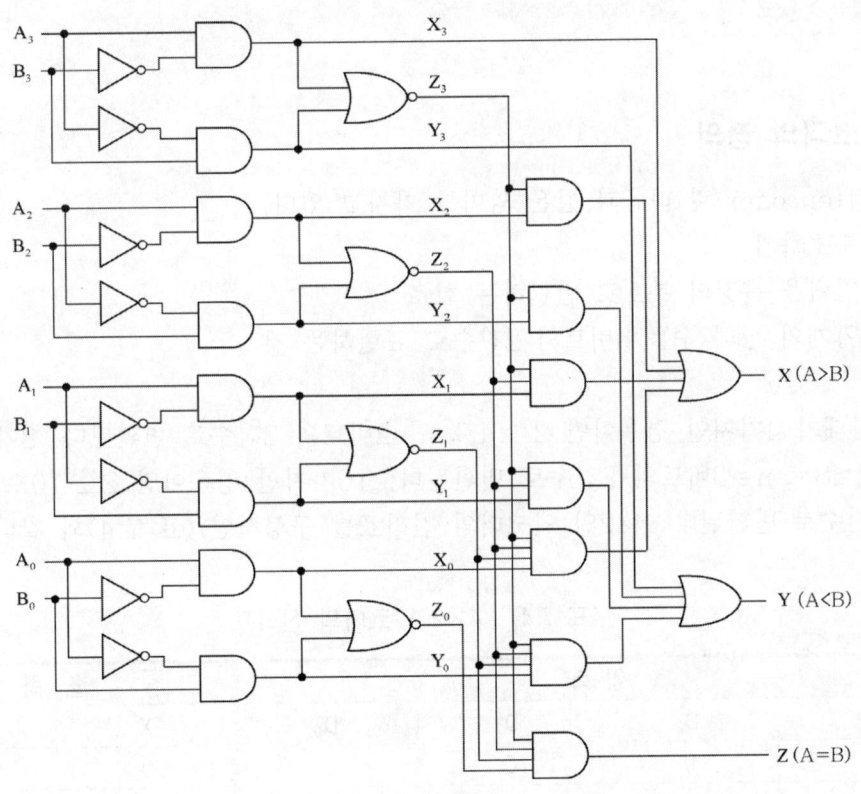

〈그림 7.4〉 4비트 비교기의 회로도

이와 같은 원리를 적용한 모듈을 이용하여 4비트 비교기의 구성도를 그리면 〈그림 7.5〉와 같다.

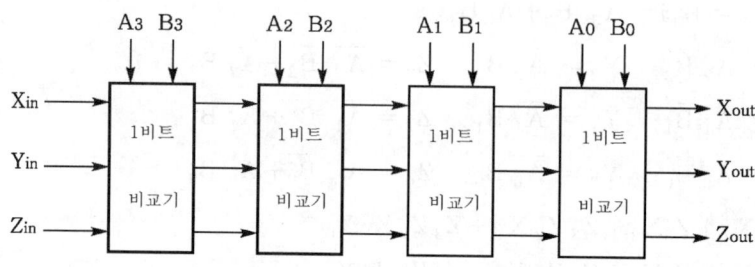

〈그림 7.5〉 4비트 비교기의 구성도

② 인코더

① 인코더의 정의

인코더(encoder)란 다음과 같은 의미를 가지고 있다.
① 부호화기
② 입력을 특정의 부호로 변환하는 회로
③ 2^n개의 상태 수를 n비트의 2진수로 표현하는 것

입력상태가 4가지인 경우이면 $2^n \geq 4$로 n=2비트의 2진수로 변환된다. 8가지인 경우이면 $2^n \geq 8$로 n=3비트의 2진수로 변환된다. 10가지인 경우이면 $2^n \geq 10$으로 n=4비트의 2진수로 변환된다. 4×2인 인코더의 진리표를 구성하면 〈표 7.4〉와 같다.

〈표 7.4〉 4×2 인코더의 진리표

입 력				출 력	
D_3	D_2	D_1	D_0	X	Y
0	0	0	1	0	0
0	0	1	0	0	1
0	1	0	0	1	0
1	0	0	0	1	1

〈표 7.4〉를 이용하여 논리식을 쓰면 다음과 같다.

$$X = D_2 + D_3$$
$$Y = D_1 + D_3$$

위의 논리식을 이용하여 회로도를 구성하면 〈그림 7.6〉과 같다.

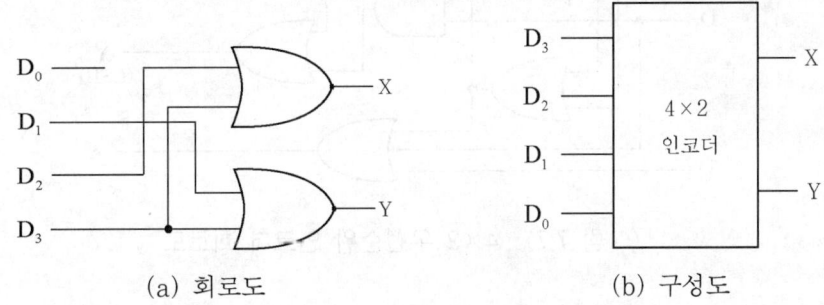

(a) 회로도   (b) 구성도

〈그림 7.6〉 4×2 인코더 회로도와 구성도

우선순위 4×2 인코더를 진리표로 표현하면 〈표 7.5〉와 같다. 〈표 7.5〉에서 출력 A 는 모두 0일 때에만 LOW가 되어 문제가 발생함을 알리도록 설계하려고 한다.

〈표 7.5〉 4×2 우선순위 인코더의 진리표

입 력				출 력		
D_3	D_2	D_1	D_0	X	Y	A
0	0	0	0	X	X	0
0	0	1	1	0	0	1
0	0	1	X	0	1	1
0	1	X	X	1	0	1
1	X	X	X	1	1	1

〈표 7.5〉를 이용하여 논리식을 간략화 하여 나타내면 다음과 같다.

$$X = D_2\overline{D_3} + D_3 = (D_2 + D_3)(\overline{D_3} + D_3) = D_2 + D_3 \qquad (7\text{-}1a)$$

$$Y = D_1 \overline{D_2}\, \overline{D_3} + D_3 = (D_1 \overline{D_2} + D_3)(\overline{D_3} + D_3) = D_1\,\overline{D_2} + D_3 \qquad (7\text{-}1b)$$

$$A = D_0 + D_1 + D_2 + D_3 \qquad (7\text{-}1c)$$

위의 식을 이용하여 회로도를 구성하면 〈그림 7.7〉과 같다.

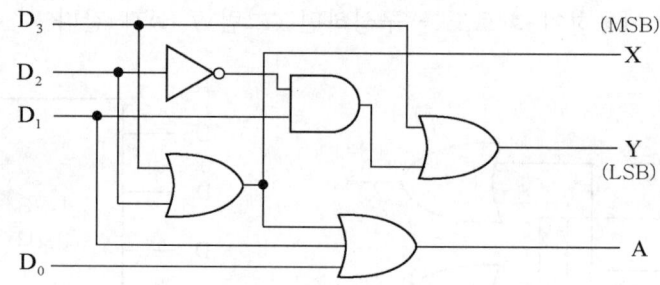

〈그림 7.7〉 4×2 우선순위 인코더 회로도

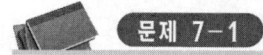 문제 7-1

➡ 식 (7-1a), (7-1b)를 카르노 맵을 이용하여 증명하라.

❸ 8×3 인코더

8×3 인코더를 나타내면 〈표 7.6〉과 같다.

〈표 7.6〉 8×3 인코더 진리표

입 력								출 력		
D_7	D_6	D_5	D_4	D_3	D_2	D_1	D_0	X	Y	Z
0	0	0	0	0	0	0	1	0	0	0
0	0	0	0	0	0	1	0	0	0	1
0	0	0	0	0	1	0	0	0	1	0
0	0	0	0	1	0	0	0	0	1	1
0	0	0	1	0	0	0	0	1	0	0
0	0	1	0	0	0	0	0	1	0	1
0	1	0	0	0	0	0	0	1	1	0
1	0	0	0	0	0	0	0	1	1	1

〈표 7.6〉을 이용하여 논리식을 나타내면 다음과 같다.

$$X = D_4 + D_5 + D_6 + D_7$$
$$Y = D_2 + D_3 + D_6 + D_7$$
$$Z = D_1 + D_3 + D_5 + D_7$$

위의 논리식을 이용하여 회로도를 구성하면 〈그림 7.8〉과 같다.

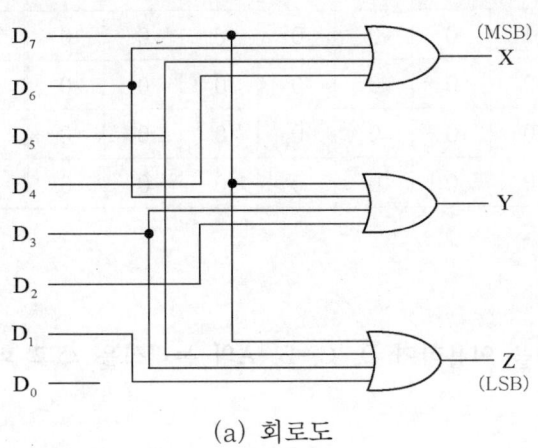

(a) 회로도

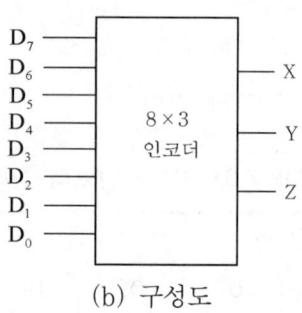

(b) 구성도

〈그림 7.8〉 8×3 인코더 회로도와 구성도

④ 10진 부호-BCD 인코더

10진 코드를 BCD 코드로 변환하는 인코더를 설계하기 위해 진리표를 나타내면 〈표 7.7〉과 같다.

〈표 7.7〉 10진부호-BCD 인코더 진리표

입 력										출 력			
D_9	D_8	D_7	D_6	D_5	D_4	D_3	D_2	D_1	D_0	D	C	B	A
0	0	0	0	0	0	0	0	0	1	0	0	0	0
0	0	0	0	0	0	0	0	1	0	0	0	0	1
0	0	0	0	0	0	0	1	0	0	0	0	1	0
0	0	0	0	0	0	1	0	0	0	0	0	1	1
0	0	0	0	0	1	0	0	0	0	0	1	0	0
0	0	0	0	1	0	0	0	0	0	0	1	0	1
0	0	0	1	0	0	0	0	0	0	0	1	1	0
0	0	1	0	0	0	0	0	0	0	0	1	1	1
0	1	0	0	0	0	0	0	0	0	1	0	0	0
1	0	0	0	0	0	0	0	0	0	1	0	0	1

 문제 7-2

▭ 〈표 7.7〉을 이용하여 D, C, B, A의 논리식을 쓰고 회로도를 구성하라.

10진 코드를 BCD 코드로 변환시 우선순위 인코더를 적용하기 위한 진리표는 〈표 7.8〉과 같다. 우선순위를 적용하는 이유는 낮은 순위의 입력이 우선순위가 높은 입력을 인코딩하는 것을 방지하도록 하는 것이다.

〈표 7.8〉 10진부호-BCD 우선순위 인코더 진리표

입 력										출 력			
D_9	D_8	D_7	D_6	D_5	D_4	D_3	D_2	D_1	D_0	D	C	B	A
0	0	0	0	0	0	0	0	0	1	0	0	0	0
0	0	0	0	0	0	0	0	1	X	0	0	0	1
0	0	0	0	0	0	0	1	X	X	0	0	1	0
0	0	0	0	0	0	1	X	X	X	0	0	1	1
0	0	0	0	0	1	X	X	X	X	0	1	0	0
0	0	0	0	1	X	X	X	X	X	0	1	0	1
0	0	0	1	X	X	X	X	X	X	0	1	1	0
0	0	1	X	X	X	X	X	X	X	0	1	1	1
0	1	X	X	X	X	X	X	X	X	1	0	0	0
1	X	X	X	X	X	X	X	X	X	1	0	0	1

〈표 7.8〉을 이용하여 논리식을 쓰면 다음과 같다.

$$A = D_1 \overline{D_2}\, \overline{D_4}\, \overline{D_6}\, \overline{D_8} + D_3 \overline{D_2}\, \overline{D_6}\, \overline{D_8} + D_5 \overline{D_6}\, \overline{D_8} + D_7 \overline{D_8} + D_9 \qquad (7.2a)$$

$$B = D_2 \overline{D_4}\, \overline{D_5}\, \overline{D_8}\, \overline{D_9} + D_3 \overline{D_4}\, \overline{D_5}\, \overline{D_8}\, \overline{D_9} + D_6 \overline{D_8}\, \overline{D_9} + D_7 \overline{D_8}\, \overline{D_9} \qquad (7.2b)$$

$$C = D_4 \overline{D_8}\, \overline{D_9} + D_5 \overline{D_8}\, \overline{D_9} + D_6 \overline{D_8}\, \overline{D_9} + D_7 \overline{D_8}\, \overline{D_9} \qquad (7.2c)$$

$$D = D_8 + D_9 \qquad (7.2d)$$

문제 7-3

식 (7.2)를 이용하여 회로도를 구성하라.

3 디코더

디코더(decoder)는 다음과 같이 설명할 수 있다.
　① 해독기
　② 인코더의 역동작
　③ n비트 입력부호를 2^n개의 상태 수 중 하나로 출력하는 변환회로

예를 들면 2비트의 입력을 $2^2=4$개의 상태 수 중 하나로 출력하는 변환회로(2×4 디코더)이다. 3비트의 입력을 $2^3=8$개의 상태 수 중 하나로 출력하는 변환회로(3×8 디코더)이다.

① 2×4 디코더

2×4 디코더의 진리표를 나타내면 〈표 7.9〉와 같다.

〈표 7.9〉 2×4 디코더의 진리표

입력		출력			
B	A	D_3	D_2	D_1	D_0
0	0	0	0	0	1
0	1	0	0	1	0
1	0	0	1	0	0
1	1	1	0	0	0

〈표 7.9〉를 이용하여 논리식을 쓰면 다음과 같다.

$$D_0 = \overline{B}\,\overline{A} \ , \quad D_1 = \overline{B}\,A \ , \quad D_2 = B\overline{A} \ , \quad D_3 = B\,A$$

위의 논리식을 이용하여 회로도를 그리면 〈그림 7.9〉와 같다.

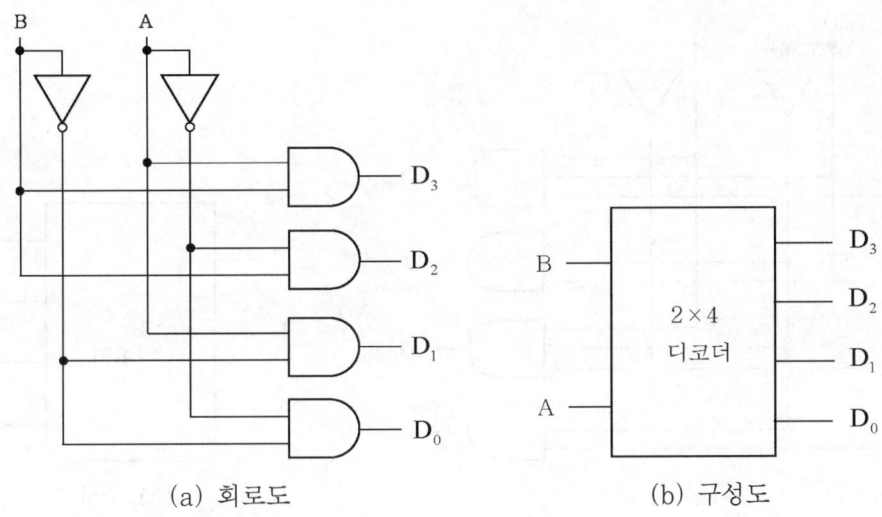

(a) 회로도   (b) 구성도

〈그림 7.9〉 2×4 디코더의 회로도와 구성도

인에이블(enable) 단자를 이용한 2×4 디코더를 설계하기 위해 진리표를 나타내면 〈표 7.10〉과 같다.

〈표 7.10〉 인에이블 단자를 이용한 2×4 디코더의 진리표

입력			출력			
E	B	A	D_3	D_2	D_1	D_0
0	X	X	0	0	0	0
1	0	0	0	0	0	1
1	0	1	0	0	1	0
1	1	0	0	1	0	0
1	1	1	1	0	0	0

〈표 7.10〉을 이용하여 직접 회로도를 구성하면 〈그림 7.10〉과 같다.

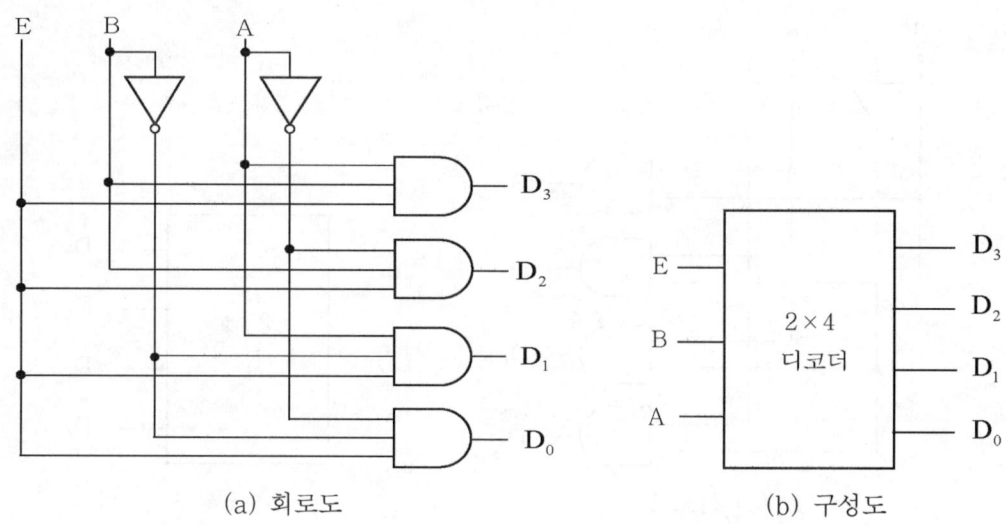

(a) 회로도　　　　　　　　　　(b) 구성도

〈그림 7.10〉 인에이블 단자를 이용한 2×4 디코더의 회로도와 구성도

② 3×8 디코더

3×8 디코더의 진리표를 나타내면 〈표 7.11〉과 같다.

〈표 7.11〉 3×8 디코더의 진리표

입 력			출 력							
C	B	A	D_7	D_6	D_5	D_4	D_3	D_2	D_1	D_0
0	0	0	0	0	0	0	0	0	0	1
0	0	1	0	0	0	0	0	0	1	0
0	1	0	0	0	0	0	0	1	0	0
0	1	1	0	0	0	0	1	0	0	0
1	0	0	0	0	0	1	0	0	0	0
1	0	1	0	0	1	0	0	0	0	0
1	1	0	0	1	0	0	0	0	0	0
1	1	1	1	0	0	0	0	0	0	0

〈표 7.11〉을 이용하여 논리식을 쓰면 다음과 같다.

$$D_0 = \overline{C}\,\overline{B}\,\overline{A}, \quad D_1 = \overline{C}\,\overline{B}\,A, \quad D_2 = \overline{C}\,B\,\overline{A}, \quad D_3 = \overline{C}\,B\,A$$

$$D_4 = C\,\overline{B}\,\overline{A}, \quad D_5 = C\,\overline{B}\,A, \quad D_6 = C\,B\,\overline{A}, \quad D_7 = C\,B\,A$$

위의 논리식을 이용하여 회로도를 구성하면 〈그림 7.11〉과 같다.

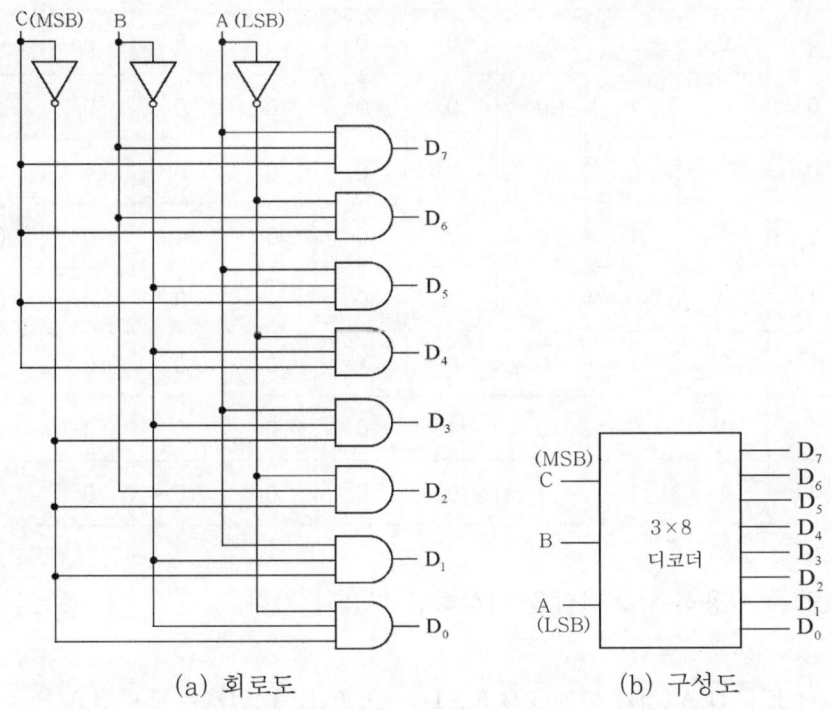

(a) 회로도   (b) 구성도

〈그림 7.11〉 3×8 디코더의 회로도와 구성도

인에이블(enable) 단자를 적용한 3×8 디코더를 설계하기 위해 진리표를 나타내면 〈표 7.12〉와 같다.

〈표 7.12〉 인에이블 단자를 적용한 3×8 디코더의 진리표

입 력				출 력							
E	C	B	A	D_7	D_6	D_5	D_4	D_3	D_2	D_1	D_0
0	X	X	X	0	0	0	0	0	0	0	0
1	0	0	1	0	0	0	0	0	0	0	1
1	0	0	1	0	0	0	0	0	0	1	0
1	0	1	0	0	0	0	0	0	1	0	0
1	0	1	1	0	0	0	0	1	0	0	0
1	1	0	0	0	0	0	1	0	0	0	0
1	1	0	1	0	0	1	0	0	0	0	0
1	1	1	0	0	1	0	0	0	0	0	0
1	1	1	1	1	0	0	0	0	0	0	0

〈표 7.12〉를 이용하여 논리식을 작성하면 다음과 같다.

$$D_0 = E \overline{C}\,\overline{B}\,\overline{A}, \quad D_1 = E \overline{C}\,\overline{B}\,A, \quad D_2 = E \overline{C}\,B\,\overline{A}, \quad D_3 = E \overline{C}\,B\,A$$
$$D_4 = E\,C\,\overline{B}\,\overline{A}, \quad D_5 = E\,C\,\overline{B}\,A, \quad D_6 = E\,C\,B\,\overline{A}, \quad D_7 = E\,C\,B\,A$$

위의 논리식을 이용하여 회로를 구성하면 〈그림 7.12〉와 같다.

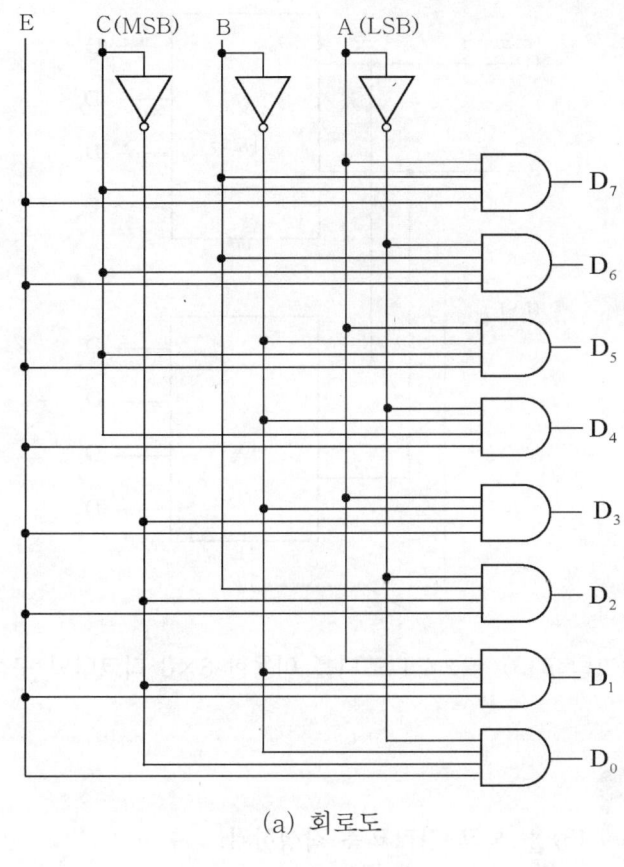

(a) 회로도

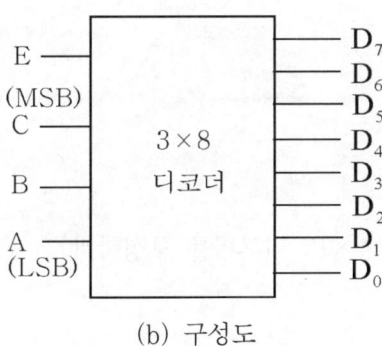

(b) 구성도

〈그림 7.12〉 인에이블 단자를 적용한 3×8 디코더의 회로도와 구성도

2×4 디코더를 이용하여 3×8 디코더를 구성하면 〈그림 7.13〉과 같다.

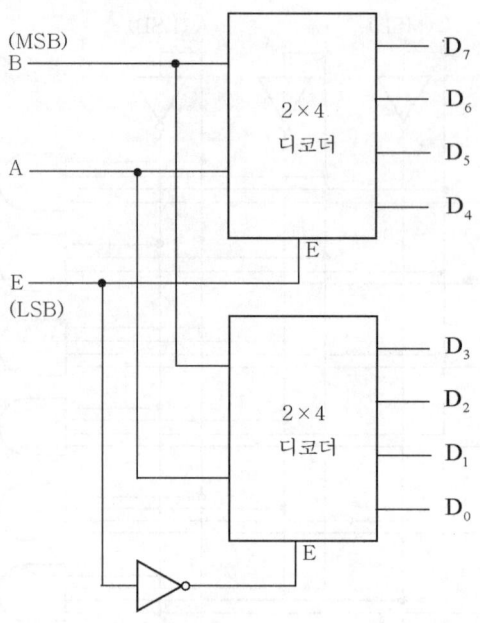

〈그림 7.13〉 2×4 디코더를 이용한 3×8 디코더의 구성

 문제 7-4

▶ 〈그림 7.13〉을 보고 진리표를 작성하라.

 문제 7-5

▶ 3×8 디코더로 4×16 디코더를 구성하라.

예제 7-1 디코더를 이용하여 다음과 같은 다중함수를 수행하는 조합논리회로를 구현하라. (단, MSB : D, LSB : A)

$$Y(D,C,B,A) = \sum m(1,3,5,6,9,10,12,15)$$

풀이 ▶ 위의 논리식을 보고 진리표를 작성하면 〈표 7.13〉과 같다.

〈표 7.13〉 (예제 7-1)의 진리표

입력				출력	입력				출력
D	C	B	A	Y	D	C	B	A	Y
0	0	0	0	0	1	0	0	0	0
0	0	0	1	1	1	0	0	1	1
0	0	1	0	0	1	0	1	0	0
0	0	1	1	1	1	0	1	1	1
0	1	0	0	0	1	1	0	0	0
0	1	0	1	1	1	1	0	1	1
0	1	1	0	1	1	1	1	0	1
0	1	1	1	0	1	1	1	1	0

논리식을 이용하여 디코더를 이용한 회로도를 그리면 〈그림 7.14〉와 같다.

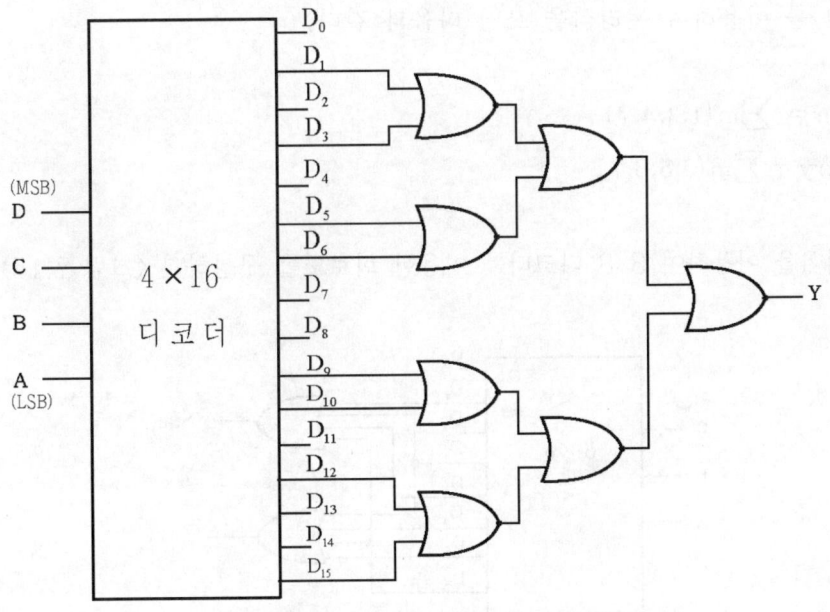

〈그림 7.14〉 (예제 7-1)의 회로도

예제 7-2 3×8 디코더를 이용하여 전가산기를 설계하라.

풀이 ▶ 먼저 전가산기의 진리표를 작성하면 〈표 7.14〉와 같다.

〈표 7.14〉 (예제 7-2)의 진리표

입력			출력	
C	B	A	Sum	Carry
0	0	0	0	0
0	0	1	1	0
0	1	0	1	0
0	1	1	0	1
1	0	0	1	0
1	0	1	0	1
1	1	0	0	1
1	1	1	1	1

〈표 7.14〉를 이용하여 논리식을 쓰면 다음과 같다.

$$\text{Sum} = \sum m(1,3,4,7)$$
$$\text{Carry} = \sum m(3,5,6,7)$$

위의 논리식을 이용하여 3×8 디코더를 이용한 회로도를 구성하면 〈그림 7.15〉와 같다.

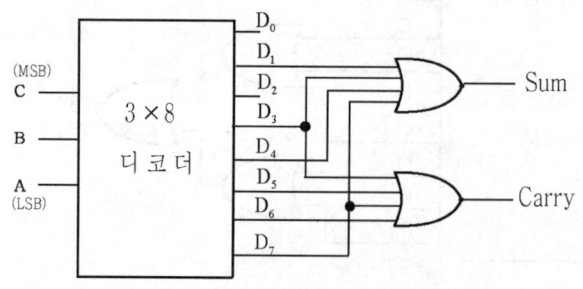

〈그림 7.15〉 (예제 7-2)의 회로도

 문제 7-6

➡ 3×8 디코더를 이용하여 전감산기를 설계하라.

③ BCD-10진 디코더

BCD-10진 디코더의 진리표를 작성하면 〈표 7.15〉와 같다.

〈표 7.15〉 BCD-10진 디코더 진리표

입 력				출 력									
D	C	B	A	D_9	D_8	D_7	D_6	D_5	D_4	D_3	D_2	D_1	D_0
0	0	0	0	0	0	0	0	0	0	0	0	0	1
0	0	0	1	0	0	0	0	0	0	0	0	1	0
0	0	1	0	0	0	0	0	0	0	0	1	0	0
0	0	1	1	0	0	0	0	0	0	1	0	0	0
0	1	0	0	0	0	0	0	0	1	0	0	0	0
0	1	0	1	0	0	0	0	1	0	0	0	0	0
0	1	1	0	0	0	0	1	0	0	0	0	0	0
0	1	1	1	0	0	1	0	0	0	0	0	0	0
1	0	0	0	0	1	0	0	0	0	0	0	0	0
1	0	0	1	1	0	0	0	0	0	0	0	0	0

간략화를 하기 위해 카르노 맵을 적용하면 〈그림 7.16〉과 같다.

D C \ B A	0 0	0 1	1 1	1 0
0 0	D_0	D_1	D_3	D_2
	0	1	3	2
0 1	D_4	D_5	D_7	D_6
	4	5	7	6
1 1	d	d	d	d
	12	13	15	14
1 0	D_8	D_9	d	d
	8	9	11	10

〈그림 7.16〉 BCD-10진 디코더의 카르노 맵

〈그림 7.16〉을 이용하여 논리식을 구성하면 다음과 같다.

$$D_0 = \overline{D}\,\overline{C}\,\overline{B}\,\overline{A} = \overline{(D+C)} \cdot \overline{(B+A)}$$

$$D_1 = \overline{D}\,\overline{C}\,\overline{B}\,A = \overline{(D+A)} \cdot (\overline{B}\,A)$$

$$D_2 = \overline{C}\,B\,\overline{A} = (\overline{C}\,B) \cdot \overline{A}$$

$$D_3 = \overline{C}\,B\,A = (\overline{C}\,B) \cdot A$$

$$D_4 = C\,\overline{B}\,\overline{A} = C \cdot \overline{(B+A)}$$

$$D_5 = C\,\overline{B}\,A = C \cdot (\overline{B}\,A)$$

$$D_6 = C\,B\,\overline{A} = (C\,B) \cdot \overline{A}$$

$$D_7 = C\,B\,A = (C\,B) \cdot A$$

$$D_8 = D\,\overline{A}$$

$$D_9 = D\,A$$

위의 논리식을 이용하여 회로도를 그리면 〈그림 7.17〉과 같다.

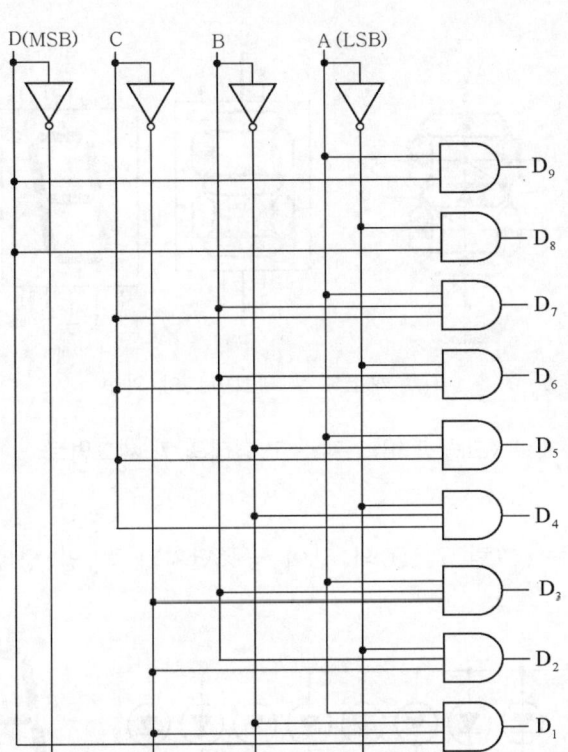

〈그림 7.17〉 BCD-10진 디코더의 회로도

❹ BCD-7 세그먼트 디코더

(1) 7-세그먼트

7개의 LED로 구성되어있는 소자이다. 그 종류를 살펴보면 다음과 같다.

① Cathode 형태

캐소드 형태는 〈그림 7.18〉과 같이 공통 단자에 GND을 가진 세그먼트이다.

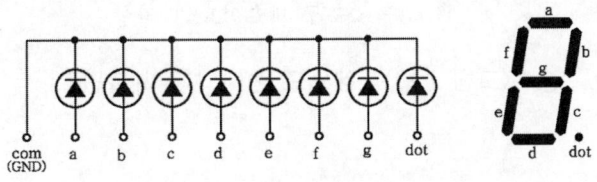

(a) 캐소드 7-세그먼트의 내부 구조

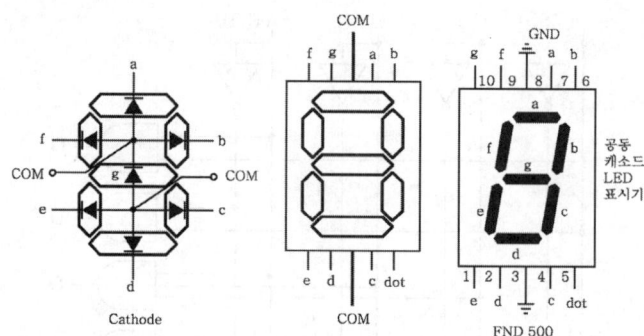

(b) 캐소드 7-세그먼트의 외형

〈그림 7.18〉 캐소드 형태의 7-세그먼트

② Anode 형태

애노드 형태는 〈그림 7.19〉와 같이 공통단자가 V_{cc}인 형태를 가지고 있다.

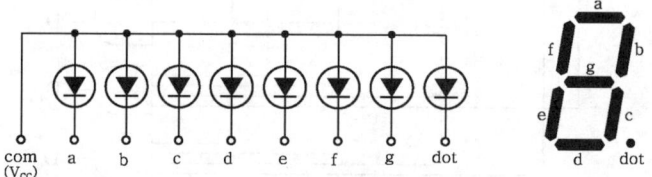

(a) 애노드 7-세그먼트의 내부구조

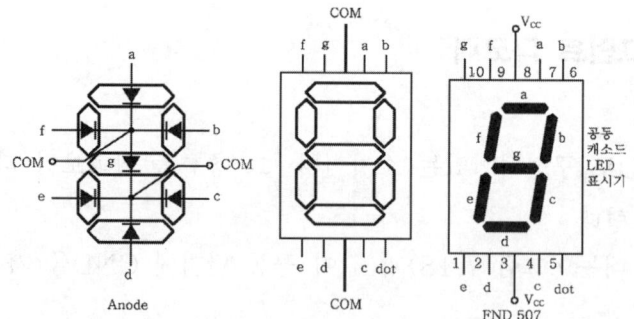

(b) 애노드 7-세그먼트의 외형

〈그림 7.19〉 애노드 형태의 7-세그먼트

(2) 진리표

10진 표시의 형태를 나타내면 〈그림 7.20〉과 같다.

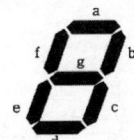 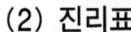

〈그림 7.20〉 10진 표시 형태

BCD-7세그먼트의 진리표를 작성하면 〈표 7.16〉과 같다.

〈표 7.16〉 BCD-7세그먼트 진리표

입 력				출 력						
D	C	B	A	a	b	c	d	e	f	g
0	0	0	0	1	1	1	1	1	1	0
0	0	0	1	0	1	1	0	0	0	0
0	0	1	0	1	1	0	1	1	0	1
0	0	1	1	1	1	1	1	0	0	1
0	1	0	0	0	1	1	0	0	1	1
0	1	0	1	1	0	1	1	0	1	1
0	1	1	0	0	0	1	1	1	1	1
0	1	1	1	1	1	1	0	0	0	0
1	0	0	0	1	1	1	1	1	1	1
1	0	0	1	1	1	1	0	0	1	1

(3) 논리식(카르노 맵 이용)

〈표 7.16〉을 이용하여 논리식을 나타내면 다음과 같다.

$$a = \sum m(0,2,3,5,7,8,9)$$

$$b = \sum m(0,1,2,3,4,7,8,9)$$

$$c = \sum m(0,1,3,4,5,6,7,8,9)$$

$$d = \sum m(0,2,3,5,6,8)$$

$$e = \sum m(0,2,6,8)$$

$$f = \sum m(0,4,5,6,8,9)$$

$$g = \sum m(2,3,4,5,6,8,9)$$

$$\text{don't care } X = \sum m(10,11,12,13,14,15)$$

위의 논리식을 카르노 맵 방법을 이용하여 간략화 시키면 〈그림 7.21〉과 같다.

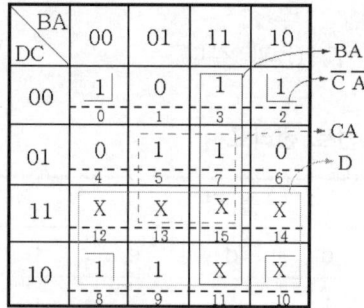

(a) $a = D + BA + CA + \overline{C}\,\overline{A}$

(b) $b = \overline{C} + \overline{B}\,\overline{A} + BA$

(c) $c = \overline{B} + C + A$

(d) $d = \overline{C}\,B + \overline{C}\,\overline{A} + B\,\overline{A} + C\,\overline{B}\,A$

(e) $e = B\,\overline{A} + \overline{C}\,\overline{A}$

(f) $f = \overline{B}\,\overline{A} + C\,\overline{B} + C\,A + D$

BA DC	00	01	11	10
00	0 ₀	0 ₁	1 ₃	1 ₂
01	1 ₄	1 ₅	0 ₇	1 ₆
11	X ₁₂	X ₁₃	X ₁₅	X ₁₄
10	1 ₈	1 ₉	X ₁₁	X ₁₀

(g) $g = C\overline{B} + B\overline{A} + D + \overline{C}B$

〈그림 7.21〉 카르노 맵을 이용한 간략화

위의 간략화된 논리식을 이용하여 회로를 그리면 〈그림 7.22〉와 같다.

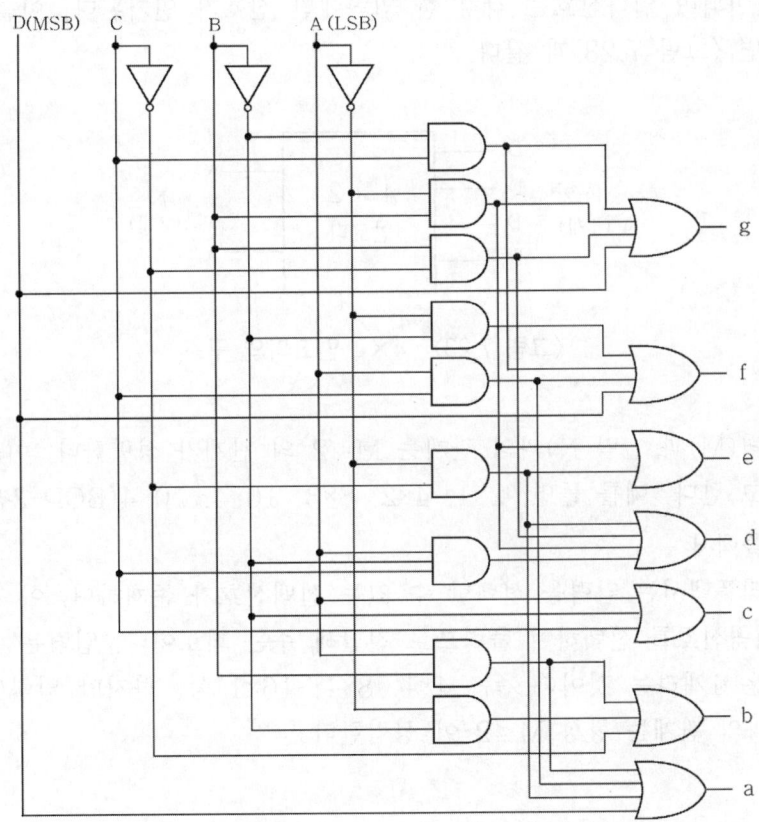

〈그림 7.22〉 10진-7세그먼트 디코더 회로도

4 멀티플렉서(MUX)

멀티플렉서(MUX ; multiplexer)는 다음과 같이 정의된다.

① 다중화기

② 데이터 선택기

③ 여러 개의 입력 신호 중 하나를 선택하여 출력에 전달하여 주는 역할을 하는 회로이다.

멀티플렉서와 인코더의 차이점을 설명하면 다음과 같다.

① 인코더(encoder)

인코더는 입력 신호를 선택하여 출력이 결정됨, 즉 입력된 신호를 2진수로 변환하는 회로이다. 예를 들어, $D_0=1$이면 $X=0$, $Y=0$, $D_3=1$이면 $X=1$, $Y=1$이되며 입력신호는 각각 한 입력에만 신호가 인가된다. 이를 그림으로 나타내면 〈그림 7.23〉과 같다.

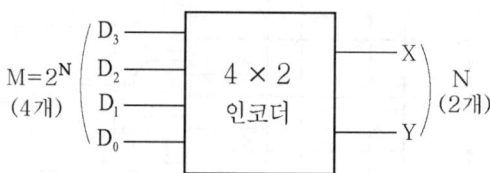

$$M=2^N$$
(4개)

〈그림 7.23〉 4×2 인코더의 구조

입력(M)과 출력(N)과의 관계는 $M=2^N$의 관계가 성립한다. 이를 M×N 인코더라고 한다. 예를 들면, 2×1, 4×2, 8×3, 16×4, 10×4(BCD-2진수) 등이다.

② 멀티플렉서

멀티플렉서는 입력을 선택할 수 있는 선택신호가 존재하며, 이 선택신호에 의해 입력신호를 선택하여 출력으로 전달해 주는 회로이다. 입력은 여러 개이지만 출력은 1개라는 것이다. 즉, 4×1, 8×1, 16×1 등, 하지만 입력(M)과 선택기(N)와의 관계는 항상 $M\leq2^N$이 성립한다.

1 4×1 멀티플렉서

4×1인 멀티플렉서의 구조를 나타내면 그림 7.24와 같다.

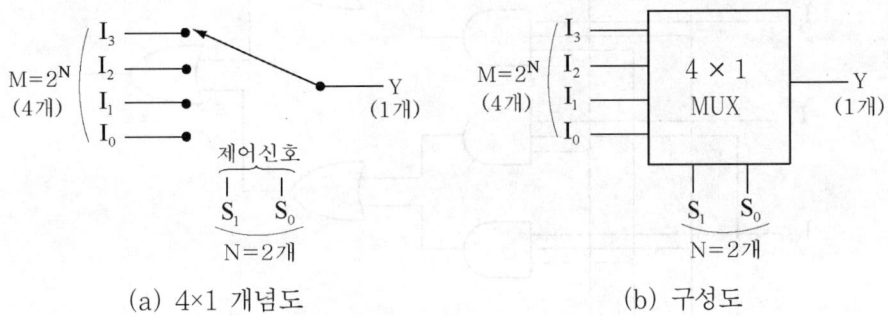

(a) 4×1 개념도   (b) 구성도

〈그림 7.24〉 4×1 멀티플렉서의 구조

4×1 멀티플렉서의 진리표를 작성하면 〈표 7.17〉과 같다.

〈표 7.17〉 4×1 멀티플렉서의 진리표

입력신호				선택신호		출력신호
I_3	I_2	I_1	I_0	S_1	S_0	Y
X	X	X	X	0	0	I_0
X	X	X	X	0	1	I_1
X	X	X	X	1	0	I_2
X	X	X	X	1	1	I_3

〈표 7.17〉에서 X는 "0" 또는 "1" 어느 경우든 가능함을 의미한다. 〈표 7.17〉을 이용하여 논리식을 나타내면 다음과 같다.

$$Y = \overline{S_1}\,\overline{S_0}\,I_0 + \overline{S_1}S_0 I_1 + S_1 \overline{S_0} I_2 + S_1 S_0 I_3$$

위의 논리식을 이용하여 회로도를 그리면 〈그림 7.25〉와 같다.

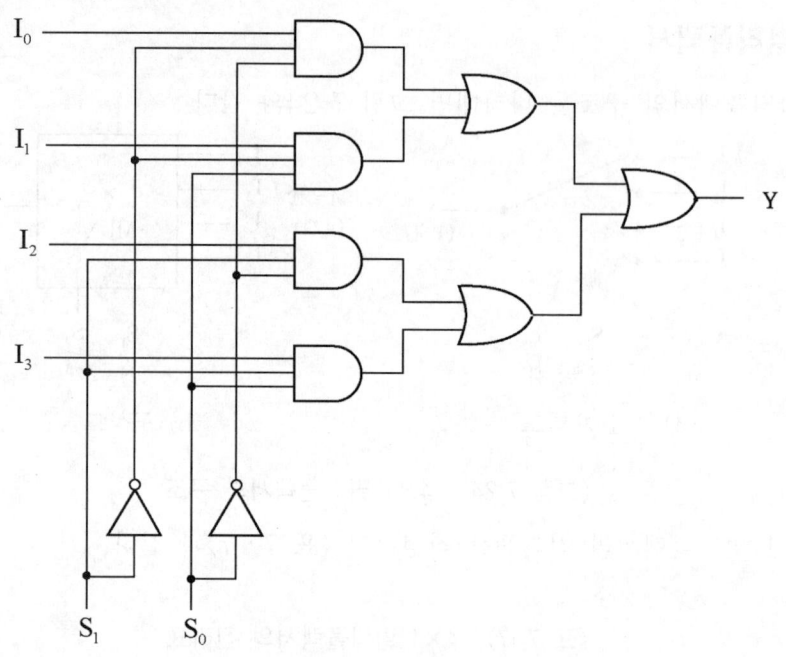

〈그림 7.25〉 4×1 멀티플렉서의 회로도

 문제 7-7

▣ 2×1 멀티플렉서를 설계하라(진리표, 논리식, 회로도).

② 8×1 멀티플렉서

8×1 멀티플렉서의 구성도를 그리면 〈그림 7.26〉과 같다.

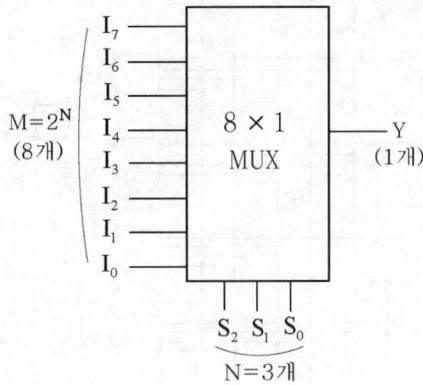

〈그림 7.26〉 8×1 멀티플렉서의 구성도

8×1 멀티플렉서의 진리표를 작성하면 〈표 7.18〉과 같다.

〈표 7.18〉 8×1 멀티플렉서의 진리표

입력신호								선택신호			출력신호
I_7	I_6	I_5	I_4	I_3	I_2	I_1	I_0	S_2	S_1	S_0	Y
X	X	X	X	X	X	X	X	0	0	0	I_0
X	X	X	X	X	X	X	X	0	0	1	I_1
X	X	X	X	X	X	X	X	0	1	0	I_2
X	X	X	X	X	X	X	X	0	1	1	I_3
X	X	X	X	X	X	X	X	1	0	0	I_4
X	X	X	X	X	X	X	X	1	0	1	I_5
X	X	X	X	X	X	X	X	1	1	0	I_6
X	X	X	X	X	X	X	X	1	1	1	I_7

〈표 7.18〉을 이용하여 논리식을 쓰면 다음과 같다.

$$Y = \overline{S_2}\,\overline{S_1}\,\overline{S_0}\,I_0 + \overline{S_2}\,\overline{S_1}\,S_0\,I_1 + \overline{S_2}\,S_1\,\overline{S_0}\,I_2 + \overline{S_2}\,S_1\,S_0\,I_3$$
$$+ S_2\,\overline{S_1}\,\overline{S_0}\,I_4 + S_2\,\overline{S_1}\,S_0\,I_5 + S_2\,S_1\,\overline{S_0}\,I_6 + S_2\,S_1\,S_0\,I_7$$

위의 논리식을 이용하여 회로도를 그리면 〈그림 7.27〉과 같다.

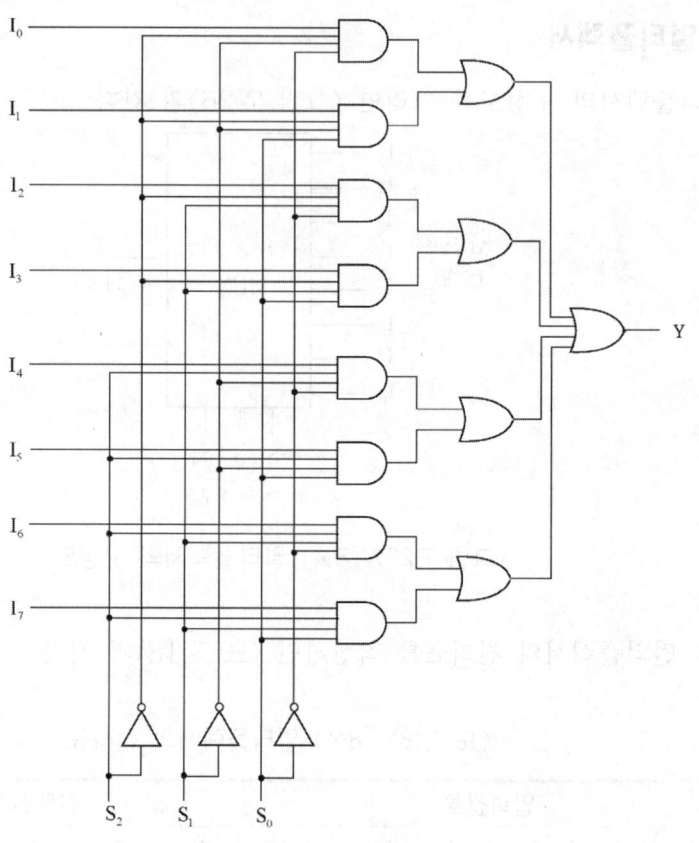

〈그림 7.27〉 8×1 멀티플렉서의 회로도

③ 4비트 2×1 멀티플렉서

인에이블 신호를 적용하여 4비트 2×1 멀티플렉서의 진리표를 작성하면 〈표 7.19〉와 같다.

〈표 7.19〉 4비트 2×1 멀티플렉서의 진리표

E (enable)	S (select)	Y 출력
0	0	A 선택
0	1	B 선택
1	0	0
1	1	0

〈표 7.19〉를 이용하여 논리식을 쓰면 다음과 같다.

$$Y = \overline{E}\ \overline{S_0}\ A + \overline{E}\ S_0\ B$$

위의 논리식을 이용하여 4비트 2×1 멀티플렉서의 회로도를 그리면 〈그림 7.28〉과 같다.

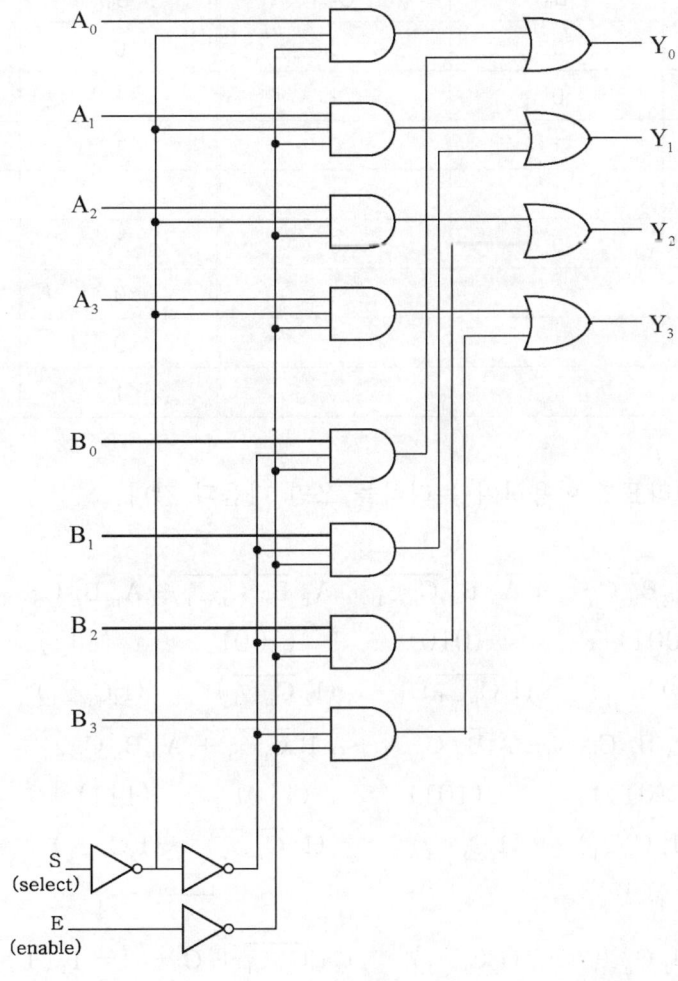

〈그림 7.28〉 4비트 2×1 멀티플렉서의 회로도

〈그림 7.28〉에서 S(select) 신호는 A와 B를 선택하여 출력하는 기능을 하며 E(enable)신호에 의해 2×1 MUX 동작을 제어한다.

④ 4×1 MUX를 이용한 전가산기 설계

전가산기의 진리표를 작성하면 〈표 7.20〉과 같다.

〈표 7.20〉 전가산기의 진리표

입 력			출 력	
A_n	B_n	C_{n-1}	S_n	C_n
0	0	0	0	0
0	0	1	1	0
0	1	0	1	0
0	1	1	0	1
1	0	0	1	0
1	0	1	0	1
1	1	0	0	1
1	1	1	1	1

〈표 7.20〉의 진리표를 이용하여 논리식을 쓰면 다음과 같다.

$$S_n = \overline{A_n}\,\overline{B_n}\,C_{n-1} + \overline{A_n}\,B_n\,\overline{C_{n-1}} + A_n\,\overline{B_n}\,\overline{C_{n-1}} + A_n\,B_n\,C_{n-1}$$

$$(001) \qquad (010) \qquad (100) \qquad (111)$$

$$(I_0\,C_{n-1}) \qquad (I_1\,\overline{C_{n-1}}) \qquad (I_2\,\overline{C_{n-1}}) \qquad (I_3 C_{n-1})$$

$$C_n = \overline{A_n}\,B_n\,C_{n-1} + A\,\overline{B_n}\,C_{n-1} + A\,B\,\overline{C_{n-1}} + A_n\,B_n\,C_{n-1}$$

$$(011) \qquad (101) \qquad (110) \qquad (111)$$

$$(I_1\,C_{n-1}) \qquad (I_2 C_{n-1}) \qquad (I_3\,\overline{C_{n-1}}) \quad (I_3 C_{n-1}) \qquad (I_0\,(0\,))$$

$$\downarrow \qquad\qquad \downarrow \qquad\qquad \boxed{} \qquad \downarrow \qquad\qquad \downarrow$$

$$(I_1\,C_{n-1}) \qquad (I_2 C_{n-1}) \qquad I_3\,(\overline{C_{n-1}} + C_{n-1}) = I_3\,(1\,)\ (I_0\,(0\,))$$

위의 논리식을 이용하여 회로도를 구성하면 〈그림 7.29〉와 같다.

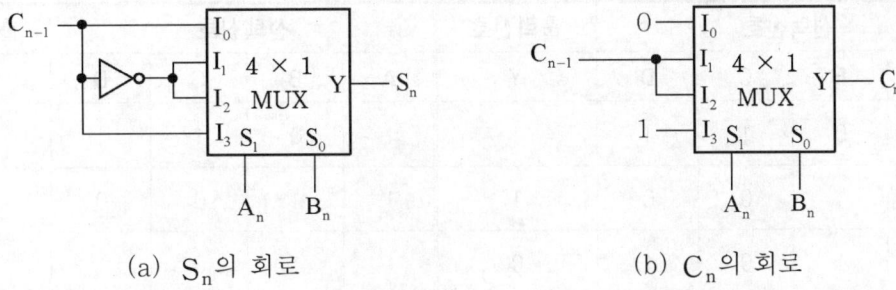

(a) S_n의 회로　　　　　　　　　(b) C_n의 회로

〈그림 7.29〉 4×1 MUX를 이용한 전가산기의 회로도

 문제 7-8

➡ 전감산기를 4×1 MUX를 이용하여 설계하라.

⑤ MUX를 이용한 조합논리

멀티플렉서를 이용하여 조합논리함수를 구성할 수 있다. 다음과 같은 논리식을 멀티플렉서로 구성하면 다음과 같다.

$$Y(A, B, C, D) = \sum m(0, 1, 3, 4, 8, 9, 15)$$

먼저 위의 논리식을 이용하여 진리표를 작성하면 〈표 7.21〉과 같다.

〈표 7.21〉 논리식에 의한 진리표

선택신호				출력신호	선택신호				출력신호
A	B	C	D	Y	A	B	C	D	Y
0	0	0	0	1	1	0	0	0	1
0	0	0	1	1	1	0	0	1	1
0	0	1	0	0	1	0	1	0	0

선택신호				출력신호	선택신호				출력신호
A	B	C	D	Y	A	B	C	D	Y
0	0	1	1	1	1	0	1	1	0
0	1	0	0	1	1	1	0	0	0
0	1	0	1	0	1	1	0	1	0
0	1	1	0	0	1	1	1	0	0
0	1	1	1	0	1	1	1	1	1

〈표 7.21〉을 이용하여 개선시킨 진리표를 작성하면 〈표 7.22〉와 같다.

〈표 7.22〉 개선된 진리표

	I_0	I_1	I_2	I_3	I_4	I_5	I_6	I_7
$\overline{A}$	⓪	①	2	③	④	5	6	7
A	⑧	⑨	10	11	12	13	14	⑮
	1	1	0	$\overline{A}$	$\overline{A}$	0	0	A

〈표 7.22〉을 이용하여 8×1 MUX에 적용하여 회로도를 구성하면 〈그림 7.30〉과 같다.

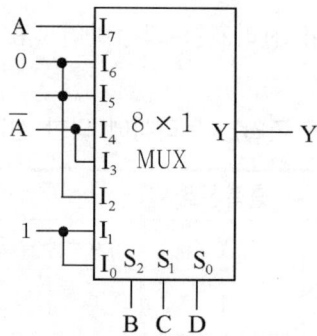

〈그림 7.30〉 8×1 MUX를 이용한 조합논리 회로도

참고로 최소항으로 표현된 논리식은 다음과 같이 표현된다.

$$Y(A, B, C, D) = \sum m(0, 1, 3, 4, 8, 9, 15)$$
$$Y = \overline{A}\,\overline{B}\,\overline{C}\,\overline{D} + \overline{A}\,\overline{B}\,\overline{C} D + \overline{A}\,\overline{B} C D + \overline{A} B\,\overline{C}\,\overline{D}$$
$$+ A\,\overline{B}\,\overline{C}\,\overline{D} + A\,\overline{B}\,\overline{C} D + A B C D$$

 문제 7-8

➡ 4×1 MUX를 이용하여 조합논리 함수 $Y(A, B, C)=\sum m(1, 3, 5, 6)$를 구현하라.

5 디멀티플렉서

디멀티플렉서(DEMUX ; demultiplexer)는 다음과 같이 정의할 수 있다.
① 데이터 분배기
② 멀티플렉서의 역동작 회로
③ 1개의 입력 데이터를 선택신호에 의해 선택된 출력단으로 출력하는 회로이다.
  디코더와 디멀티플렉서의 차이점을 설명하면 다음과 같다.

① 디코더
  디코더(decoder)는 입력된 신호에 의해 출력단자를 결정한다. A=1, B=0이면 D_2가 선택되어 D_2에 "1"이 출력, A=1, B=1이면 D_3가 선택되어 D_3에 "1"이 출력된다. 이를 그림으로 표현하면 〈그림 7.31〉과 같다.

〈그림 7.31〉 2×4 디코더의 구조

입력(N)과 출력(M)과의 관계는 $M \leq 2^N$의 관계가 성립한다. N×M 디코더라는 것이다. 예를 들면, 1×2, 2×4, 3×8, 4×16, 4×10(2진수-BCD) 등이 있다.

② 디멀티플렉서

    디멀티플렉서는 출력을 선택할 수 있는 선택신호가 존재하며, 이 선택신호에 의해 출력단을 선택하여 입력신호를 출력으로 전달해 주는 회로이다. 입력은 1개이지만 출력은 여러 개이다. 즉, 1×4, 1×8, 1×16 등, 하지만 출력(M)과 선택기(N)와의 관계는 항상 $M \leq 2^N$이 성립한다.

❶ 1×4 디멀티플렉서

1×4 디멀티플렉서의 구조를 나타내면 〈그림 7.32〉와 같다.

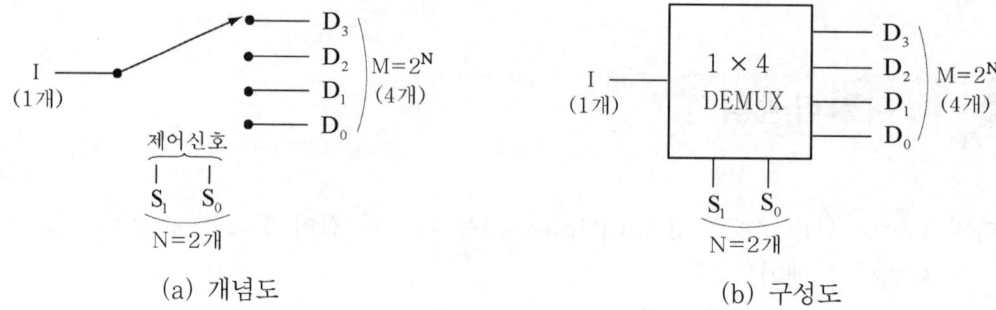

(a) 개념도   (b) 구성도

〈그림 7.32〉 1×4 디멀티플렉서의 구조

1×4 디멀티플렉서의 진리표를 나타내면 〈표 7.23〉과 같다.

〈표 7.23〉 1×4 디멀티플렉서의 진리표

선택신호		입력신호	출력신호			
S_1	S_0	I	D_3	D_2	D_1	D_0
0	0	X	0	0	0	I
0	1	X	0	0	I	0
1	0	X	0	I	0	0
1	1	X	I	0	0	0

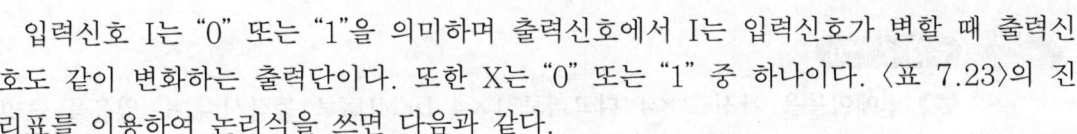

입력신호 I는 "0" 또는 "1"을 의미하며 출력신호에서 I는 입력신호가 변할 때 출력신
호도 같이 변화하는 출력단이다. 또한 X는 "0" 또는 "1" 중 하나이다. 〈표 7.23〉의 진
리표를 이용하여 논리식을 쓰면 다음과 같다.

$$D_0 = \overline{S_1}\, \overline{S_0}\, I$$
$$D_1 = \overline{S_1}\, S_0\, I$$
$$D_2 = S_1\, \overline{S_0}\, I$$
$$D_3 = S_1\, S_0\, I$$

위의 논리식을 이용하여 회로도를 그리면 〈그림 7.33〉과 같다.

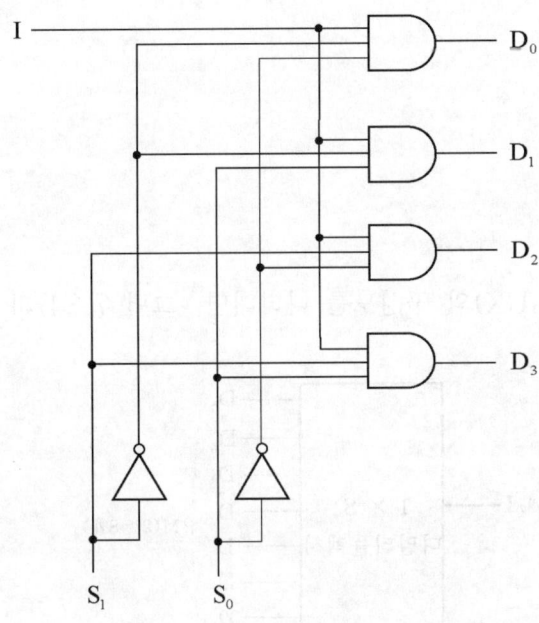

〈그림 7.33〉 1×4 디멀티플렉서의 회로도

 문제 7-9

➡ 1×2 디멀티플렉서를 설계하라.(구성도, 진리표, 회로도)

문제 7-10

➡ 인에이블을 가진 2×4 디코더로 1×4 DEMUX로 동작시킬 수 있음을 증명
하라(구성도, 진리표를 이용).

② 1×8 디멀티플렉서

1×8 디멀티플렉서(DEMUX)의 구성도를 나타내면 〈그림 7.34〉와 같다.

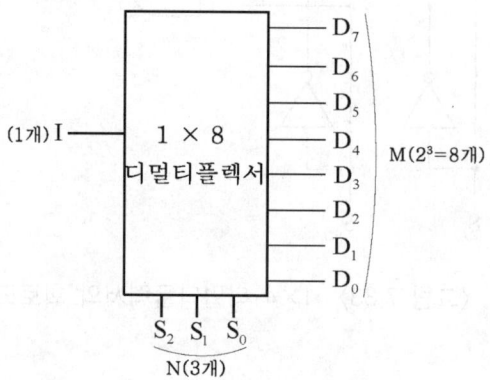

〈그림 7.34〉 1×8 디멀티플렉서의 구성도

1×8 디멀티플렉서의 진리표를 작성하면 〈표 7.24〉와 같다.

〈표 7.24〉 1×8 DEMUX의 진리표

선택신호			입력신호	출력신호							
S_2	S_1	S_0	I	D_7	D_6	D_5	D_4	D_3	D_2	D_1	D_0
0	0	0	X	0	0	0	0	0	0	0	1
0	0	1	X	0	0	0	0	0	0	1	0
0	1	0	X	0	0	0	0	0	1	0	0
0	1	1	X	0	0	0	0	1	0	0	0
1	0	0	X	0	0	0	1	0	0	0	0
1	0	1	X	0	0	1	0	0	0	0	0
1	1	0	X	0	1	0	0	0	0	0	0
1	1	1	X	1	0	0	0	0	0	0	0

〈표 7.24〉의 진리표를 이용하여 논리식을 쓰면 다음과 같다.

$$D_0 = \overline{S_2}\,\overline{S_1}\,\overline{S_0}\,I, \qquad D_1 = \overline{S_2}\,\overline{S_1}\,S_0\,I$$

$$D_2 = \overline{S_2}\,S_1\,\overline{S_0}\,I, \qquad D_3 = \overline{S_2}\,S_1\,S_0\,I$$

$$D_4 = S_2\,\overline{S_1}\,\overline{S_0}\,I, \qquad D_5 = S_2\,\overline{S_1}\,S_0\,I$$

$$D_6 = S_2\,S_1\,\overline{S_0}\,I, \qquad D_7 = S_2\,S_1\,S_0\,I$$

위의 논리식을 이용하여 회로도를 그리면 〈그림 7.35〉와 같다.

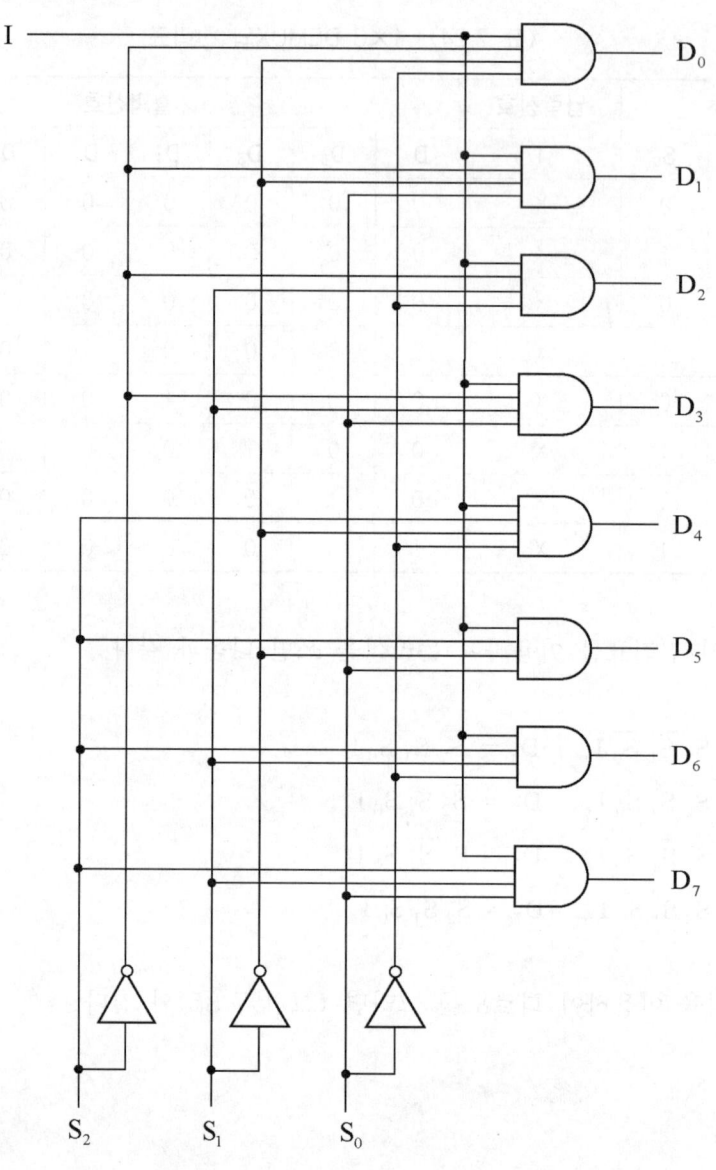

⟨그림 7.35⟩ 1×8 DEMUX의 회로도

③ 멀티플렉서와 디멀티플렉서의 응용

멀티플렉서와 디멀티플렉서는 임의의 데이터를 전송하고 이를 복원하는 전송장치에서 사용될 수 있다. 〈그림 7.36〉은 이러한 장치들이 어떻게 이용될 수 있는지 보여주고 있다.

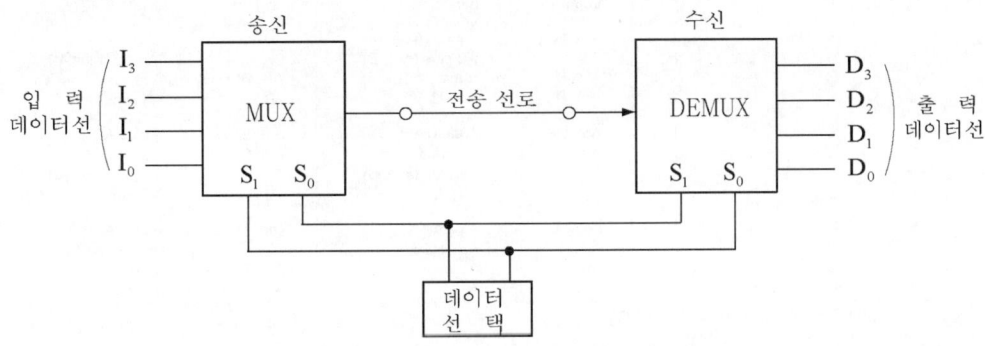

〈그림 7.36〉 멀티플렉서와 디멀티플렉서의 응용

〈그림 7.36〉은 MUX와 DEMUX를 데이터 통신에 적용한 예를 보인 것으로 데이터 선택 카운터는 MUX와 DEMUX의 선택 단자 중에서 어떤 것을 선택할 것인가를 결정하며 양쪽에서 같은 단자를 선택하도록 설계되어 있다. 즉, MUX에 여러 개의 터미널 혹은 컴퓨터가 연결되어 통신을 할 때 전송선로가 하나이므로 신호를 섞어서 전송하고 수신측인 DEMUX에서는 섞인 신호를 받아 자신에게 연결된 터미널이나 컴퓨터 중에서 송신측이 원하는 곳으로 연결시켜 최종 목적지에 신호가 도달하게 된다.

⑥ ALU

ALU(arithmetic logic units)는 연산논리장치로서 대규모 집적회로(LSI)의 패키지로 가능하다. 보통 ALU는 다목적 소자이고 여러 가지 다른 연산과 논리동작을 공급하는 기능을 가졌다. 수행되는 특별한 동작은 모든 선택입력에 특별한 2진 코드를 설계함으로써 사용자에 의해 선택된다. 여기서 74181(TTL)이나 74HC181(CMOS)의 특성을 살펴보고자 한다.

74181은 4비트 ALU이고 16가지 연산동작과 16가지 논리동작을 수행한다. 74181의 기능을 표로 나타내면 〈표 7.25〉와 같다. 74181의 구성도를 나타내면 〈그림 7.37〉과 같다.

〈표 7.25〉 74181의 기능표

Mode Select Inputs				Active LOW Operands & F_n Outputs		Active HIGH Operands & F_n Outputs	
S3	S2	S1	S0	Logic (M = H)	Arithmetic** (M = L) (C_n = L)	Logic (M = H)	Arithmetic** (M = L) (C_n = H)
L	L	L	L	$\overline{A}$	A minus 1	$\overline{A}$	A
L	L	L	H	$\overline{AB}$	AB minus 1	$\overline{A} + \overline{B}$	A + B
L	L	H	L	$\overline{A} + B$	$A\overline{B}$ minus 1	$\overline{A}B$	$A + \overline{B}$
L	L	H	H	Logic 1	minus 1	Logic 0	minus 1
L	H	L	L	$\overline{A + B}$	A plus (A + $\overline{B}$)	$\overline{AB}$	A plus $A\overline{B}$
L	H	L	H	$\overline{B}$	AB plus (A + $\overline{B}$)	$\overline{B}$	(A + B) plus $A\overline{B}$
L	H	H	L	$\overline{A} \oplus \overline{B}$	A minus B minus 1	A $\oplus$ B	A minus B minus 1
L	H	H	H	$A + \overline{B}$	$A + \overline{B}$	$A\overline{B}$	AB minus 1
H	L	L	L	$\overline{A}B$	A plus (A + B)	$\overline{A} + B$	A plus AB
H	L	L	H	A $\oplus$ B	A plus B	$\overline{A} \oplus B$	A plus B
H	L	H	L	B	$A\overline{B}$ plus (A + B)	B	(A + $\overline{B}$) plus AB
H	L	H	H	A + B	A + B	AB	AB minus 1
H	H	L	L	Logic 0	A plus A*	Logic 1	A plus A*
H	H	L	H	$A\overline{B}$	AB plus A	$A + \overline{B}$	(A + B) plus A
H	H	H	L	AB	$A\overline{B}$ minus A	A + B	(A + $\overline{B}$) plus A
H	H	H	H	A	A	A	A minus 1

*Each bit is shifted to the next most significant position.

**Arithmetic operations expressed in 2s complement notation.

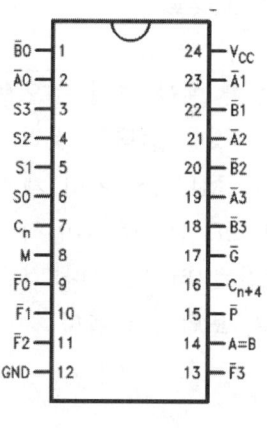

Pin Names	Description
$\overline{A}0 - \overline{A}3$	Operand Inputs (Active LOW)
$\overline{B}0 - \overline{B}3$	Operand Inputs (Active LOW)
S0 - S3	Function Select Inputs
M	Mode Control Input
C_n	Carry Input
$\overline{F}0 - \overline{F}3$	Function Outputs (Active LOW)
A = B	Comparator Output
$\overline{G}$	Carry Generate Output (Active LOW)
$\overline{P}$	Carry Propagate Output (Active LOW)
C_{n+4}	Carry Output

(a) 구성도   (b) 입·출력핀 설명

〈그림 7.37〉 74181의 구성도

모드 제업입력(M)은 논리(M=HIGH)나 연산(M=LOW)과 같은 동작의 모드를 나타내기위해 사용된다. M=HIGH이면 모든 내부 Carry 는 디스에이블 되고 소자는 〈표 7.25〉에 나타낸 것처럼 논리동작을 수행한다. M=LOW이면 내부 carry는 인에이블되고 소자는 2개의 4비트 2진 입력에서 연산동작을 수행한다. 리플 Carry는 $\overline{C_{N+4}}$에서 공급되고 fast-look-ahead-carry는 고속 연산동작을 위한 G와 P에서 공급된다. Carry-in과 Carry-out 단자는 active-low이고 0이 Carry를 표시함을 나타낸다. Mode 제어(M)이 Set되면 논리나 연산동작에서 16가지 선택을 갖게 된다. 원하는 특

별한 기능은 기능선택 입력($S_3 \sim S_0$)에 알맞은 2진 코드를 적용하여 선택한다. "+"기호는 논리-OR를 나타내고 PLUS는 연산-합산 기능을 나타낸다.

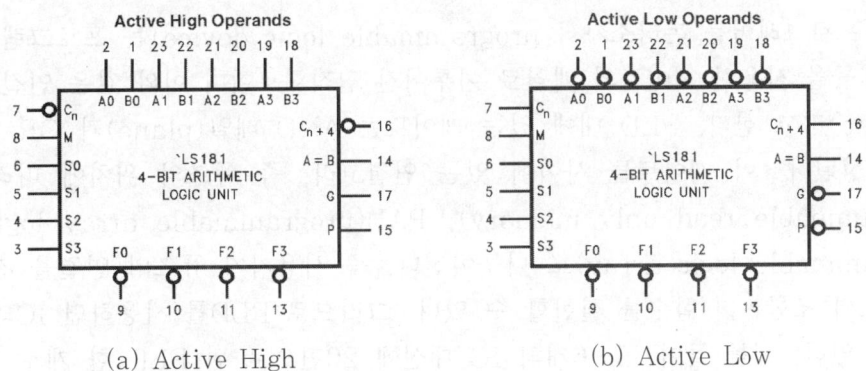

(a) Active High   (b) Active Low

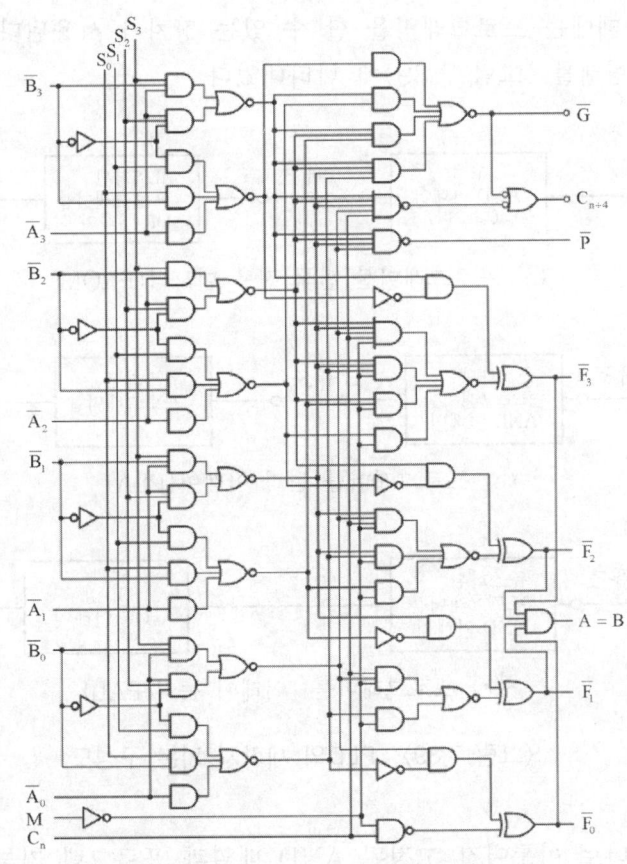

(c) 내부 회로도(data sheet 참고)

〈그림 7.38〉 74181의 기능별 구성도

7 ROM의 구조

PLD(프로그래머블 논리소자 ; programmable logic device)는 프로그램이 가능한 연결고리들을 사용한 게이트의 배열로 이루어진 집적회로이며 이와 같은 연결 고리들을 퓨즈(fuse)라고 한다. PLD 내에 있는 게이트는 AND 배열(plane)과 OR 배열의 형태로 구성된다. 이 게이트들 사이에 있는 연결고리, 즉 퓨즈의 위치에 따라 PROM (programmable read only memory), PAL(programmable array logic), PLA (programmable logic array)로 나누어진다. 즉 사용자가 퓨즈의 연결을 전자적으로 끊음으로써 조합논리 함수를 실현할 수 있다. 그러므로 PLD를 사용하면 IC의 수를 절약할 수 있다. 예를 들어, 5~6개의 IC 대신에 20핀으로 된 PLD 한 개로 원하는 회로를 설계할 수 있다. 사용자가 원하는 대로 퓨즈를 끊는 것을 프로그래밍이라고 하며 프로그래밍을 할 때에는 프로그래밍을 할 수 있는 장치가 사용된다. 퓨즈의 위치에 따른 PLD의 기본 형태를 〈그림 7.39〉에 나타내었다.

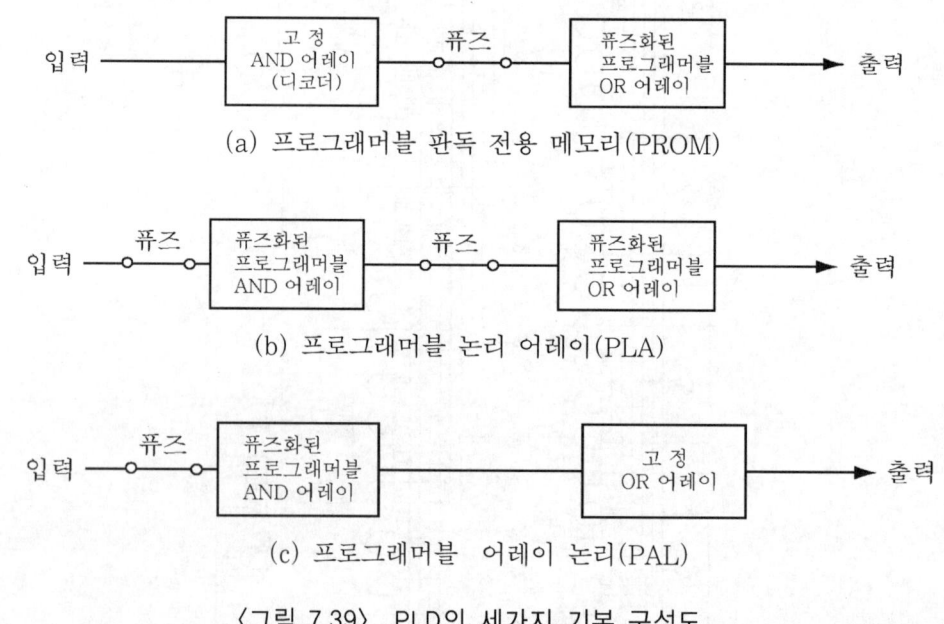

〈그림 7.39〉 PLD의 세가지 기본 구성도

PROM은 디코더로 이루어진 고정된 AND 배열과 프로그램 가능한 퓨즈를 갖는 출력 OR 게이트로 이루어진다. 그리고 PROM은 부울 함수를 최소항의 합으로 구현할 수 있다. 가장 유연성이 큰 PLA는 AND 배열과 OR 배열 모두에 대하여 프로그램할

수 있다. PLA에서는 AND 배열에서의 곱의 항을 임의의 OR 게이트에서 공유할 수 있다. 그러나 동작 속도와 집적도가 저하되는 단점이 있다. PAL은 프로그래밍이 가능한 퓨즈를 갖는 AND 배열과 고정된 OR 배열로 이루어 진다. AND 게이트는 각 OR 게이트에 논리적으로 합해진 부울함수에 관한 곱의 항을 제공하도록 프로그래밍 한다. 따라서 PROM과 PAL은 PLA의 특수한 형태라 할 수 있다.

(1) ROM의 구성

ROM(read only memory)은 고정된 2진 정보의 집합이 저장되어 있는 메모리이다. ROM은 특별한 내부 연결 고리들을 가지고 있으며 이 고리들은 끊어지거나 남겨지게 된다. 이러한 과정이 완성되면 ROM은 전원이 들어오거나 나가더라도 항상 일정한 정보가 남아있게 된다. ROM은 PLD중에서 가장 오래된 방법이지만 아직도 중요한 역할을 수행하고 있다. ROM은 크게 마스크 ROM(mask ROM)과 PROM(programmable ROM)으로 나누어진다. 디코더로 만든 마스크 ROM은 주문자가 제작자에게 원하는 ROM의 형태를 구현하기 위한 진리표를 제공하고 제작자는 진리표의 내용대로 프로그래밍하여 제작한다. 이 ROM의 형태는 설계자에 의해 조작되거나 변경될 수 없으며 많은 양의 동일한 ROM을 구성할 경우에 경제적이다. 반면에 적은 양의 ROM을 구성할 경우에는 PROM을 사용하는 것이 경제적이다.

PROM은 프로그래밍되지 않은 형태로 제공되며 일단 프로그래밍된 ROM은 저장된 비트들의 값을 변경할 수가 없다. 프로그래밍된 ROM을 다시 변경하기위해서는 ROM의 내용이 지워져야 한다. 이러한 프로그램이 과정을 수행하려면 지워진 ROM의 연결 고리들을 잇거나 끊을 수 있는 특별한 하드웨어가 필요하다. 이러한 ROM을 지우는 방법에 따라 EPROM(eraseable PROM)과 EEPROM (electrically erasable PROM)으로 구분된다. EPROM은 자외선을 사용하며, EEPROM은 자외선 대신에 전기적인 신호를 사용하여 프로그래밍된 값을 방전시켜 ROM의 내용을 지운다.

디코더는 n개의 입력변수의 2^n개의 최소항을 발생시킨다. ROM의 구성도를 개념적으로 그리면 〈그림 7.40〉과 같다.

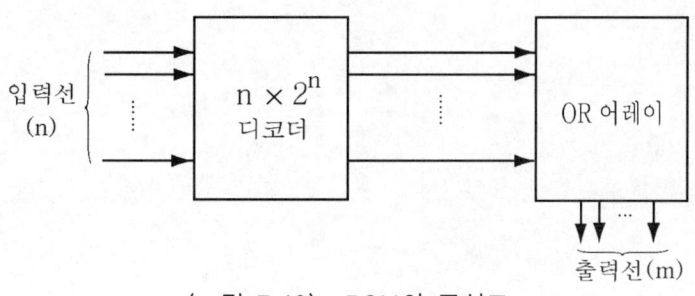

〈그림 7.40〉 ROM의 구성도

불 함수의 최소항을 더하기 위한 OR을 삽입하여 원하는 조합회로를 만들 수 있다. ROM은 선별된 2진 정보가 저장되어 있는 기억장소로서 전원에 관계없이 항상 일정한 정보가 기억되어 있다. ROM은 n개의 입력선과 m개의 출력선으로 이루어진다. 입력 변수의 각 비트 조합을 어드레스라고 하고 출력선에서 나오는 각 비트 조합을 워드라 한다. ROM에서 워드의 개수는 n개의 입력선이 2^n개의 워드를 저장할 수 있다. 예를 들어 16×4라는 ROM의 경우에 4개의 비트를 갖는 워드가 16개로서 이것은 4개의 출력선을 가지고 있으며 서로 다른 16개의 워드가 ROM 속에 저장되어 있음을 뜻한다. 16개의 워드를 형성하기 위해서는 $2^4=16$에 의해 4개의 입력선이 필요하다. 16×4 ROM의 내부구조는 〈그림 7.41〉에 보였다.

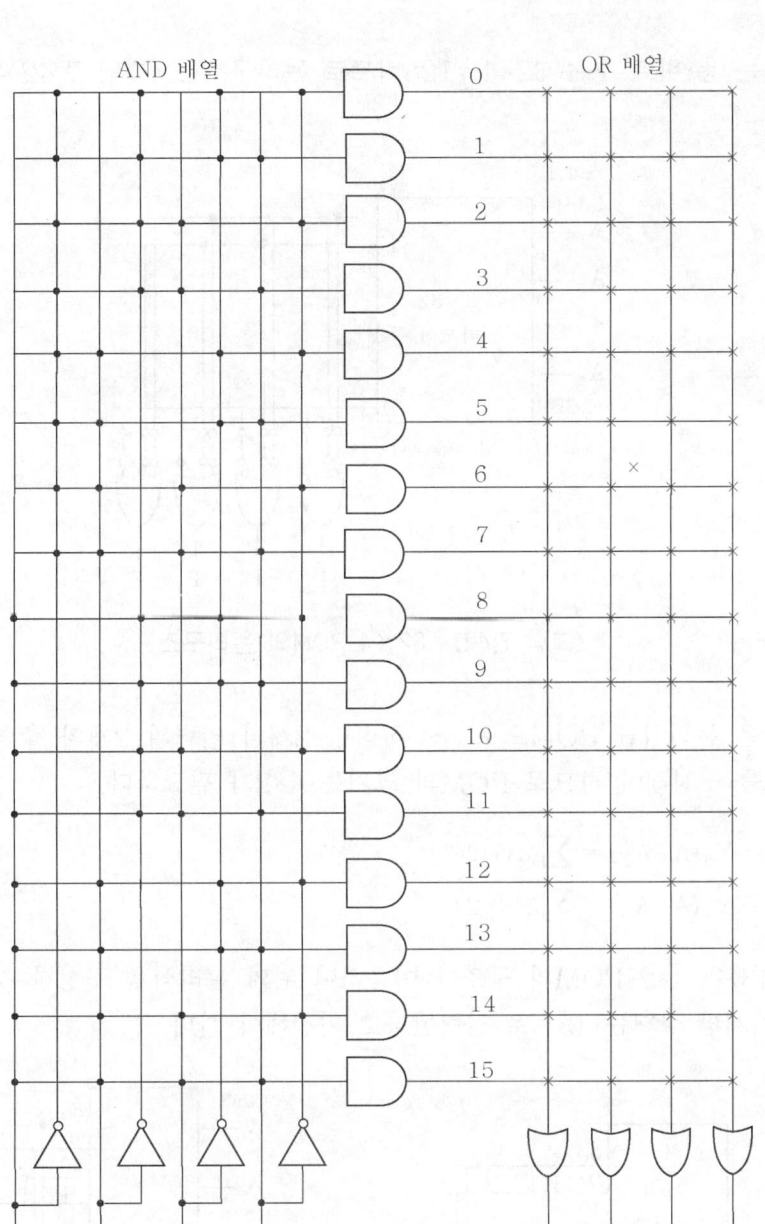

〈그림 7.41〉 16×4 ROM의 내부구조

512×4 ROM인 경우에는 512=2^9으로 아홉 개의 입력선과 4개의 출력선을 가지고 있는 ROM이다. 512×4=2,048 비트이다. 따라서 2,048ROM이라고도 한다.

또 다른 예로 32×4 ROM을 살펴보면 4비트짜리 32개의 워드로 구성되어진다. 이때 4개의 출력선과 2^5=32개의 워드를 지정하기 위한 5개의 입력선을 가지게 되며 ROM

속에 저장되는 총 비트 수는 32×4＝128비트로 논리구조는 〈그림 7.42〉와 같다.

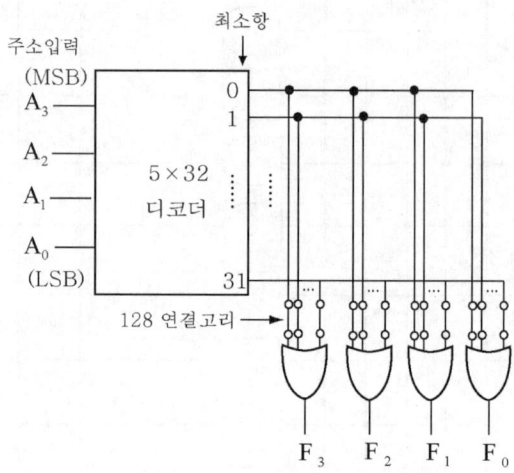

〈그림 7.42〉 32×4 ROM의 논리구조

다음과 같은 논리식을 ROM으로 구성하려면 2개의 입력과 2개의 출력을 가지고 있는 조합회로를 구성해야 하므로 ROM의 크기는 4×2가 필요하다.

$$Y_0(A_1,A_0) = \sum m(1,2,3)$$
$$Y_1(A_1,A_0) = \sum m(0,2)$$

〈그림 7.43〉은 4×2 ROM의 구조를 이용하여 위의 논리식을 구성한 것이다. OR 게이트 입력의 개방 상태는 "0"으로 입력된다고 가정해야 한다.

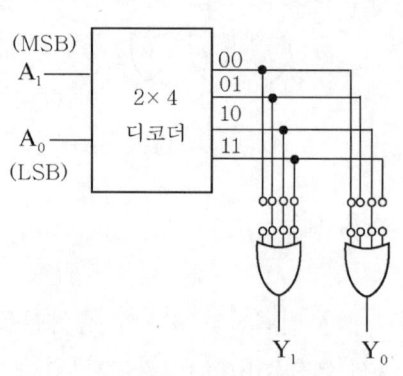
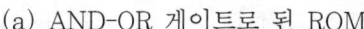
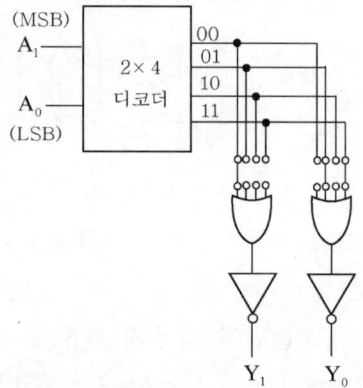

(a) AND-OR 게이트로 된 ROM　　(b) AND-OR-INVERT게이트로 된 ROM

〈그림 7.43〉 4×2 ROM의 조합회로

실제로 ROM을 설계할 때 설계자가 할 일은 특별한 ROM을 지정해서 진리표를 제공하는 것이다. 대부분의 경우 이것이 ROM 설계에 필요한 전부이다. 그러나 조합회로의 진리표로부터 필요한 성질을 추출하면 간소화된 진리표를 구할 수 있다.

〈표 7.26〉은 3비트의 입력을 받아 입력의 제곱에 해당하는 2진수를 출력하는 회로에 대한 진리표이다.

<표 7.26> 2진수를 출력하는 진리표

입 력			출 력						10진수
A_2	A_1	A_0	B_5	B_4	B_3	B_2	B_1	B_0	
0	0	0	0	0	0	0	0	0	0
0	0	1	0	0	0	0	0	1	1
0	1	0	0	0	0	1	0	0	4
0	1	1	0	0	1	0	0	1	9
1	0	0	0	1	0	0	0	0	16
1	0	1	0	1	1	0	0	1	25
1	1	0	1	0	0	1	0	0	36
1	1	1	1	1	0	0	0	1	49

모두 가능한 수들을 수용하기 위해 세 개의 입력과 여섯 개의 출력이 필요하다. 그러나 진리표에서 출력B_0와 입력A_0가 같다는 것을 볼 수 있다. 따라서 ROM은 B_0을 출력할 필요가 없다. 더구나 B_1은 항상 0인 상태이다. 그러므로 ROM의 출력은 4개만 필요하고 다른 2개는 쉽게 얻을 수 있다. 필요한 ROM의 크기는 3개의 입력과 4개의 출력만 가지면 된다. 3개의 입력은 8개의 주소를 지정할 수 있으므로 ROM의 크기는 8×4가 된다. 이 조합회로의 구조를 보이면 〈그림 7.44〉와 같다.

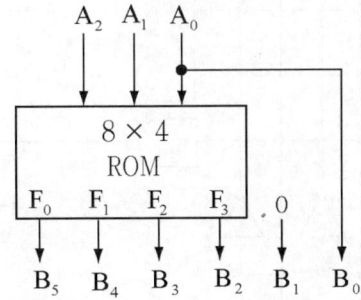

〈그림 7.44〉 ROM을 이용한 조합논리회로

ROM을 이용하여 전가산기를 구현하기 위해 먼저 전가산기의 진리표를 작성하면
〈표 7.27〉과 같다.

〈표 7.27〉 전가산기의 진리표

입 력			출 력	
A_i	B_i	C_{i-1}	S_i	C_i
0	0	0	0	0
0	0	1	1	0
0	1	0	1	0
0	1	1	0	1
1	0	0	1	0
1	0	1	0	1
1	1	0	0	1
1	1	1	1	1

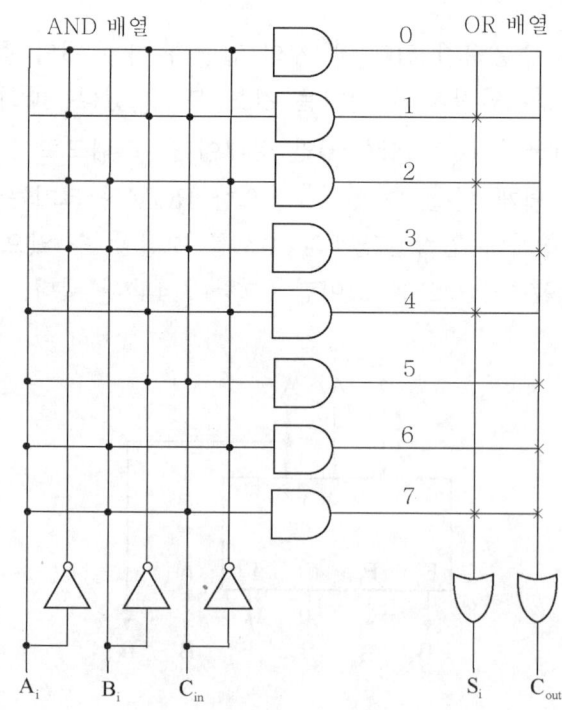

〈그림 7.45〉 8×2 비트 ROM으로 구현한 전가산기

전가산기를 ROM으로 구성하면 〈그림 7.45〉와 같다. 〈그림 7.45〉는 8×2비트의 ROM으로 구성된 전가산기이다. 그러므로 ROM은 조합함수 집합의 완벽한 진리표를 저장하는 장치로 간주할 수 있다. 그런 이유로 ROM에 저장된 정보를 읽는 과정을 때로는 table lookup이라고도 한다.

② PLA

ROM으로 조합회로를 실현할 경우 조합회로에서 사용하지 않는 무정의 상태(don't care)가 발생한다. 따라서 무정의 상태항에 대응되는 워드는 프로그래밍 할 필요가 없다. ROM에서는 이러한 비트 조합들이 전부 사용되므로 이는 이용할 수 있는 장치의 낭비를 초래한다. 따라서 잉여 항들로 인한 장치의 낭비를 막기 위해 잉여조건들이 지나치게 많은 경우에는 PLA(programmable logic arrary)를 사용하는 것이 경제적이다.

PLA는 n개의 입력 m개의 출력, k개의 곱의 항, m개의 합의 항들로 이루어져 있다. 곱의 항들은 k개 AND 게이트로 구성되며 합의 항들은 m개의 OR 게이트로 이루어 진다. n개의 입력과 입력의 보수들은 퓨즈를 통해 각각 AND 게이트에 연결된다. AND 게이트의 출력은 각 OR 게이트의 입력 퓨즈를 통해 연결된다. 출력은 인버터에도 각각 연결고리가 존재한다. 선택된 연결고리를 끊고 다른 것은 그대로 남겨둠으로써 불 함수들을 곱의 합으로 실현하는 것이 가능하다. 〈그림 7.46〉은 PLA(AMD-PLA16L8)의 구성도를 보인 것이다.

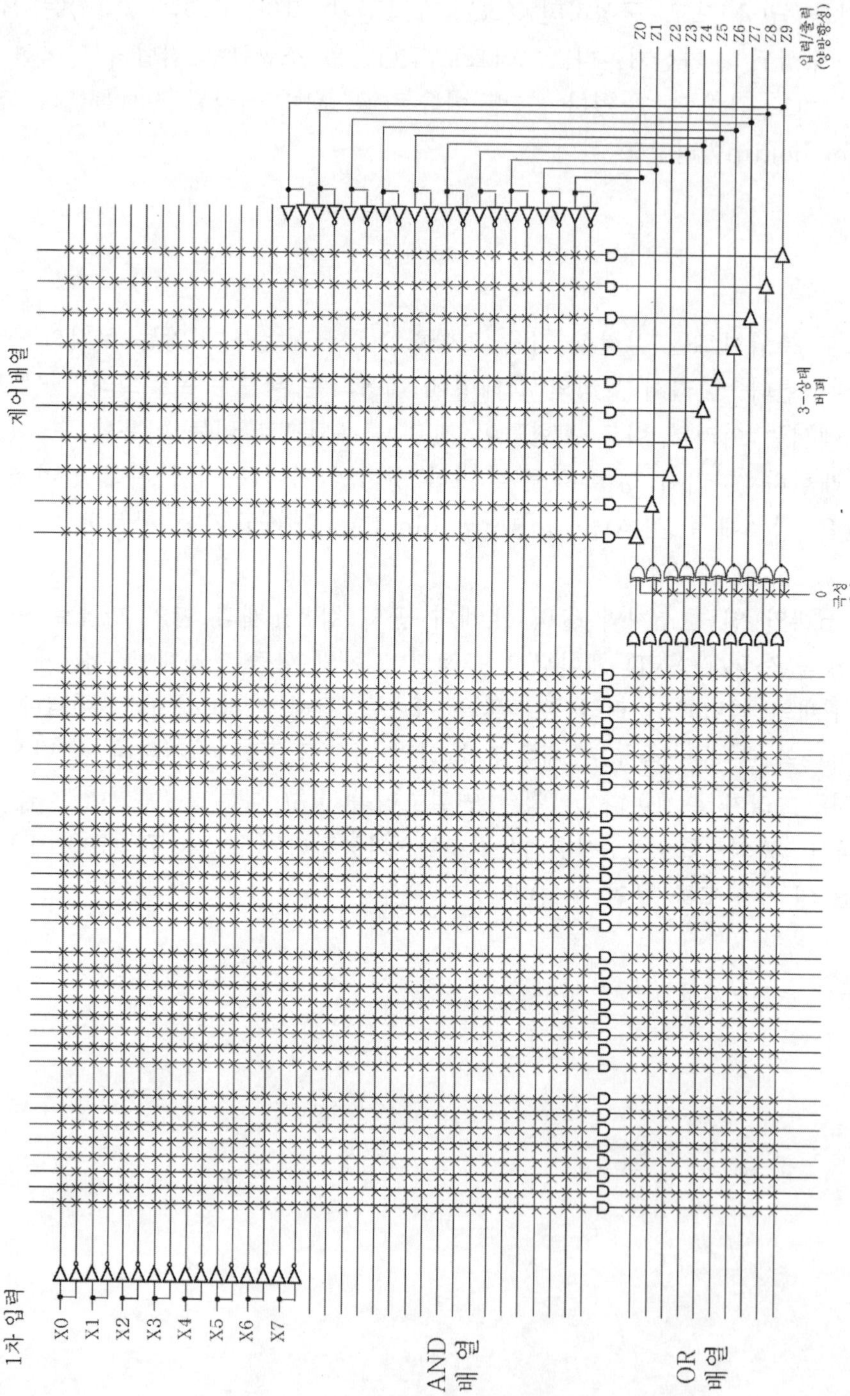

〈그림 7.46〉 PLA(AMDPLA16L8)의 구성도

PLA를 구현하기위해서는 먼저 PLA 프로그램 표를 만들어야 한다. 간략화된 함수가 다음과 같다고 가정한다.

$$F_0 = A\overline{B} + AC$$

$$F_1 = AC + BC$$

PLA를 프로그래밍한다는 것은 AND-OR-NOT 형태로 통로들을 지정하는 것이다. 대표적인 PLA 프로그램 표는 〈표 7.28〉에 나타내었다.

〈표 7.28〉 PLA 프로그램 표

곱의 항	입력			출력	
	A	B	C	F_0	F_1
$A\overline{B}$	1	0	–	1	–
AC	1	–	1	1	1
BC	–	1	1	–	1
				T	T

〈표 7.28〉에서 T는 인버터를 통과하지 않을 때 T(true)를 쓰고 출력에 인버터가 사용되면 C(complement)를 쓴다. 간략화된 식을 이용하여 PLA 프로그램 표를 이용하여 PLA를 구성하면 〈그림 7.47〉과 같다.

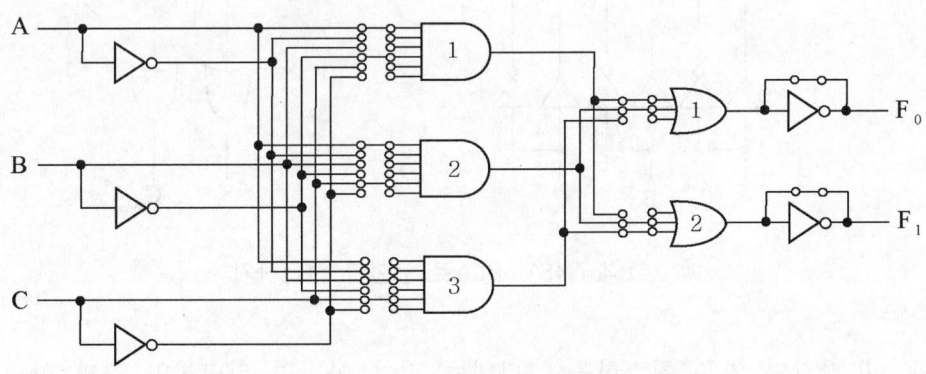

〈그림 7.47〉 3개의 입력과 3개의 곱의 항, 2개의 출력을 가진 PLA

PLA는 제작한 후에 변경하거나 고칠 수 없는 마스크 PLA(mask PLA)와 프로그램 가능한 FPLA(field programmable logic array)로 구분된다. 마스크 PLA의 경우에 PLA를 이용하여 회로를 설계하고자 한다면 PLA 제공업자에게 제공해야 한다. 이 프로그램 표는 회로의 입·출력함수에 대한 내부 퓨즈의 연결을 표시하게 되어 제조업자가 주문받은 PLA를 생산하는데 사용한다. FPLA는 PROM의 경우와 마찬가지로 이를 실현하기 위한 하드웨어를 필요로 한다.

〈그림 7.48〉은 PLA를 사용한 2비트 가산기의 회로도이다. 이 회로를 보면 〈그림 7.45〉에서 살펴본 ROM 구현과 다른 점이 있는데 그것은 AND 배열이 프로그래밍되어 있고 AND 게이트가 있는 열이 8개에서 7개로 줄어들었다는 것이다.

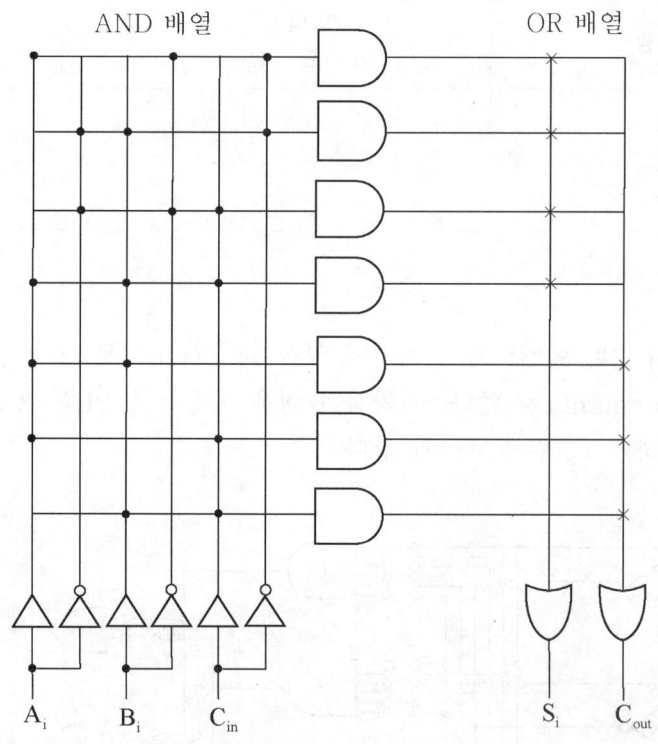

〈그림 7.48〉 PLA로 구현한 전가산기

이제 이 각각의 열은 최소항을 나타내는 것이 아니라 일반적인 곱의 항을 뜻하고 PLA에 의해서 생성된 2개의 출력함수는 다음과 같이 최적화된 식에 의해 구할 수 있다.

$$S_i = A_i \,\overline{B_i}\, \overline{C_{in}} + \overline{A_i}\, B_i\, \overline{C_{in}} + A_i\, B_i\, C_{in}$$

$$C_{out} = A_i\, B_i + A_i\, C_{in} + B_i C_{in}$$

PLA을 구현하기 전에 먼저 함수의 식을 최적화시켜 두어야 한다. 또한 최근에는 기술발전으로 AND-OR의 논리구조가 OR-AND나 NOR-NOR와 같은 2단계 형식으로 대체될 수 있다.

❸ PAL

PAL(programmable array logic)은 프로그램 가능한 논리장치로 고정된 OR 어레이와 프로그램 가능하기 때문에 PAL은 프로그래밍하기 쉽다. PAL은 PLA 만큼 융통성은 없지만 현재 가장 많이 사용되고 있는 PLD이다. 〈그림 7.49〉는 4개의 입력과 4개의 출력을 가진 PAL을 이용하여 다음관계를 실현한 회로이다.

$$Y_0 = A\, B\, C\, \overline{D}$$

$$Y_1 = A\, \overline{B}\, C\, D + A\, B\, C + \overline{B}\, D$$

$$Y_2 = A\, B\, \overline{C}\, D + B\, C + C\, D + B\, D$$

입 력

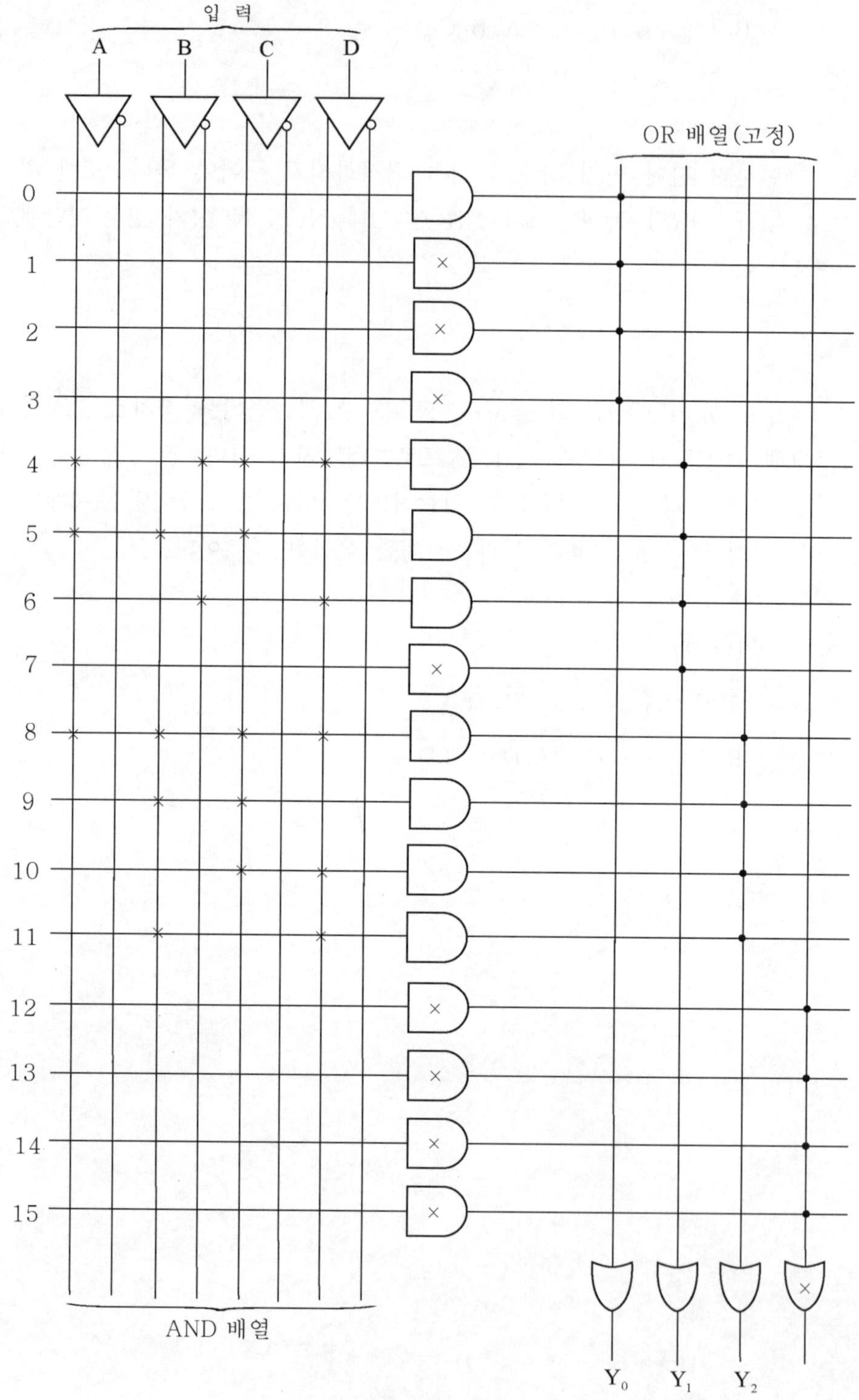

A　　B　　C　　D

OR 배열(고정)

0
1
2
3
4
5
6
7
8
9
10
11
12
13
14
15

AND 배열

Y₀　　Y₁　　Y₂

〈그림 7.49〉 4입력-4출력 PAL

〈그림 7.49〉에 나타낸 바와 같이 AND 게이트의 입력패턴은 프로그램이 가능하고 각 OR게이트의 입력패턴은 고정되어 있다. 각 OR 게이트는 4개의 입력을 가지고 있으므로 4개까지의 곱의 항을 합할 수 있다. 〈그림 7.50〉은 시판되고 있는 전형적인 IC인 PAL 16L8이다.

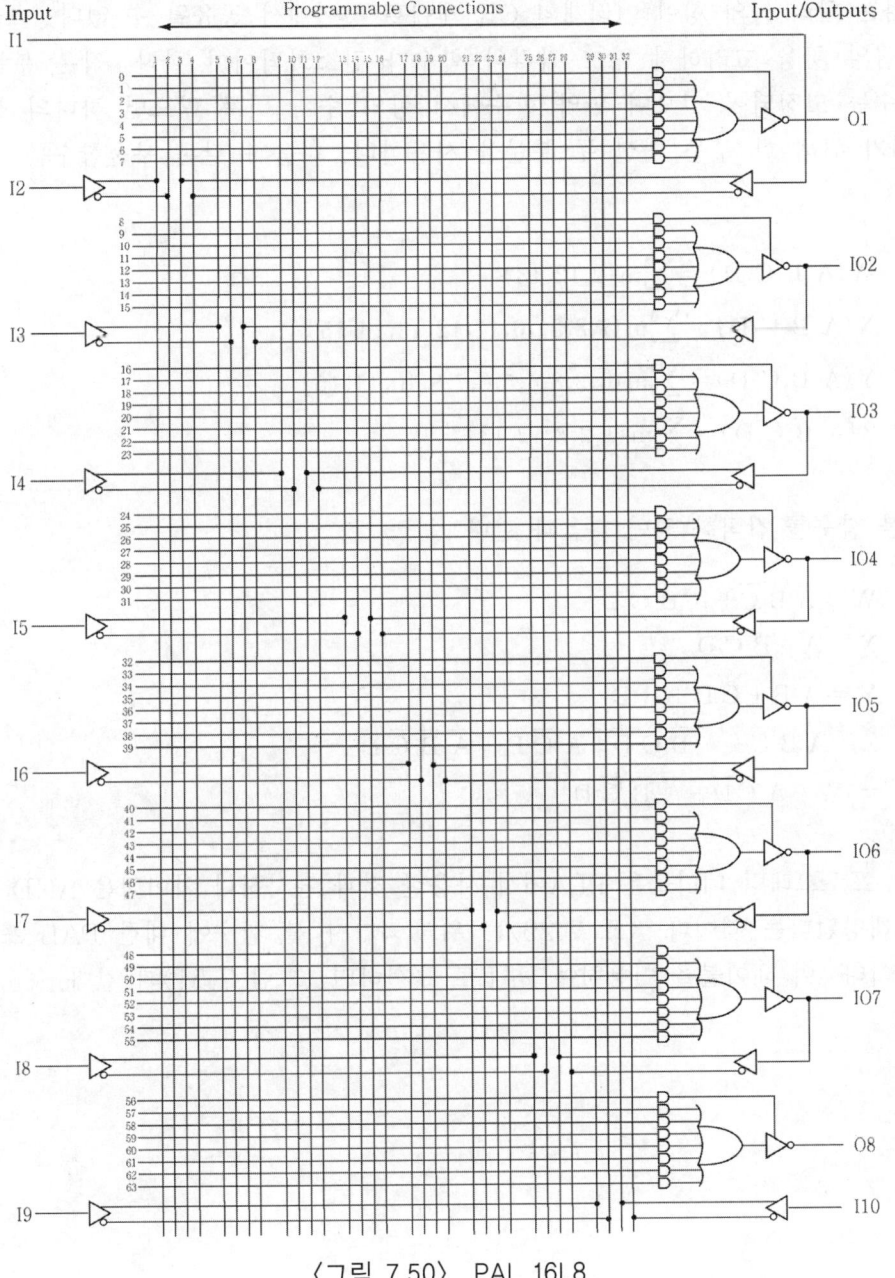

〈그림 7.50〉 PAL 16L8

〈그림 7.50〉에 나타낸 PAL 집적회로는 각각 열개의 입력과 여덟개의 출력 및 여덟개의 AND-OR 어레이로 구성되어 있다. 여기에서 사용된 출력단은 어떤 경우에는 양방향으로 사용되어 있는데 그런 경우에는 원하는 바에 따라 출력으로 사용하는 대신에 입력으로 사용할 수 있다.

PAL을 설계할 때에는 각 부분에 적합하도록 불 함수를 간소화시켜주어야 한다. PLA와는 달리 곱의 항이 여러개의 OR 게이트 사이에서 공유될 수 없다. 그러므로 공통의 곱의 항을 고려하지 않고 각각의 함수가 간소화되어야 한다. 작은 부분의 곱의 항의 수는 고정되어 있으며 만약 함수에서 항의 수가 너무 많으면 하나의 불 함수를 구현하기 위해 한 부분 대신 두 부분을 사용한다. 다음과 같은 부울함수를 예를 들어 보자.

$$W(A,B,C,D) = \sum m(2,12,13)$$
$$X(A,B,C,D) = \sum m(7,8,9,10,11,12,13,14,15)$$
$$Y(A,B,C,D) = \sum m(0,2,3,4,5,6,7,8,10,11,15)$$
$$Z(A,B,C,D) = \sum m(1,2,8,12,13)$$

위의 불 함수를 간략화 하면 다음과 같다.

$$W = A\,B\,\overline{C} + \overline{A}\,\overline{B}\,C\,\overline{D}$$
$$X = A + B\,C\,D$$
$$Y = \overline{A}\,B + C\,D + \overline{B}\,\overline{D}$$
$$Z = A\,B\,\overline{C} + \overline{A}\,\overline{B}\,C\,\overline{D} + A\,\overline{C}\,D + \overline{A}\,\overline{B}\,\overline{C}\,D$$
$$= W + A\,\overline{C}\,D + \overline{A}\,\overline{B}\,\overline{C}\,D$$

PAL 프로그래밍 테이블은 PLA에서 사용한 것과 흡사하나 차이점은 AND 게이트만 프로그래밍된다는 것이다. 〈표 7.29〉는 위의 4가지 불 함수에 대한 PAL 프로그래밍 테이블이다. 이 테이블을 이용하여 PAL로 구현하면 〈그림 7.51〉과 같다.

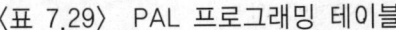

$$\langle \text{표 7.29} \rangle \quad \text{PAL 프로그래밍 테이블}$$

곱의 항	AND 입력					출력
	A	B	C	D	W	
1	1	1	0	-	-	
2	0	0	1	0	-	$W = A\,B\,\overline{C} + \overline{A}\,\overline{B}\,C\,\overline{D}$
3	-	-	-	-	-	
4	1	-	-	-	-	
5	-	1	1	1	-	$X = A + B\,C\,D$
6	-	-	-	-	-	
7	0	1	-	-	-	
8	-	-	1	1	-	$Y = \overline{A}\,B + C\,D + \overline{B}\,\overline{D}$
9	-	0	-	0	-	
10	-	-	-	-	1	
11	1	-	0	0	-	$Z = W + A\,\overline{C}\overline{D} + \overline{A}\,\overline{B}\,\overline{C}\,D$
12	0	0	0	1	-	

AND 게이트 입력

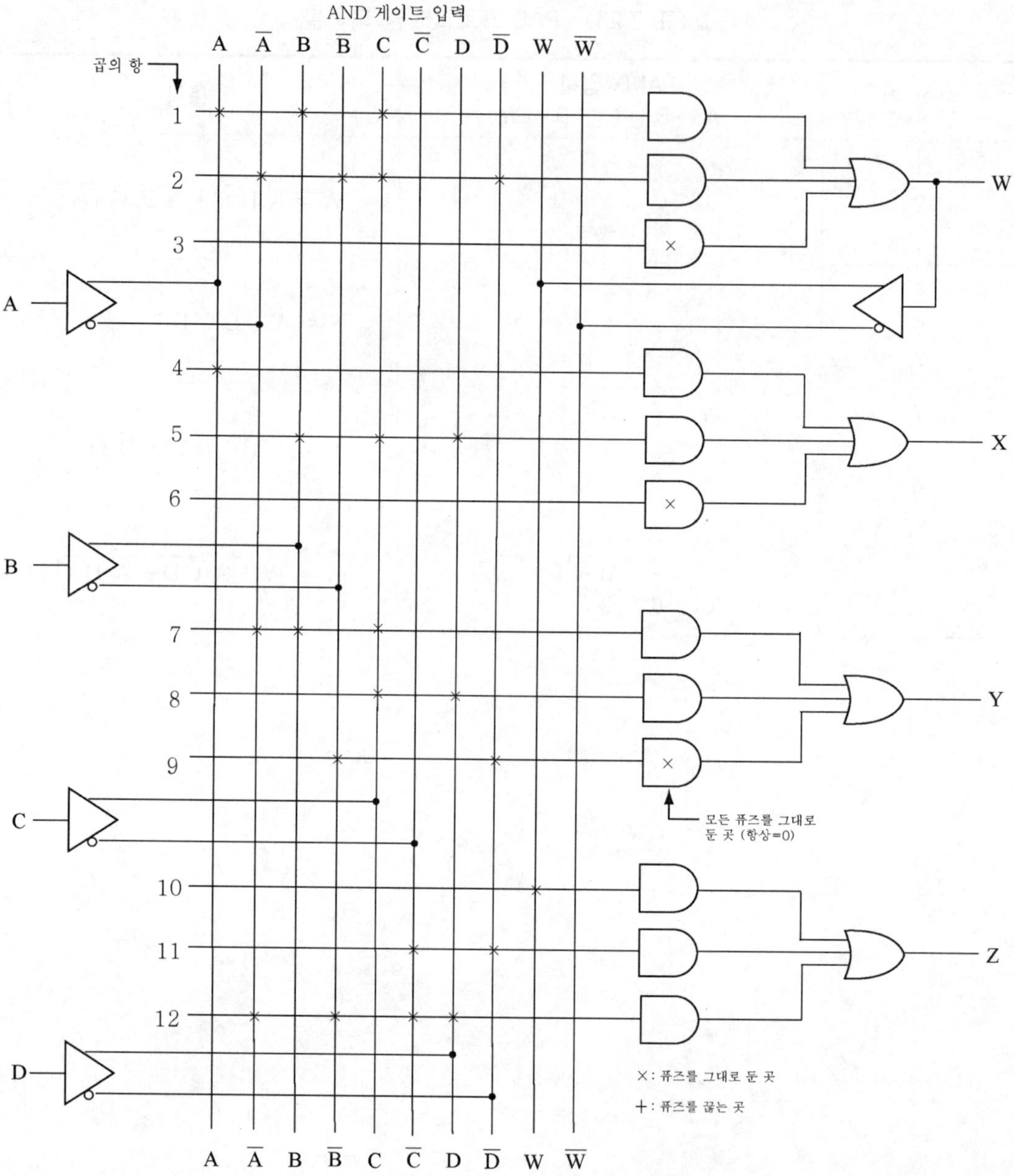

A $\overline{A}$ B $\overline{B}$ C $\overline{C}$ D $\overline{D}$ W $\overline{W}$

곱의 항

1
2
3

A

4
5
6

B

7
8
9

모든 퓨즈를 그대로
둔 곳 (항상=0)

C

10
11
12

D

W

X

Y

Z

×: 퓨즈를 그대로 둔 곳

╂: 퓨즈를 끊는 곳

A $\overline{A}$ B $\overline{B}$ C $\overline{C}$ D $\overline{D}$ W $\overline{W}$

〈그림 7.51〉 PAL의 퓨즈 맵

1. <그림 7.3>의 회로동작에 대한 타이밍도를 그려라.

2. 7485 IC를 이용하여 4비트 비교기를 구성하라.

3. 74147 IC를 이용하여 10진 코드를 BCD 우선순위 인코더를 위한 회로를 구성하라.

4. 74147 IC와 74148IC의 차이를 비교 설명하라.

5. 74148IC를 이용하여 16×4 인코더를 구성하라.

6. 74138 IC를 이용하여 전가산기를 구성하라.

7. 7442 IC를 이용하여 BCD-10진 디코더를 구성하고 타이밍도를 그려라.

8. 7447 IC를 이용하여 10진 LCD 표시기를 설계하라.

9. 7448 IC를 이용하여 10진 LCD 표시기를 설계하라.

10. 74153 IC를 이용하여 전가산기를 설계하라.

11. 74181의 기능중 8가지 기능만 선택하여 ALU를 구성하라.

12. ROM으로 전감산기를 구성하라.

 **MEMO**

제 8 장 플립플롭

지금까지는 기본논리소자(AND, OR 인버터, NAND, NOR)나 이들을 조합한 회로에서 입력이 변화하면 출력이 동시에 변화하고 입력 데이터를 일시 기억해 둔다고 하는 기능은 할 수 없었다. 기억할 수 있는 순서논리회로에 대해 알아보자.

① 순서논리회로

순서논리회로는 조합논리회로에 기억소자가 연결되어 있고 기억소자의 출력이 조합논리회로의 입력으로 귀환되는 구조를 갖는다. 이를 그림으로 나타내면 〈그림 8.1〉과 같다.

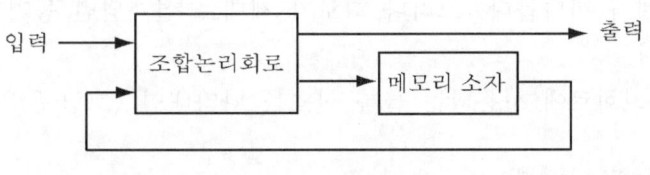

〈그림 8.1〉 순서논리회로

순서논리회로의 메모리 소자가 어떤 신호에 의해서 동작하는가에 따라 동기식(synchronous)과 비동기식(asynchronous)으로 나눌 수 있다. 일정하고 반복적인 신호 형태인 클록 신호를 사용하여 메모리 소자가 동작함으로써 출력변화가 입력 클록 신호에 의해서 초기화되고 출력들이 클록 신호의 천이(遷移)에 즉시 변화하는 순차논리회로를 동기식 순서논리회로라 한다.

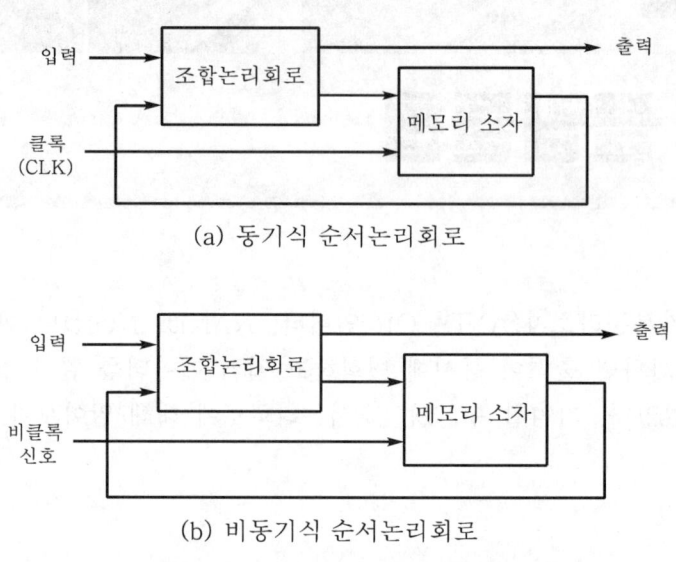

(a) 동기식 순서논리회로

(b) 비동기식 순서논리회로

〈그림 8.2〉 동기식과 비동기식 순서논리회로

클록 신호에 출력동작을 동기화시키기 위해 적당하지 않거나 가능하지 않는 경우가 있는데 이러한 순서논리회로를 비동기식 순서논리회로라 한다. 이 경우에 메모리 소자의 동작을 클록 신호를 사용하지 않고 다른 형태의 입력신호(비클록 신호)를 사용한다. 즉 비동기 순서논리회로는 귀환하는 조합회로로 취급한다. 일반적인 비동기 순서논리회로는 해석과 설계가 까다롭다. 그러나 회로가 제대로 설계되면 동기회로보다 속도가 빠른 장점을 갖는다.

동기식 순서논리회로에 사용되는 클록 신호를 나타내면 〈그림 8.3〉과 같다.

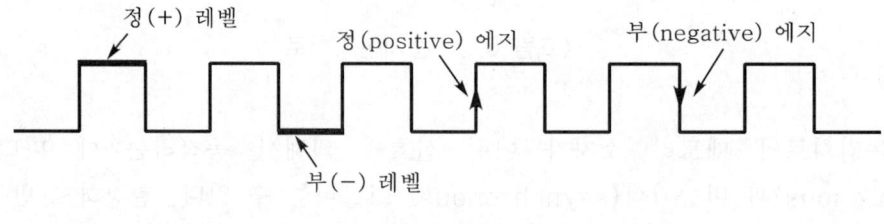

〈그림 8.3〉 클록 신호

클록 신호의 펄스가 존재하는 곳을 정(+) 레벨 또는 "1" 레벨, 펄스가 존재하지 않는 곳을 부(-) 레벨 또는 "0" 레벨로 표현한다. "1" 또는 "0" 레벨에서 순서논리회로가 동기되는 것을 레벨 트리거링(level triggering) 이라고 한다.

클록의 펄스 형태가 바뀌는 곳, 즉 클록 펄스의 천이가 일어나는 곳을 클록 에지 (clock edge) 라 부른다. 펄스가 0에서 1로 변하는 것을 정 에지(positive edge), 그

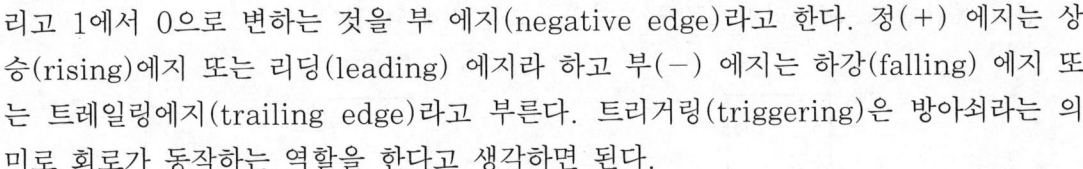

리고 1에서 0으로 변하는 것을 부 에지(negative edge)라고 한다. 정(+) 에지는 상승(rising)에지 또는 리딩(leading) 에지라 하고 부(-) 에지는 하강(falling) 에지 또는 트레일링에지(trailing edge)라고 부른다. 트리거링(triggering)은 방아쇠라는 의미로 회로가 동작하는 역할을 한다고 생각하면 된다.

2 플립플롭

플립플롭의 회로는 과거의 주어진 정보(1, 0)를 기억할 수 있다. 그리고 이 기억작용을 실현하기 위하여 NAND 회로나 NOR 회로에 정귀환을 건다고 하는 수법이 사용되고 있다. 플립플롭은 동작조건에 따라 다음과 같이 크게 2 종류로 구분된다.

1 비동기형 플립플롭

클록(clock, CK, CLK) 신호와 동기화 되지 않는 플립플롭을 말한다. 비동기 플립플롭은 다음과 같이 래치와 gated 래치로 구분할 수 있다.

① 래치(latch)

셋(set)이나 리셋(reset) 입력에 의해 바로 출력이 결정되며 상반된 출력을 갖는다.

② gated 래치(gated latch)

래치에 동작가능한 신호(enable, EN)를 부가하여 이 신호가 1일 경우에만 래치로 동작한다.

2 동기형 플립플롭

클록 신호와 동기화되어 동작하는 플립플롭으로 셋(set) 입력이나 리셋(reset)입력이 주어진 후 인가되는 클록에 따라 동작한다. 일반적으로 플립플롭이라 부르는 것은 동기형을 말하며 래치와 구분한다. 동기형 플립플롭에는 상승 에지 트리거와 하강 에지 트리거로 구분된다.

① 상승 에지 트리거형(positive edge triggered type)

클록 신호가 0에서 1로 상승하는 시점에서 래치가 동작하는 회로이다.

② 하강 에지 트리거형(negative edge triggered type)

클록 신호가 1에서 0으로 하강하는 시점에서 래치가 동작하는 회로이다.

위의 종류를 모두 논리기호로 구분하면 〈그림 8.4〉와 같다.

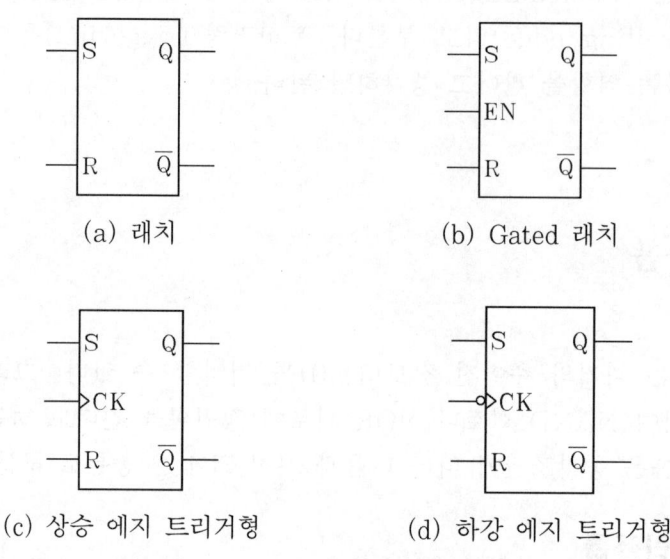

(a) 래치   (b) Gated 래치

(c) 상승 에지 트리거형   (d) 하강 에지 트리거형

〈그림 8.4〉 래치와 플립플롭의 논리기호

위의 종류의 동작특성을 타이밍도로 나타내면 〈그림 8.5〉와 같다.

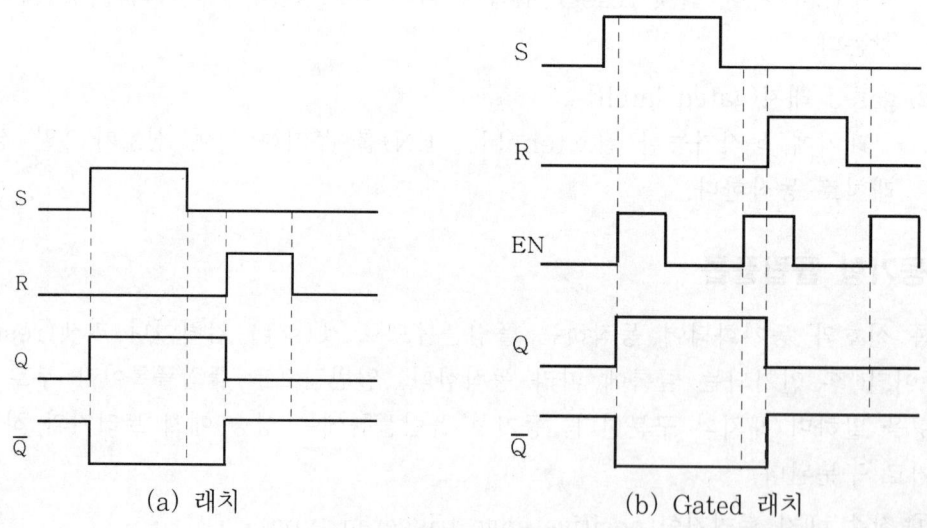

(a) 래치   (b) Gated 래치

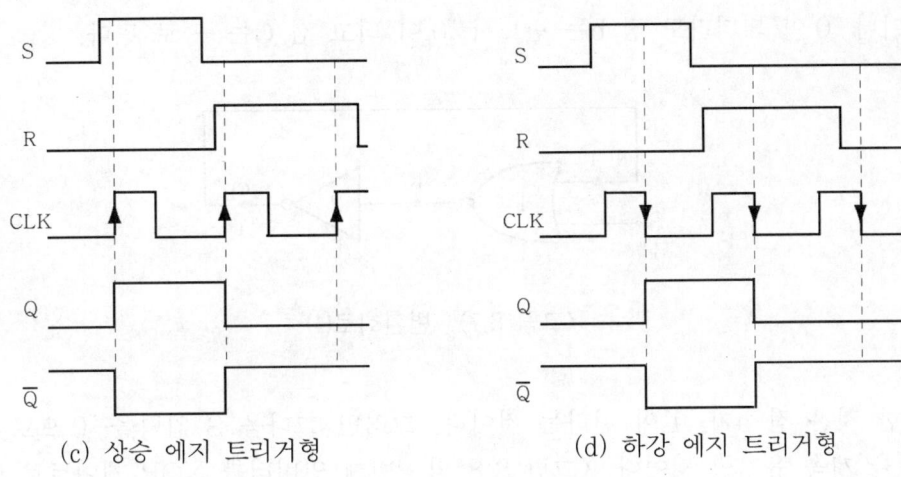

(c) 상승 에지 트리거형   (d) 하강 에지 트리거형

〈그림 8.5〉 래치와 플립플롭의 타이밍도

③ RS-플립플롭

플립플롭(flip-flop)은 "0" 또는 "1"을 저장할 수 있는 소자이다. 플립플롭이 "1"을 저장하고 있으면 셋(Set; $Q=1$, $\overline{Q}=0$), "0"을 저장하고 있으면 리셋(Reset; $Q=0$, $\overline{Q}=1$)되었다고 한다. 〈그림 8.6〉처럼 게이트를 접속하면 상태는 계속 지속된다.

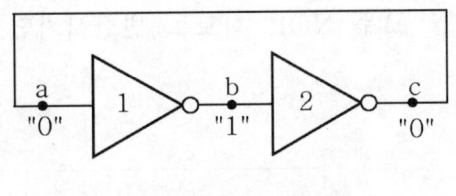

〈그림 8.6〉 기억작용

예를 들어 점 c에서 "0"으로 되면 점 a는 "0", 점 b는 "1"이 되므로 이 상태는 계속 유지된다. 반대로 점 c가 "1"이면 점 a는 "1", 점 b는 "0"으로 되고 이 상태도 계속 유지된다. 이와 같이 어떤 상태를 계속 유지하는 것을 기억작용이라 한다.

이 동작에서 c점에서 "1"과 "0"은 우연히 결정되는 것이다. 그래서 〈그림 8.7〉과 같이 첫 번째 인버터만 2입력 NOR 게이트로 치환할 경우에 S 입력을 "1"로 하면 점 a

가 "1"이나 "0"이 되더라도 점 b는 반드시 "0"이 되고 점 C는 "1"로 된다.

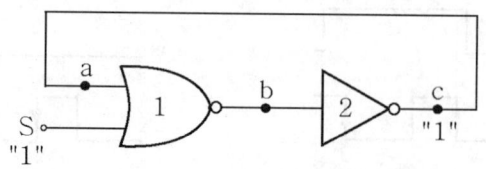

〈그림 8.7〉 변환회로(1)

이러한 것은 점 a가 "1"이 된다는 것이다. 그러면 그다음 S 입력을 "0"으로 해도 점 c는 "1"을 계속 유지할 것이다. 〈그림 8.8〉의 2번째 인버터를 NOR 게이트로 변환하면 R에 입력을 "1"로 하면 점 c′는 반드시 "0"으로 된다.

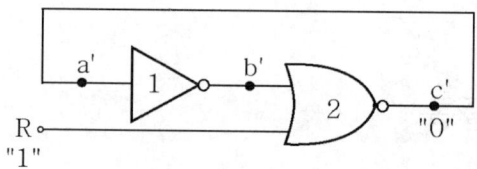

〈그림 8.8〉 변환회로(2)

이와 같은 것은 점 a′가 "0"이 되고 점 b′는 "1"로 되는 것이다. 그리고 그 다음 R입력에 "0"을 입력해도 점 c′는 "0"을 계속 유지한다.
〈그림 8.6〉의 인버터를 모두 NOR 회로로 변환시키면 그 결과는 〈그림 8.9〉와 같다.

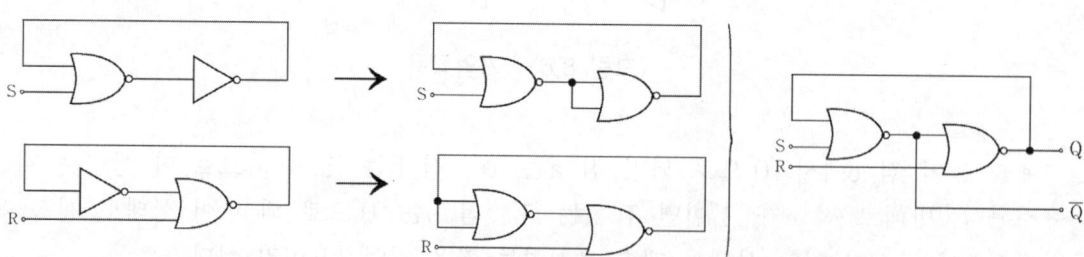

〈그림 8.9〉 NOR 게이트로 변환된 회로

1 비동기식 RS 플립플롭

〈그림 8.9〉의 결합된 회로에서 S입력을 "1"로 하면 Q의 출력은 "1"이 되고 S를 "0"으로 해도 Q 출력은 "1"로 유지한다. $\overline{Q}$의 출력은 Q의 출력과 반대로 "0"이 된다. 또한 R의 입력을 "1"로 하면 Q의 출력은 "0"이 되고 이후 R의 입력을 "0"으로 해도 Q의 출력은 "0"으로 유지한다. $\overline{Q}$의 출력은 Q의 반대로 "1"을 유지한다. 〈그림 8.9〉의 그림을 다시 그리면 〈그림 8.10〉과 같이 변환된다. 이와 같은 회로를 비동기형 RS 플립플롭(flip-flop)이라 하거나 RS 래치회로라 한다.

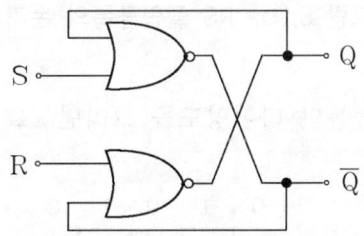

〈그림 8.10〉 RS 래치 회로도

RS 래치에서는 S 입력을 "1"로 하면 Q의 출력은 "1"로 $\overline{Q}$의 출력은 "0"으로 된다. 이 상태를 래치의 셋(set) 상태라고 한다. R를 "1"로 하면 Q의 출력은 "0"이 되고 $\overline{Q}$의 출력은 "1"로 되며 이것을 리셋(reset) 상태라고 한다. 이와 같은 관계를 이용하여 진리표를 작성하면 〈표 8.1〉과 같다.

〈표 8.1〉 RS 래치의 진리표

입력		출력		출력상태
R	S	Q_{t+1}	$\overline{Q_{t+1}}$	
0	0	Q_t	$\overline{Q_t}$	무변화
0	1	1	0	set
1	0	0	1	reset
1	1	0	0	부정(금지)

주의해야 할 일은 R 입력과 S입력이 모두 "1"일 때이다. 이 때는 래치의 출력 Q와

$\overline{Q}$가 모두 "0"으로 되고 만다. 이 상태는 래치의 세트상태에 있는지 리셋 상태에 있는지 판달할 수 없다. 이 상태를 부정이라고 하며 절대로 피하지 않으면 안된다. 〈그림 8.10〉의 논리기호를 나타내면 〈그림 8.11〉과 같다.

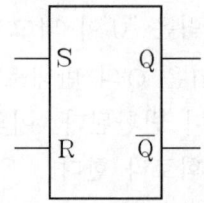

〈그림 8.11〉 RS 플립플롭의 논리기호

NOR로 구성한 RS 플립플롭의 타이밍도를 그리면 〈그림 8.12〉와 같다.

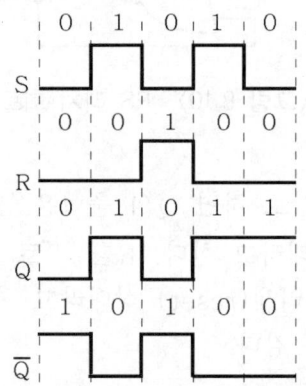

〈그림 8.12〉 NOR로 구성된 RS 플립플롭의 타이밍도

NOR 회로로 사용한 RS 래치에 대해 NAND 회로를 2개 사용하여 〈그림 8.13〉과 같이 접속해도 래치를 구성할 수 있다. 이와 같은 플립플롭을 $\overline{R}\,\overline{S}$ 래치라 한다.

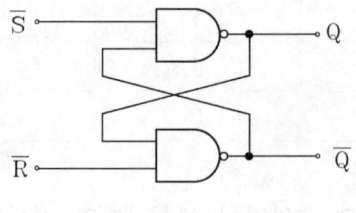

〈그림 8.13〉 $\overline{R}\,\overline{S}$ 래치 회로도

$\overline{R}\,\overline{S}$ 래치의 진리표는 〈표 8.2〉와 같다.

〈표 8.2〉 $\overline{R}\,\overline{S}$ 래치의 진리표

입력		출력		출력상태
$\overline{R}$	$\overline{S}$	Q_{t+1}	$\overline{Q_{t+1}}$	
0	0	1	1	부정(금지)
0	1	0	1	reset
1	0	1	0	set
1	1	Q_t	$\overline{Q_t}$	무변화

〈그림 8.13〉의 $\overline{R}\,\overline{S}$ 래치를 논리기호로 나타내면 〈그림 8.14〉와 같다.

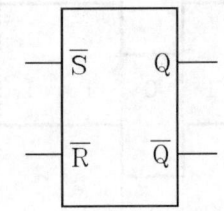

〈그림 8.14〉 $\overline{R}\,\overline{S}$ 플립플롭의 논리기호

이 $\overline{R}\,\overline{S}$ 플립플롭은 입력이 $\overline{S}=0$, $\overline{R}=1$일 때에는 셋 상태가 된다. 즉 셋 입력 $\overline{S}$ 는 LOW 액티브로 되어 있는 것이다. 또한 $\overline{S}=1$, $\overline{R}=0$이 일 때에 리셋 상태가 되므로 리셋 입력에 대해서도 LOW 액티브인 것이다. 그래서 이 플립플롭을 $\overline{R}\,\overline{S}$ 래치라는 이름을 붙여 NOR 회로에 의한 RS 래치와 구별하도록 하였다. $\overline{R}\,\overline{S}$ 래치의 입력은 LOW 액티브로 동작하고 있으므로 그 의미로 NAND를 〈그림 8.15〉와 같이 생각하면 좋을 것이다.

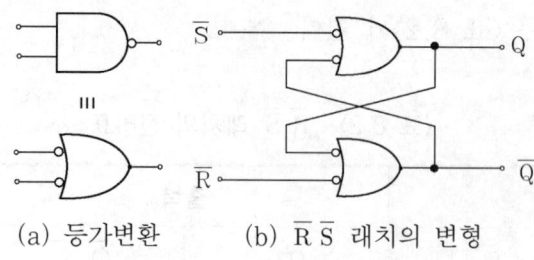

(a) 등가변환　　(b) $\overline{R}\,\overline{S}$ 래치의 변형

〈그림 8.15〉 $\overline{R}\,\overline{S}$ 래치의 변형

NAND로 구성한 $\overline{R}\,\overline{S}$래치의 타이밍도를 그리면 그림 8.16과 같다.

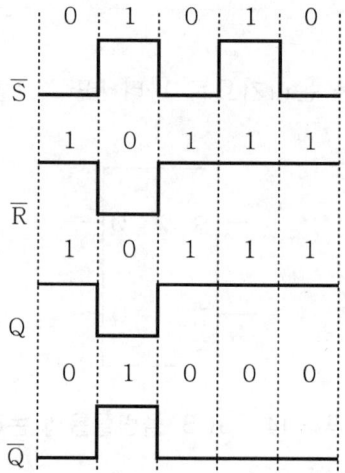

〈그림 8.16〉 NAND로구성한 $\overline{R}\,\overline{S}$ 래치의 타이밍도

일반적으로 비동기식 RS 플립플롭을 RS 래치(latch)라는 이름을 붙였다. 다음에 설명할 동기식 플립플롭을 일반적인 RS 플립플롭이라 한다.

② 상승 에지를 이용한 동기식 RS 플립플롭

지금까지 설명한 RS 플립플롭은 비동기식 회로였다. 하지만 CLK 신호가 인가되어야 출력이 변화하는 회로를 동기식 회로라 한다.

(1) NOR 게이트를 이용한 동기식 RS 플립플롭

이 동기식 회로를 RS 플립플롭에 적용하면 〈그림 8.17〉과 같다.

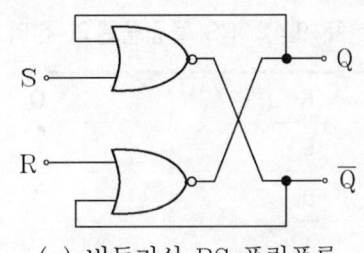

(a) 비동기식 RS 플립플롭

(b) 동기식 RS 플립플롭

〈그림 8.17〉 비동기식과 동기식 RS 플립플롭

〈그림 8.17(b)〉의 동기식 RS 플립플롭은 상승 에지에서만 RS 플립플롭으로 동작하고 그 이외에는 현재 상태를 유지한다. 이를 진리표로 나타내면 〈표 8.3〉과 같다.

〈표 8.3〉 동기식 RS 플립플롭의 진리표

CLK	R	S	Q_{t+1}
⤒	0	0	Q_t
⤒	0	1	1
⤒	1	0	0
⤒	1	1	불허
⤓	X	X	Q_t

〈표 8.3〉을 이용하여 RS 플립플롭의 천이표를 작성하면 〈표 8.4〉와 같다.

〈표 8.4〉 RS 플립플롭의 천이표

S	R	Q_t	Q_{t+1}
0	0	0	0
0	0	1	1
0	1	0	0
0	1	1	0
1	0	0	1
1	0	1	1
1	1	0	X
1	1	1	X

〈표 8.4〉를 이용하여 출력값에 대한 논리식을 구하면 다음과 같다.

S \ R Q_t	0 0	0 1	1 1	1 0
0	0	1	0	0
	0	1	3	2
1	1	1	X	X
	4	5	7	6

〈그림 8.18〉 RS 플립플롭의 논리식

$$Q_{t+1} = S + \overline{R}\,Q_t$$

〈그림 8.17(b)〉를 논리기호로 나타내면 〈그림 8.19〉와 같다.

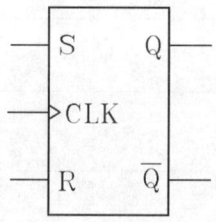

〈그림 8.19〉 동기식 RS 플립플롭의 논리기호(상승 에지)

(2) NAND 게이트를 이용한 동기식 RS 플립플롭

NAND 게이트를 이용한 동기식 RS 플립플롭을 구성하면 〈그림 8.20〉과 같다.

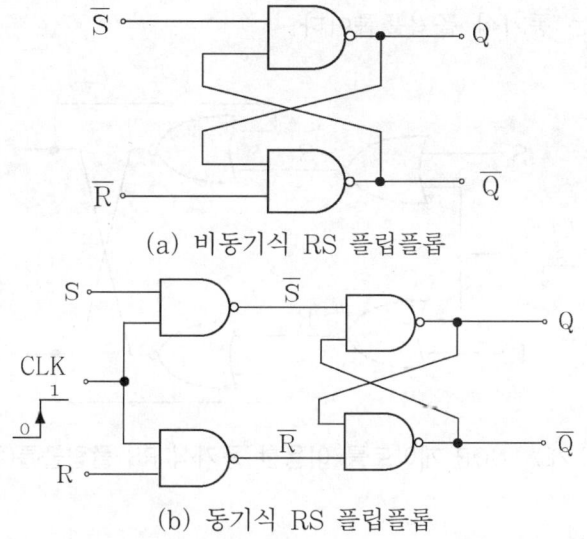

(a) 비동기식 RS 플립플롭

(b) 동기식 RS 플립플롭

〈그림 8.20〉 NAND 게이트를 이용한 동기식 RS 플립플롭(상승 에지)

〈그림 8.20〉을 논리기호로 표시하면 〈그림 8.19〉와 같다.

논리식, 진리표, 전이표는 위에서 설명한 내용과 동일하다. 동기식 RS 플립플롭의 타이밍도를 그리면 〈그림 8.21〉과 같다.

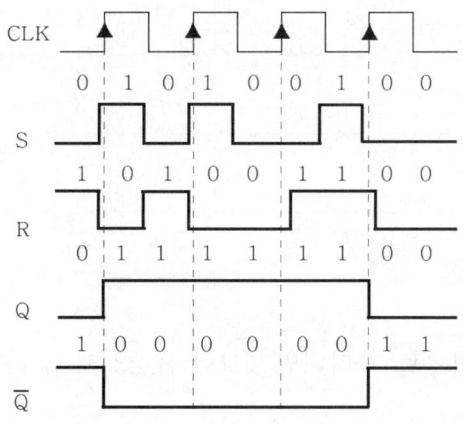

〈그림 8.21〉 동기식 RS 플립플롭의 타이밍도(상승 에지)

❸ 하강 에지를 이용한 동기식 RS 플립플롭

(1) NOR 게이트를 이용한 RS 플립플롭

〈그림 8.22〉에 보인 NOR 게이트를 이용한 동기식 RS 플립플롭은 상승 에지에서 동작하는 동기식 플립플롭이다.

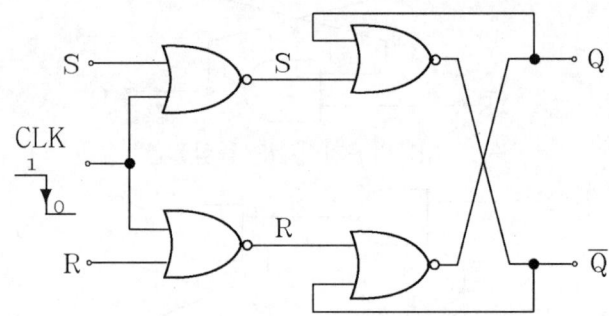

〈그림 8.22〉 NOR 게이트를 이용한 동기식 RS 플립플롭(하강 에지)

〈그림 8.22〉의 RS 플립플롭의 진리표를 작성하면 〈표 8.5〉와 같다.

〈표 8.5〉 동기식 RS 플립플롭의 진리표(하강 에지)

CLK	R	S	Q_{t+1}
⌐↓	0	0	Q_t
⌐↓	0	1	1
⌐↓	1	0	0
⌐↓	1	1	불허
_↑	X	X	Q_t

〈그림 8.22〉을 논리기호로 나타내면 〈그림 8.23〉과 같다. 천이표는 〈표 8.4〉와 동일하다.

252

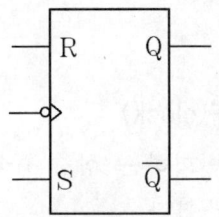

〈그림 8.23〉 동기식 RS 플립플롭의 논리기호(하강 에지)

하강 에지 트리거를 사용하는 RS 플립플롭의 타이밍도를 그리면 〈그림 8.24〉와 같다.

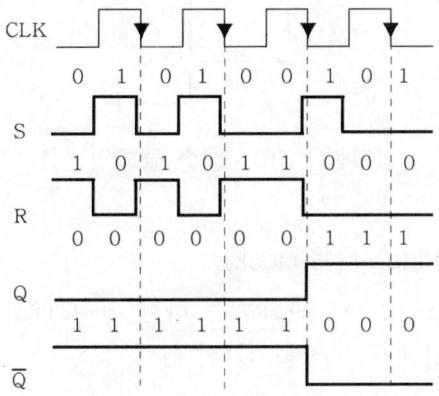

〈그림 8.24〉 하강에지 트리거를 이용한 RS 플립플롭의 타이밍도

(2) NAND 게이트를 이용한 RS 플립플롭

NAND 게이트를 이용한 하강 에지로 RS 플립플롭을 동작시키는 회로는 〈그림 8.25〉에 보였다.

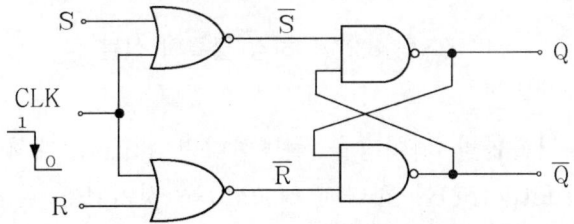

〈그림 8.25〉 NAND 게이트를 이용한 RS 플립플롭(하강 에지)

〈그림 8.25〉에 대한 논리기호나 타이밍도는 NOR 게이트를 이용하여 설명한 내용과 동일하다.

④ 클록(CLK) 신호

(1) 상승 에지(rising edge) 클록(clock)

CLK 신호가 0 → 1로 변화하는 상승 구간(leading 또는 rising edge 또는 positive edge)에서 동작을 한다.

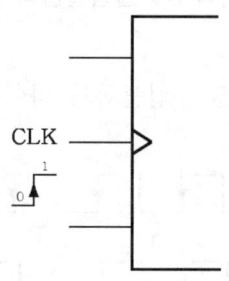

〈그림 8.26〉 상승 클록의 심볼

(2) 하강 에지(falling edge) 클록(clock)

CLK 신호가 1 → 0으로 변화하는 하강 구간(trailing 또는 falling edge 또는 negative edge)에서 동작을 한다.

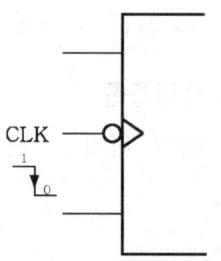

〈그림 8.27〉 하강 클록의 심볼

Gated 래치와 플립플롭의 차이점을 설명한다면 gated 래치에 펄스 변이 검출기(pulse transition detector)를 하나더 갖고 있는 것이 RS 플립플롭인 것이다. 검출기의 목적은 인가되는 클록 펄스의 상승(하강) 시점에서 짧은 시간 동안 스파이크(spike)를 생성한다. 시간적으로는 이 스파이크가 1이 되는 동안만 RS 래치가 동작되므로 마치 상승(하강) 시점에서만 동작하는 것처럼 보인다. 이 원리를 그림으로 나타내면 〈그림 8.28〉과 같다.

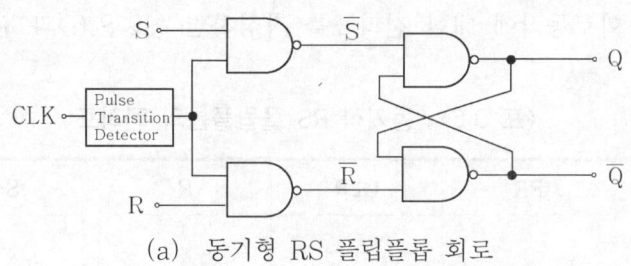

(a) 동기형 RS 플립플롭 회로

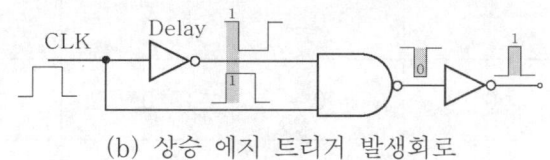

(b) 상승 에지 트리거 발생회로

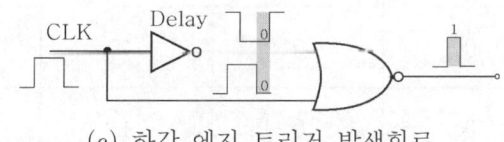

(c) 하강 에지 트리거 발생회로

〈그림 8.28〉 펄스 검출회로

5 Preset 단자와 Clear 단자를 가진 RS 플립플롭

Preset 단자는 입력에 관계없이 출력이 모두 "1"의 상태가 되도록 하는 단자이다. Clear 단자는 입력에 관계없이 출력이 모두 초기화 상태("0"의 상태)가 되도록 하는 단자이다. 회로의 예를 보면 〈그림 8.29〉와 같다.

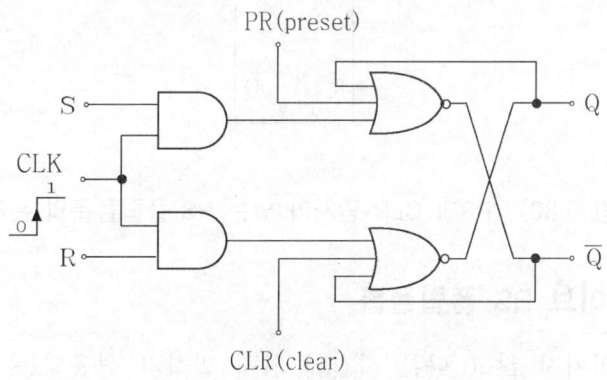

〈그림 8.29〉 PR과 CLR 단자가 있는 RS 플립플롭

〈그림 8.29〉의 회로동작에 대한 진리표를 작성하면 〈표 8.6〉과 같다.

〈표 8.6〉 동기식 RS 플립플롭의 진리표

CLK	PR	CLR	R	S	Q_{t+1}
⤴ 0→1	0	1	X	X	0
⤴ 0→1	1	0	X	X	1
⤴ 0→1	0	0	0	0	Q_t
⤴ 0→1	0	0	0	1	1
⤴ 0→1	0	0	1	0	0
⤴ 0→1	0	0	1	1	불허
⤵ 1→0	0	0	X	X	Q_t

PR과 CLR 단자가 있는 RS 플립플롭의 논리기호를 그리면 〈그림 8.30〉과 같다.

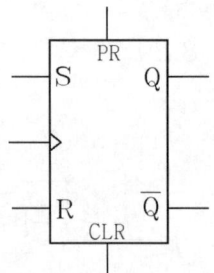

〈그림 8.30〉 PR과 CLR 단자가 있는 RS 플립플롭의 논리기호

⑥ 마스터-슬레이브 RS 플립플롭

출력에 영향을 끼치지 않고 다른 시간에 입력 변화가 허용되는 2개의 RS 플립플롭을 사용하는 RS 플립플롭을 마스터-슬레이브(master-slave) 플립플롭이라 하며 이를 그림으로 나타내면 〈그림 8.31〉과 같다.

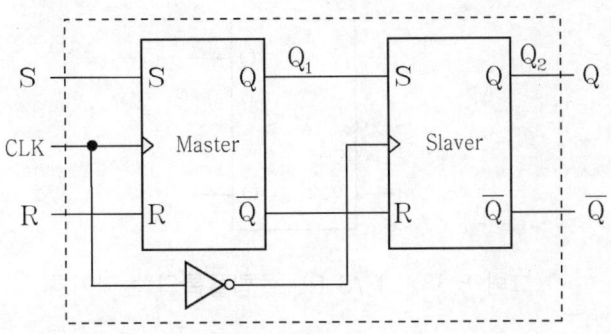

〈그림 8.31〉 마스터-슬레이브 RS 플립플롭

첫 번째 플립플롭은 주(master)라 하고 클록이 상승 에지일 때 동작하고 두번째 플립플롭은 클록이 하강 에지일 때 동작하여 첫 번째 플립플롭의 출력을 저장한다. 결국은 하강 에지에서 출력이 변화한다. 먼저 입력값이 출력값을 결정하므로 첫 번째 플립플롭과 두번째 플립플롭은 주인과 종의 관계가 된다. 따라서 이러한 플립플롭을 마스터-슬레이브(M/S) 플립플롭이라 한다. 〈그림 8.31〉의 동작에 대한 타이밍도를 그리면 〈그림 8.32〉와 같다.

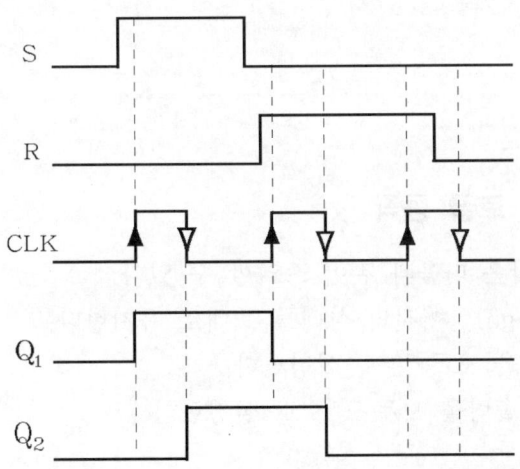

〈그림 8.32〉 M/S RS 플립플롭의 타이밍도

마스터-슬레이브 RS 플립플롭에 대한 논리기호를 나타내면 〈그림 8.33〉과 같다.

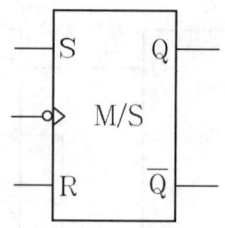

〈그림 8.33〉 M/S RS 플립플롭의 논리기호

문제 8-1

📖 〈그림 8.33〉에 해당하는 RS 마스터-슬레이브 플립플롭의 회로도를 그려라.

⑦ RS 플립플롭의 토글 동작

RS 플립플롭의 동작은 다음과 같이 요약할 수 있다.
   ① 무변(no change) : 이전의 상태를 그대로 유지한다.
   ② 셋(set) : 출력을 모두 "1"로 설정한다.
   ③ 리셋(reset) : 출력을 모두 "0"으로 설정한다.

토글(toggle) 동작은 이전 상태를 반전시키는 동작이다. 즉 다음과 같이 출력상태가 계속 반전하는 것을 토글동작이라 한다.

$$0 \rightarrow 1 \rightarrow 0 \rightarrow 1 \rightarrow 0 \rightarrow 1$$

RS 플립플롭을 이용해서 토글 동작을 위한 회로를 구성하면 〈그림 8.34〉와 같다.

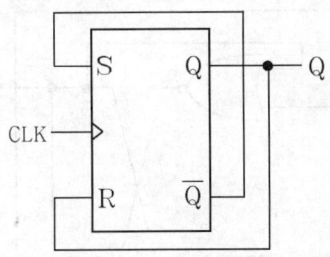

〈그림 8.34〉 토글동작을 위한 RS 플립플롭의 회로구성

 문제 8-2

➡ 〈그림 8.34〉의 구성도에 해당하는 회로도를 그려라.

④ JK 플립플롭

RS 플립플롭은 정상적으로 동작하지 않는 부분(사용금지부분($R=S=1$))이 존재한다. 이를 개선하여 사용금지부분($J=K=1$)이 토글로 동작하도록 개선한 것이 JK 플립플롭이다.

① RS 래치를 이용한 JK 플립플롭과 논리기호

(1) RS 래치(NOR)를 이용한 JK 플립플롭

〈그림 8.35〉는 RS 래치(NOR)를 이용한 JK 플립플롭중 상승 에지에서 동작하는 회로의 예를 보인 것이다.

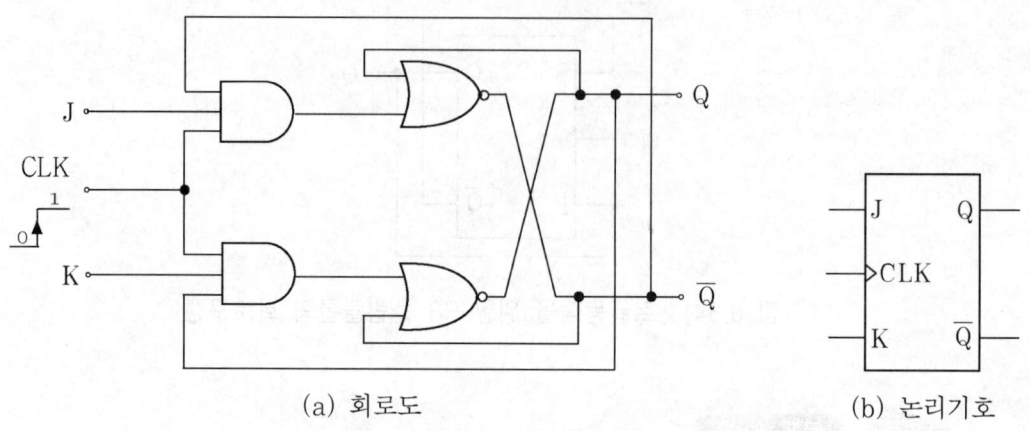

(a) 회로도   (b) 논리기호

〈그림 8.35〉 RS 래치(NOR)를 이용한 JK 플립플롭(상승 에지)

〈그림 8.36〉은 RS 래치(NOR)를 이용한 JK 플립플롭 중 하강 에지에서 동작하는 회로의 예를 보인 것이다.

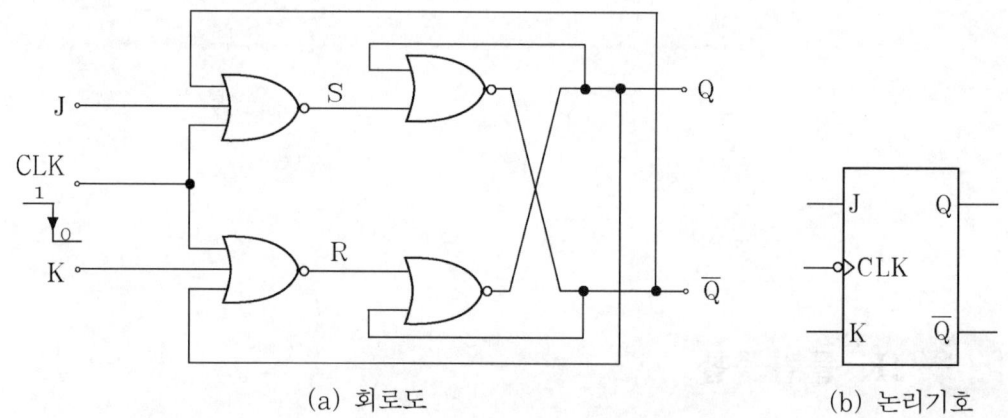

(a) 회로도   (b) 논리기호

〈그림 8.36〉 RS 래치(NOR)를 이용한 JK 플립플롭(하강 에지)

(2) RS 래치(NAND)를 이용한 JK 플립플롭

〈그림 8.37〉은 RS 래치(NAND)를 이용한 JK 플립플롭중 상승 에지에서 동작하는 회로의 예를 보인 것이다.

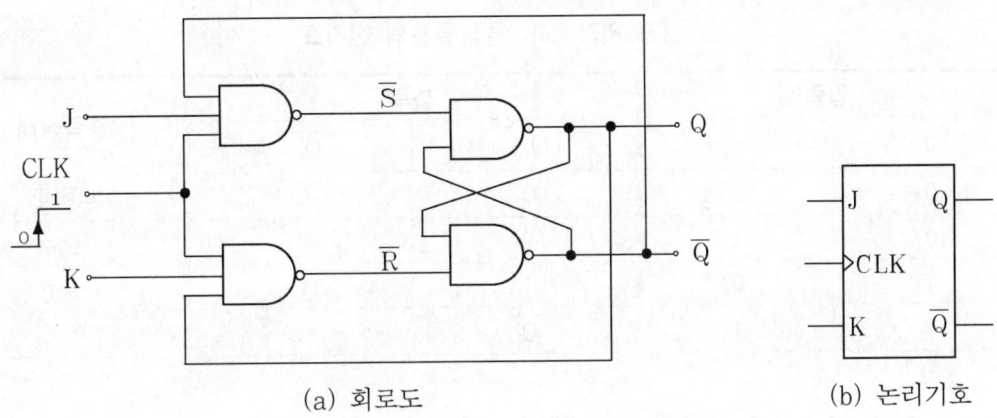

(a) 회로도   (b) 논리기호

〈그림 8.37〉 RS 래치(NAND)를 이용한 JK 플립플롭(상승 에지)

〈그림 8.38〉은 RS 래치(NAND)를 이용한 JK 플립플롭중 하강 에지에서 동작하는 회로의 예를 보인 것이다.

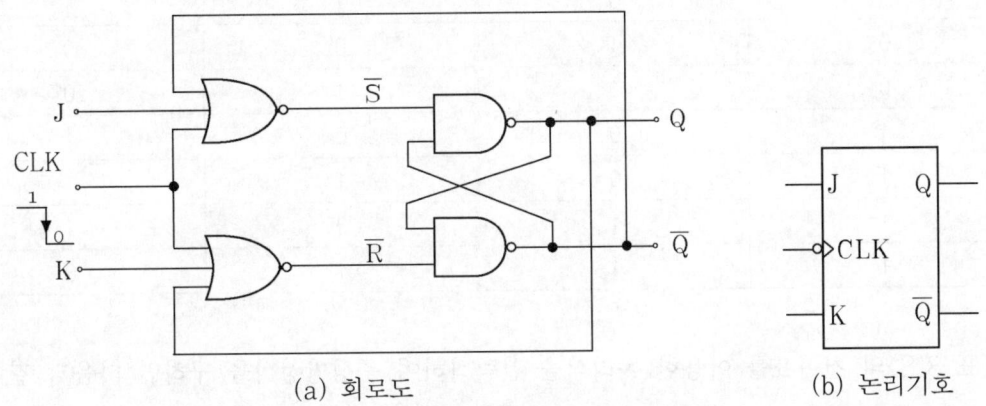

(a) 회로도   (b) 논리기호

〈그림 8.38〉 RS 래치(NAND)를 이용한 JK 플립플롭(하강 에지)

② 진리표와 특성방정식

JK 플립플롭의 진리표를 작성하면 〈표 8.7〉과 같다.

〈표 8.7〉 JK 플립플롭의 진리표

입력		출력		출력상태
J	K	Q_{t+1}	$\overline{Q_{t+1}}$	
0	0	Q_t	$\overline{Q_t}$	무변화
0	1	0	1	reset
1	0	1	0	set
1	1	$\overline{Q_t}$	Q_t	토글

〈표 8.7〉을 이용하여 천이표를 쓰면 〈표 8.8〉과 같다.

〈표 8.8〉 JK 플립플롭의 천이표

J	K	Q_t	Q_{t+1}
0	0	0	0
0	0	1	1
0	1	0	0
0	1	1	0
1	0	0	1
1	0	1	1
1	1	0	1
1	1	1	0

〈표 8.8〉의 천이표를 이용한 논리식을 간략화하여 특성방정식을 구하면 다음과 같다.

J ＼ K Q_t	0 0	0 1	1 1	1 0
0	0	1	0	0
	0	1	3	2
1	1	1	0	1
	4	5	7	6

〈그림 8.39〉 JK 플립플롭의 특성방정식

$$Q_{t+1} = J\,\overline{Q_t} + \overline{K}\,Q_t$$

〈그림 8.40〉은 상승 에지에서 동작하는 JK 플립플롭의 타이밍도를 그린 것이다.

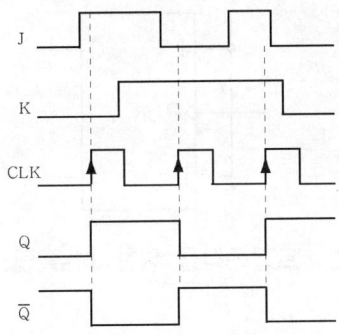

〈그림 8.40〉 JK 플립플롭의 타이밍도(상승 에지)

〈그림 8.41〉은 하강 에지에서 동작하는 JK플립플롭의 타이밍도를 그린 것이다.

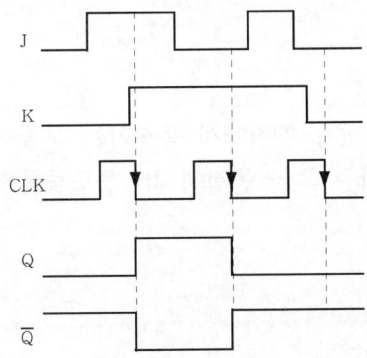

〈그림 8.41〉 JK 플립플롭의 타이밍도(하강 에지)

③ 토글 동작하는 JK 플립플롭

토글로 동작하기 위한 JK 플립플롭의 구성도를 그리면 〈그림 8.42〉와 같다.

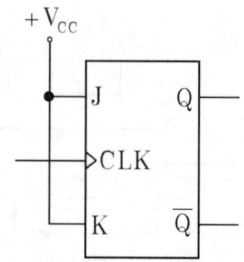

〈그림 8.42〉 토글동작을 위한 JK 플립플롭의 구성도

 문제 8-3

➡ 〈그림 8.42〉에 대한 회로도를 그려라.

 문제 8-4

➡ 〈그림 8.42〉는 상승 에지에서 동작하는 토글 동작의 JK 플립플롭이다. 하강 에지에서 동작하는 토글 동작의 JK 플립플롭의 구성도와 회로도를 그려라.

④ 마스터 슬레이브(master-slave) JK 플립플롭

　JK 플립플롭은 클록 입력의 신호에 따라 출력의 상태가 변할 때 그 출력이 다시 입력으로 피드백되고 있으므로 입력을 변화시키고 변화된 입력에 의하여 또다시 출력이 변화되는 문제가 있다. 이러한 문제는 마스터-슬레이브 플립플롭으로 해결한다. M-S JK 플립플롭의 입력단은 외부의 입력에 따라 변화하도록 하고(마스터)와 출력단은 입력의 변화에 따라 출력이 변화하도록 하는 회로(slave)로 주인과 종의 관계이다.

　〈그림 8.43〉은 입력단의 플립플롭은 클록의 상승 에지에서 동작하고 슬레이브는 하강 에지에서 동작하도록 구성된 그림이다.

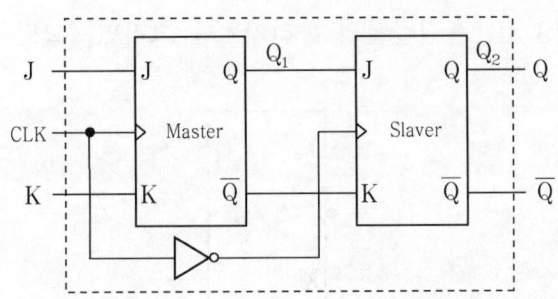

〈그림 8.43〉 M/S JK 플립플롭의 구성도

 문제 8-5

➡ 〈그림 8.43〉의 구성도에 대한 회로도를 그려라.

 문제 8-6

➡ JK 플립플롭을 이용하여 래치회로를 구성하라.

M/S JK 플립플롭을 〈그림 8.44〉와 같이 구성할 수도 있다.

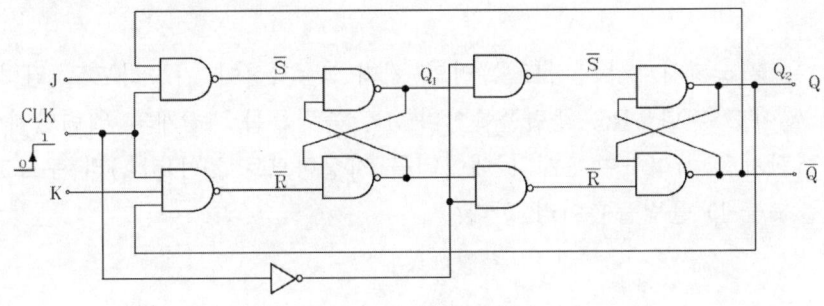

〈그림 8.44〉 M/S JK 플립플롭의 회로도

위에서 설명한 M/S JK 플립플롭의 논리기호를 그리면 〈그림 8.45〉와 같다.

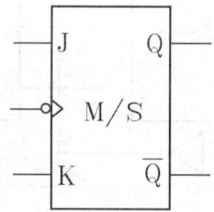

〈그림 8.45〉 M/S JK 플립플롭의 논리기호

M/S JK 플립플롭에 대한 동작 타이밍도를 그리면 〈그림 8.46〉과 같다

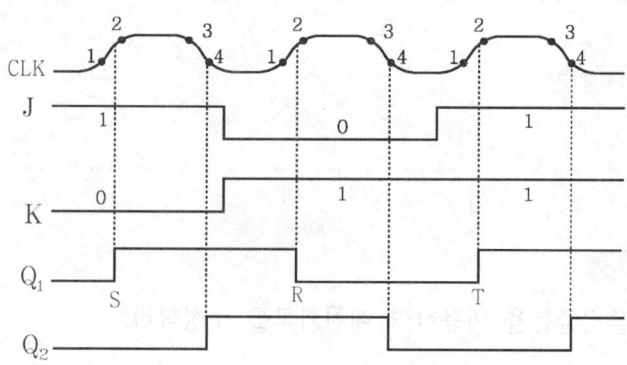

〈그림 8.46〉 M/S JK 플립플롭의 타이밍도

5 D-플립플롭

플립플롭은 저장장치로서 1비트 논리의 처리 및 저장이 가능하므로 입력신호는 2단
자를 갖지 않아도 된다. RS 플립플롭이나 JK 플립플롭은 2개의 입력단자이므로 이를
하나의 입력단자로 처리하여 1개의 데이터를 저장하므로 D(Data)라 부르고 D 입력을
갖는 플립플롭을 D 플립플롭이라 한다.

1 RS플립플롭을 이용한 D 플립플롭

〈그림 8.47〉은 상승 에지에서 동작하는 RS 플립플롭을 이용한 D 플립플롭의 회로도를 보인 것이다.

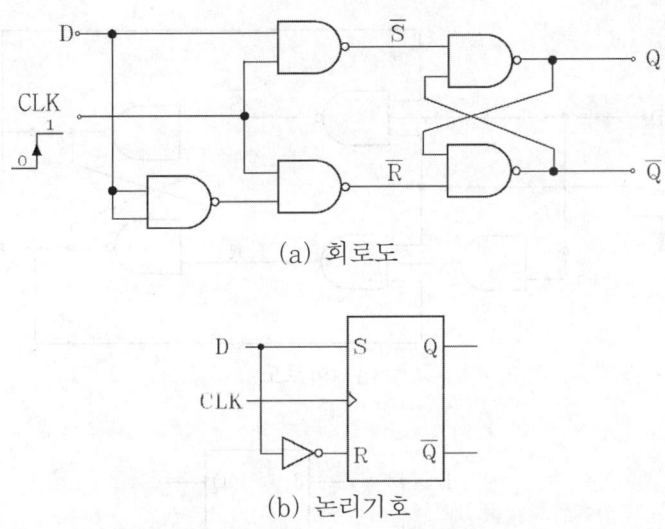

(a) 회로도

(b) 논리기호

〈그림 8.47〉 RS플립플롭을 이용한 D 플립플롭 회로도(상승 에지)

〈그림 8.48〉은 하강 에지에서 동작하는 RS플립플롭을 이용한 D 플립플롭의 회로도를 보인 것이다.

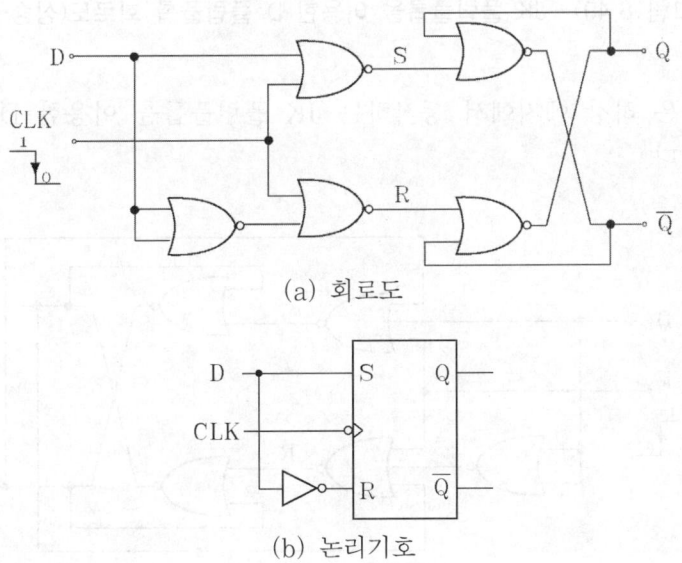

(a) 회로도

(b) 논리기호

〈그림 8.48〉 RS플립플롭을 이용한 D 플립플롭 회로도(하강 에지)

② JK 플립플롭을 이용한 D 플립플롭

〈그림 8.49〉는 상승 에지에서 동작하는 JK 플립플롭을 이용한 D 플립플롭의 회로
도를 보인 것이다.

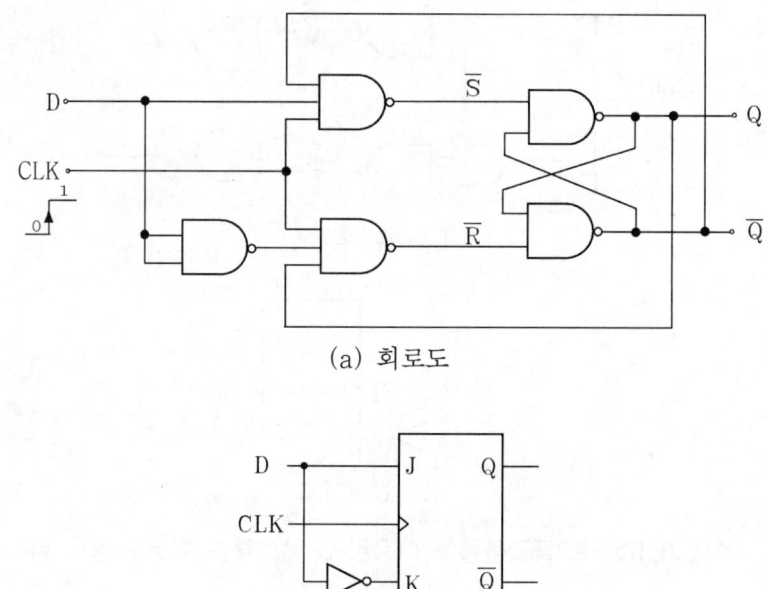

(a) 회로도

(b) 논리기호

〈그림 8.49〉 JK 플립플롭을 이용한 D 플립플롭 회로도(상승 에지)

〈그림 8.50〉은 하강 에지에서 동작하는 JK 플립플롭을 이용한 D 플립플롭의 회로
도를 보인 것이다.

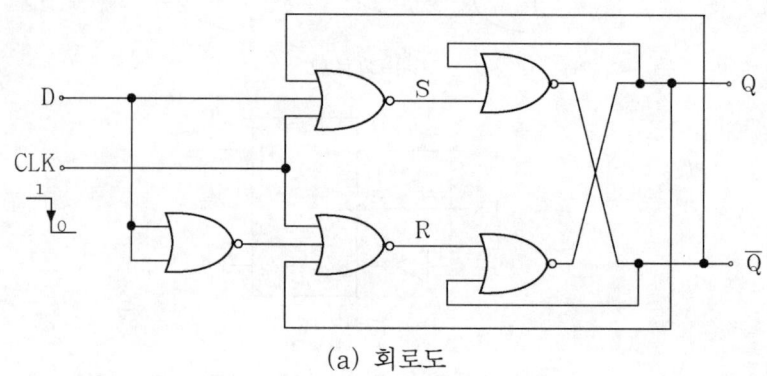

(a) 회로도

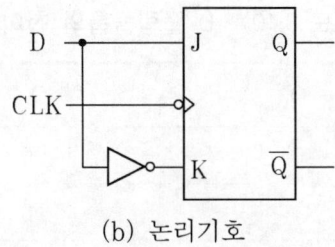

(b) 논리기호

〈그림 8.50〉 JK 플립플롭을 이용한 D 플립플롭 회로도(하강 에지)

D 플립플롭에 대한 논리기호를 나타내면 〈그림 8.51〉과 같다.

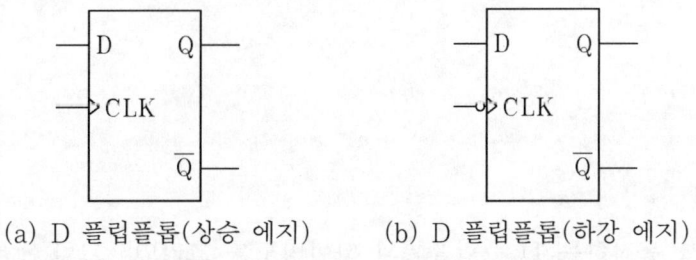

(a) D 플립플롭(상승 에지)   (b) D 플립플롭(하강 에지)

〈그림 8.51〉 D 플립플롭의 논리기호

③ 진리표와 특성방정식

D 플립플롭의 진리표를 작성하면 〈표 8.9〉와 같다.

〈표 8.9〉 D 플립플롭의 진리표

D	Q_t	$\overline{Q_t}$
0	0	1
1	1	0

〈표 8.9〉를 이용하여 천이표를 작성하면 〈표 8.10〉과 같다.

〈표 8.10〉 D 플립플롭의 천이표

D	Q_t	Q_{t+1}	$\overline{Q_{t+1}}$
0	0	0	1
0	1	0	1
1	0	1	0
1	1	1	0

〈표 8.10〉을 이용하여 특성방정식을 작성하면 다음과 같다.

$$Q_{t+1} = D$$

④ 타이밍도

상승 에지에서 동작하는 D 플립플롭의 타이밍도를 그리면 〈그림 8.52〉와 같다.

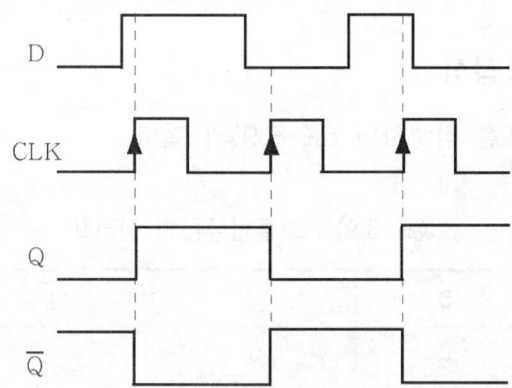

〈그림 8.52〉 D 플립플롭의 타이밍도(상승 에지)

하강 에지에서 동작하는 D 플립플롭의 타이밍도를 그리면 〈그림 8.53〉과 같다.

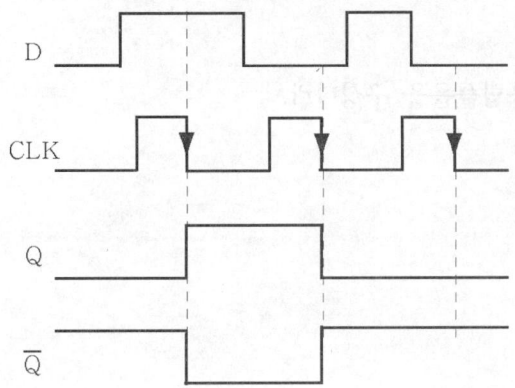

〈그림 8.53〉 D 플립플롭의 타이밍도(하강 에지)

⑤ 토글 동작을 위한 회로구성

D 플립플롭을 이용하여 토글 동작을 하도록 회로를 구성하면 〈그림 8.54〉와 같다.

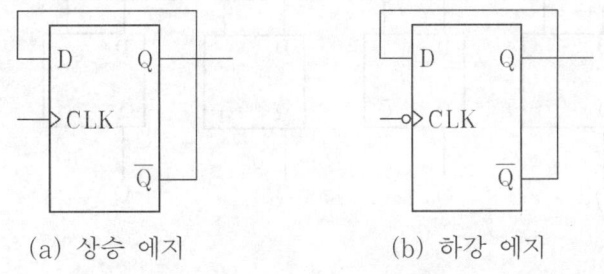

(a) 상승 에지   (b) 하강 에지

〈그림 8.54〉 토글 동작을 위한 D 플립플롭 회로구성도

 문제 8-6

➡ D 래치 회로도를 그려라.

 문제 8-7

➡ M/S D 플립플롭을 구성하라.

❻ 4비트 D 래치

클록 신호를 사용하지 않고 외부에서 입력의 신호 "0" 및 "1"(E(enable) 또는 St (strobe))에 따라 동작하는 논리를 래치라 한다. 〈그림 8.55〉와 같은 4비트 D 래치 회로는 4비트를 저장할 수 있다.

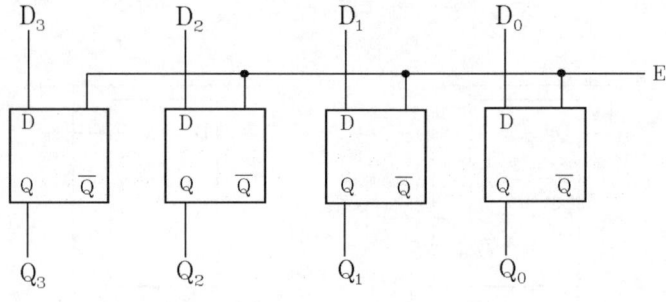

〈그림 8.55〉 4비트 D 래치 구성도

❻ T 플립플롭

T는 Toggling(반전)의 약자로 T에 인가된 입력 신호에 따라 출력 신호가 반전되는 플립플롭을 말한다.

❶ RS 플립플롭을 이용한 T 플립플롭

〈그림 8.56〉은 상승 에지에서 동작하는 RS 플립플롭을 이용한 T 플립플롭의 회로도를 보인 것이다.

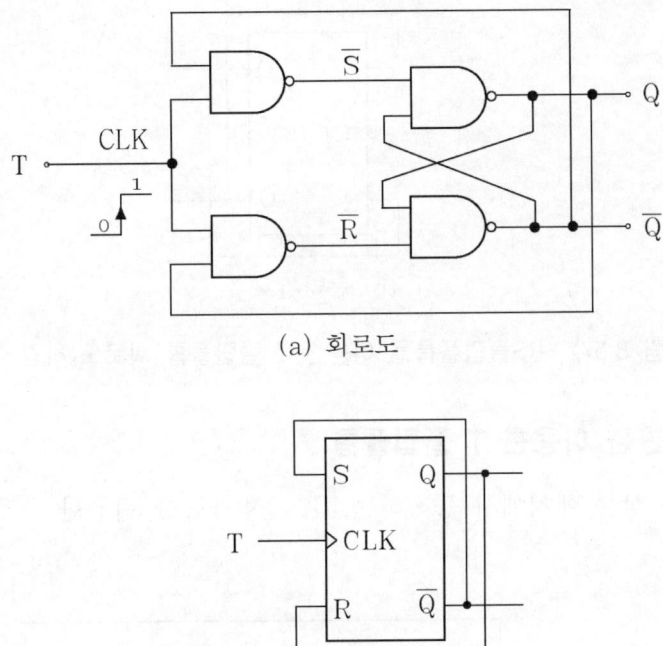

(a) 회로도

(b) 논리기호

〈그림 8.56〉 RS 플립플롭을 이용한 T 플립플롭 회로도(상승 에지)

〈그림 8.57〉은 하강 에지에서 동작하는 RS 플립플롭을 이용한 T 플립플롭의 회로도를 보인 것이다.

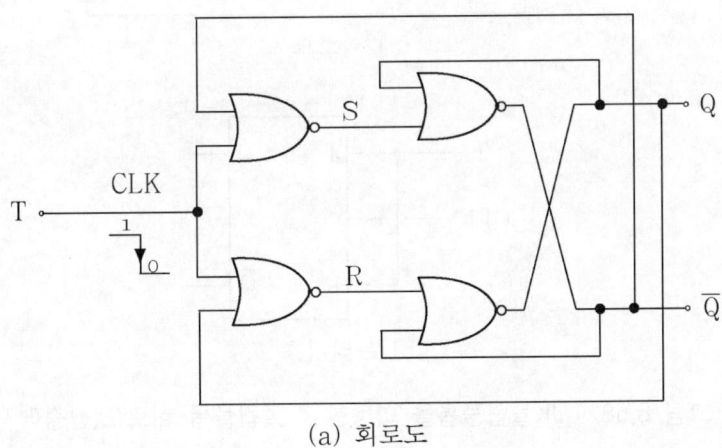

(a) 회로도

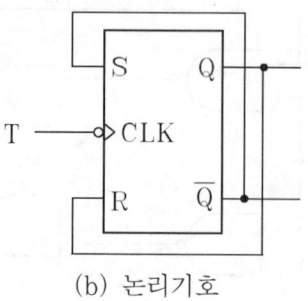

(b) 논리기호

〈그림 8.57〉 RS플립플롭을 이용한 T 플립플롭 회로도(하강 에지)

2 JK 플립플롭을 이용한 T 플립플롭

〈그림 8.58〉은 상승 에지에서 동작하는 JK 플립플롭을 이용한 T 플립플롭의 회로도를 보인 것이다.

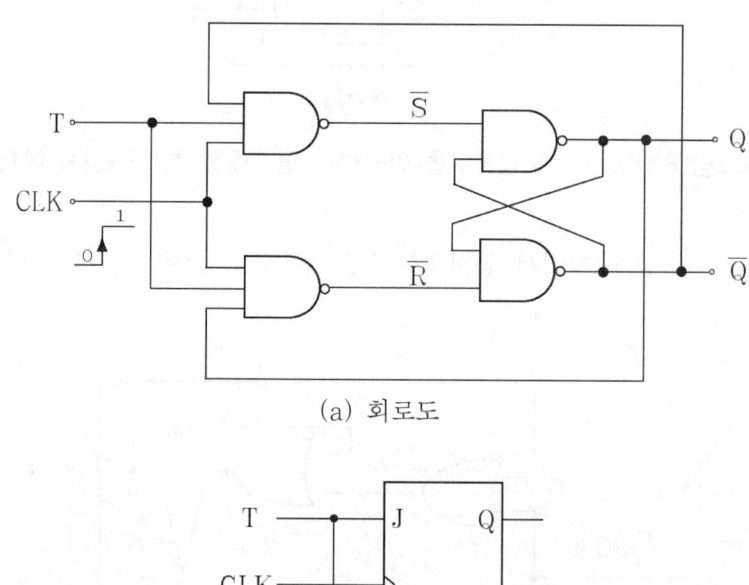

(a) 회로도

(b) 논리기호

〈그림 8.58〉 JK플립플롭을 이용한 T 플립플롭 회로도(상승에지)

〈그림 8.59〉는 하강 에지에서 동작하는 JK 플립플롭을 이용한 T 플립플롭의 회로도를 보인 것이다.

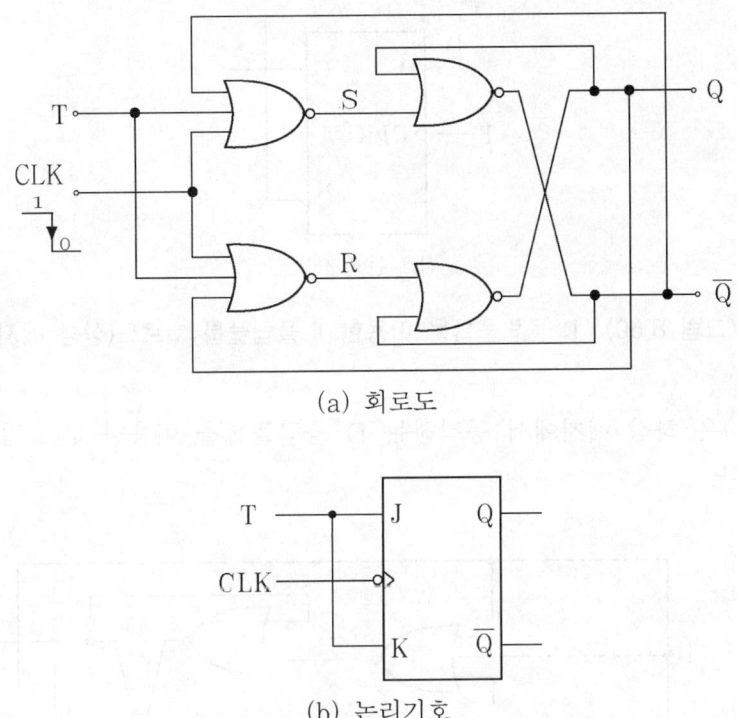

(a) 회로도

(b) 논리기호

〈그림 8.59〉 JK 플립플롭을 이용한 T 플립플롭 회로도(하강 에지)

③ D 플립플롭을 이용한 T 플립플롭

〈그림 8.60〉은 상승 에지에서 동작하는 D 플립플롭을 이용한 T 플립플롭의 회로도를 보인 것이다.

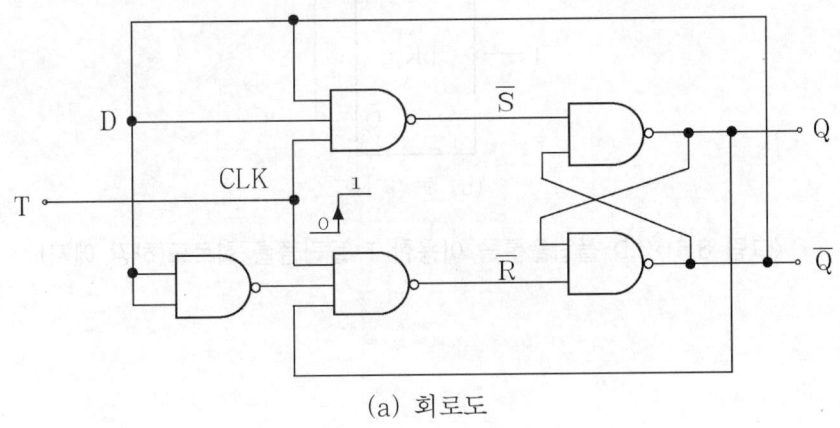

(a) 회로도

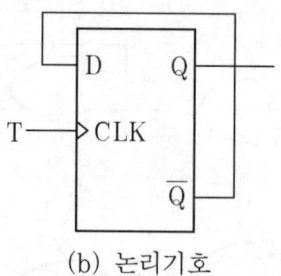

(b) 논리기호

〈그림 8.60〉 D 플립플롭을 이용한 T 플립플롭 회로도(상승 에지)

〈그림 8.61〉은 하강 에지에서 동작하는 D 플립플롭을 이용한 T 플립플롭의 회로도를 보인 것이다.

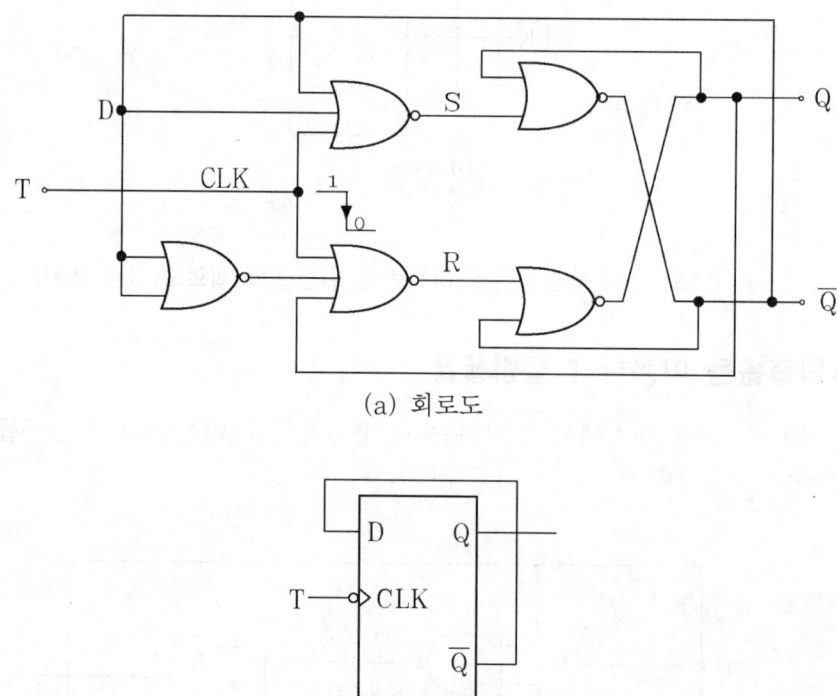

(a) 회로도

(b) 논리기호

〈그림 8.61〉 D 플립플롭을 이용한 T 플립플롭 회로도(하강 에지)

T 플립플롭에 대한 논리기호를 나타내면 〈그림 8.62〉와 같다.

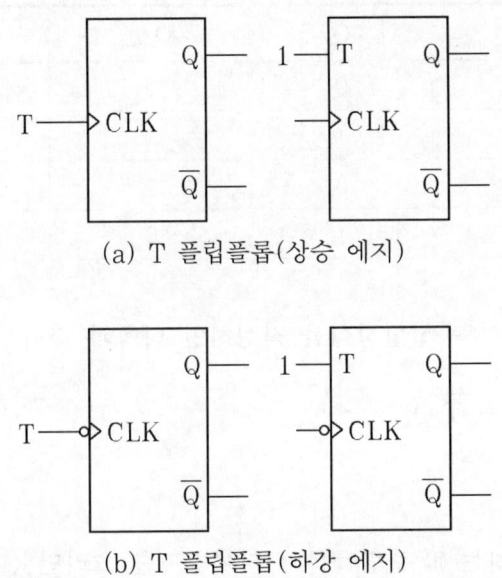

(a) T 플립플롭(상승 에지)

(b) T 플립플롭(하강 에지)

〈그림 8.62〉 T 플립플롭의 논리기호

❹ 진리표와 특성방정식

T 플립플롭의 진리표를 작성하면 〈표 8.11〉과 같다. 〈표 8.11〉에서는 〈그림 8.62〉의 오른쪽 논리기호에 대한 진리표를 구성한 것이다. T 입력이 1일 때만 토글로 동작하는 형태를 보인 것이다.

〈표 8.11〉 T 플립플롭의 진리표

T	Q_{t+1}	$\overline{Q_{t+1}}$
0	Q_t	$\overline{Q_t}$
1	$\overline{Q_t}$	Q_t

〈표 8.11〉을 이용하여 천이표를 작성하면 〈표 8.12〉와 같다.

〈표 8.12〉 T 플립플롭의 천이표

T	Q_t	Q_{t+1}	$\overline{Q_{t+1}}$
0	0	0	1
0	1	1	0
1	0	1	0
1	1	0	1

〈표 8.12〉를 이용하여 특성방정식을 작성하면 다음과 같다.

$$Q_{t+1} = T\,\overline{Q_t} + \overline{T}\,Q_t$$

5 타이밍도

상승 에지에서 동작하는 T 플립플롭의 타이밍도를 그리면 〈그림 8.63〉과 같다.

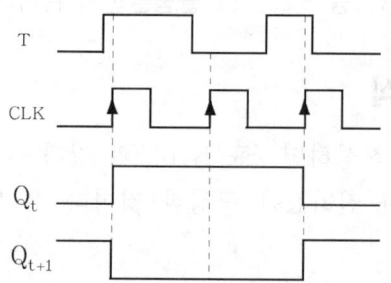

〈그림 8.63〉 T 플립플롭의 타이밍도(상승 에지)

하강에지에서 동작하는 T 플립플롭의 타이밍도를 그리면 〈그림 8.64〉와 같다.

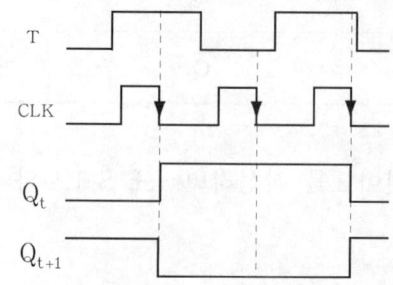

〈그림 8.64〉 T 플립플롭의 타이밍도(하강 에지)

 **문제 8-4**

➡️ M/S T 플립플롭의 구성도와 회로도를 그려라.

---

7 채터링 방지 회로

디지털 회로에서는 스위치를 이용하여 단락(ON) 또는 개방(OFF)시켜 "0" 또는 "1"을 만드는 경우가 많다. 이 예를 보이면 〈그림 8.65〉와 같다.

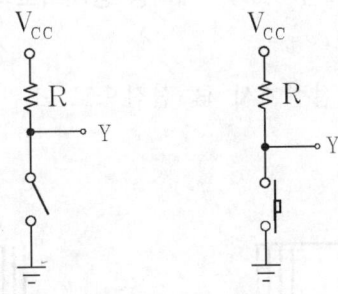

〈그림 8.65〉 스위치 회로의 예

스위치가 ON-OFF시 기계적 접점이 닫히거나 열리는 과정에서 진동 현상이 반복된후 안정된 상태에 도달하는데, 이러한 현상을 채터링(chattering) 현상이라 한다. 이러한 현상 때문에 디지털 회로에서는 ON-OFF 상태가 반복되어 나타나기 때문에 오동작을 일으키는 경우가 많다. 채터링 현상이 발생되는 예를 보이면 〈그림 8.66〉과 같다.

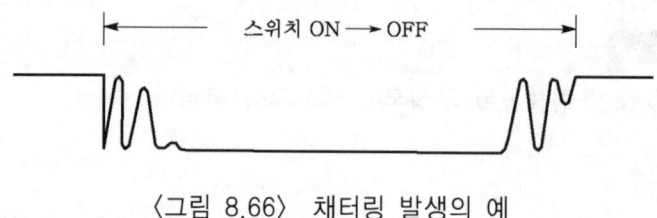

〈그림 8.66〉 채터링 발생의 예

〈그림 8.67〉은 이러한 오동작을 방지하기 위한 채터링 방지회로의 예를 보인 것이다.

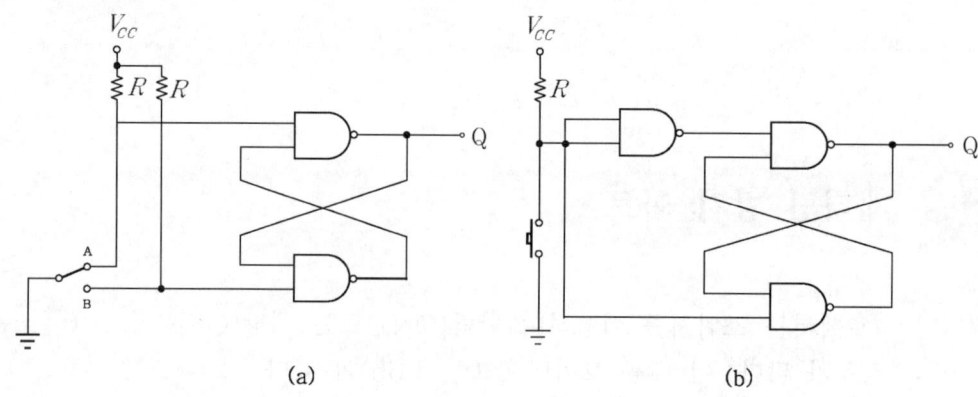

〈그림 8.67〉 채터링 방지회로의 예

〈그림 8.67(a)〉회로의 A 접점에서 B 접점으로 스위치 이동시 그 특성을 살펴보면 〈그림 8.68〉과 같다.

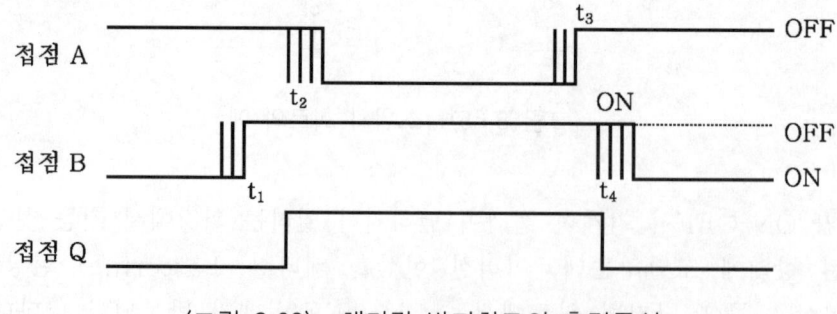

〈그림 8.68〉 채터링 방지회로의 출력특성

8 플립플롭의 주요특성

1 Set-up 시간과 Hold 시간

플립플롭이 정상적으로 동작하기 위해서는 클록 펄스가 인가되기 전에 입력 데이터의 "1"→"0" 또는 "0"→"1" 변환이 완료되어 안정되어야 한다. 이들 안정시간에는 〈그림 8.69〉와 같이 두 가지 종류가 있으며 이들은 50% 시점에서 클록의 50% 시점까지의 시간으로 다음과 같이 정의한다.

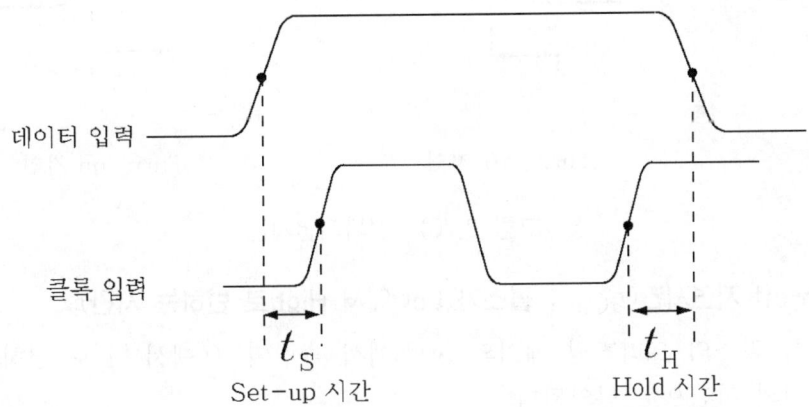

데이터 입력

클록 입력

t_S
Set-up 시간

t_H
Hold 시간

〈그림 8.69〉 Set-up 시간과 Hold 시간(상승 에지인 경우)

(1) Set-up 시간(t_S)

입력 데이터의 상승 50% 시점에서 클록의 트리거링 에지의 50% 시점까지의 시간

(2) Hold 시간(t_H)

입력 데이터의 하강 50% 시점에서 클록의 트리거링 에지의 50% 시점까지의 시간이다. 따라서 플립플롭이 클록 변환에 의해서 적절히 동작하기 위해서는 데이터 입력은 t_S 이전에 안정화되어 있어야 함은 물론 t_H 이후까지도 안정화되어 있어야 한다.

(2) 전파지연시간

전파지연시간(propagation delay time)이란 입력신호가 가해진 후 출력에 변화를 가져오는 데 걸리는 시간의 평균차로서 전파지연이 적을 수록 고속동작이

가능하다. 전파지연시간에는 〈그림 8.70〉과 같이 2가지 종류가 있으며 이들은 입력의 50% 시점에서 출력의 50%시점까지의 시간으로 다음과 같이 정의한다.

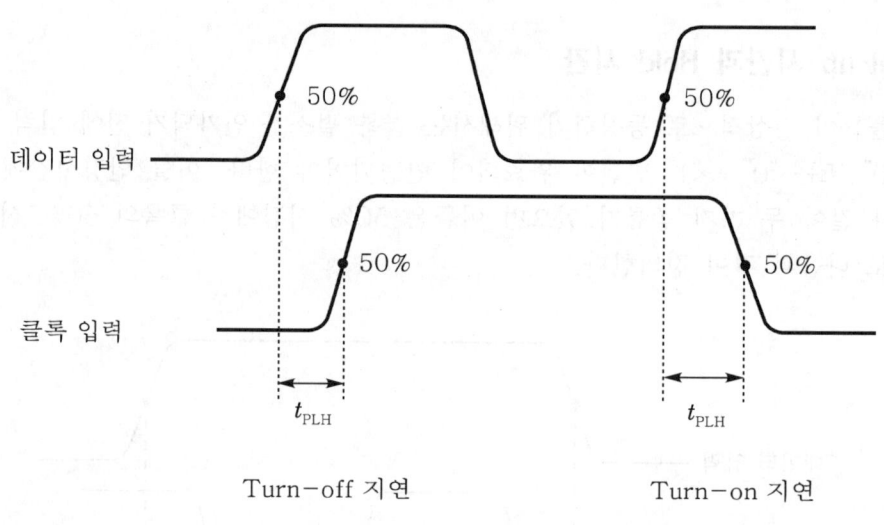

〈그림 8.70〉 전파지연시간

(1) Turn-off 지연시간(t_{PLH} : 펄스가 Low에서 High로 변하는 시간)

클록 펄스의 트리거링 에지의 50%에서 출력이 "0"에서 "1"로 변하는 50% 시점까지의 시간으로 정의된다.

(2) Turn-on 지연시간(t_{PHL} : 펄스가 High에서 Low로 변하는 시간)

클록 펄스의 트리거링 에지의 50%에서 출력이 "1"에서 "0"으로 변하는 50% 시점까지의 시간으로 정의된다.

③ 레이스 현상

〈그림 8.71〉과 같이 게이트들의 지연으로 인하여 a 시점에서 D 입력의 변화와 클록 상승에지가 일치하는 경우 그 결과는 예측할 수 없게 된다. 이를 레이스(race) 현상이라고 한다. 정상적으로 동작하기 위해서는 클록의 상승 에지 이전에 D입력이 안정상태에 있어야 한다. 즉 set-up 시간이 유지되어야만 레이스 현상을 방지할 수 있다.

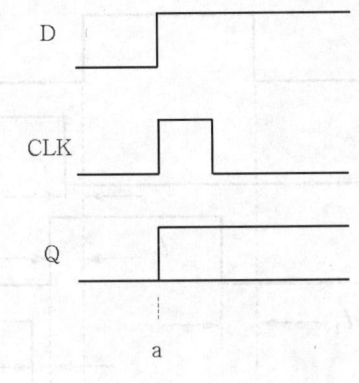

〈그림 8.71〉 레이스 현상

④ 스큐 현상

동기현상에서 가장 일반적인 타이밍 문제는 스큐(skew) 현상으로 선로상의 전파지연, 주변온도, 부하 및 인가전원의 변화에 의한 플립플롭들의 타이밍 요소의 변화 등으로 인하여 클록이 여러 곳에 인가되는 경우 클록의 시간차가 발생하는 것을 말한다. 예를들어 〈그림 8.72(a)〉와 같은 회로가 있다고 가정하자.

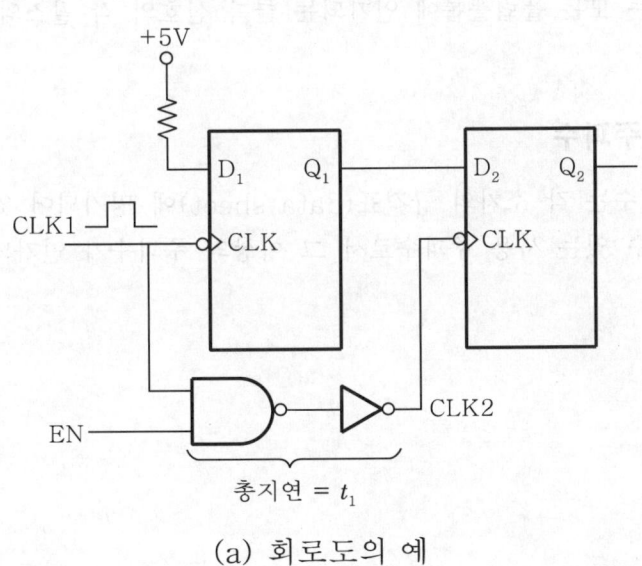

(a) 회로도의 예

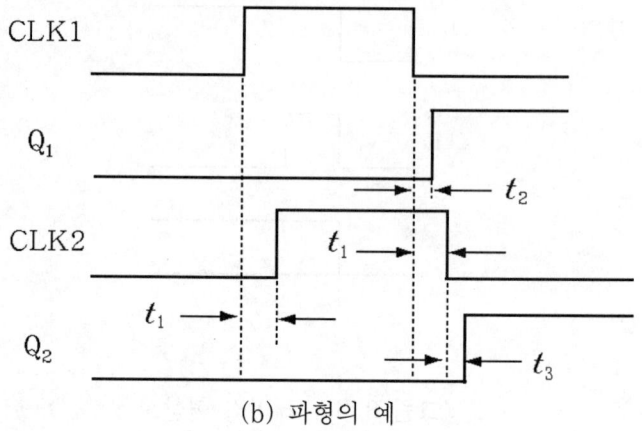

(b) 파형의 예

〈그림 8.72〉 스큐가 발생하는 회로

　〈그림 8.72〉에서 전단 플립플롭은 인가 CLK1의 하강 에지에 의해서 직접 트리거되지만 후단 플립플롭은 NAND 게이트와 인버터를 통과하는 만큼의 전파지연을 갖는 CLK2의 하강 에지에 의해서 트리거된다. 그러므로 플립플롭 전단과 후단에 인가된 클록에는 〈그림 8.72(b)〉와 같이 시간차 t_1이 존재하게 되는데 이를 스큐라 한다. 이를 해결하기 위해서는 모든 플립플롭에 인가되는 클록 신호의 각 펄스의 폭을 가능한 같게 해야만 한다.

5 최대 클록 주파수

　최대 클록 주파수는 각 소자의 규격표(data sheet)에 명기되어 있는데 플립플롭이 신뢰성 있게 될 수 있는 사용 주파수로서 그 이상의 주파수가 인가되면 성능을 보증할 수 없게 된다.

1. 7473 IC를 이용하여 JK 플립플롭을 동작시키려고 한다. 회로구성도와 진리표 및 타이밍도를 그려라.

2. 7473 IC를 이용하여 D 플립플롭을 동작시키려고 한다. 회로구성도와 진리표 및 타이밍도를 그려라.

3. 7473 IC를 이용하여 T 플립플롭을 구성하려고 한다. 회로구성도와 진리표 및 타이밍도를 그려라.

4. 7474 IC를 이용하여 T 플립플롭을 구성하려고 한다. 회로구성도와 진리표 및 타이밍도를 그려라.

5. T 플립플롭을 종속으로 4단을 연결하고 첫단의 클록에 1kHz의 주파수를 인가 하였다. 각 단의 출력주파수를 구하라.

6. 7475 IC를 이용하여 8비트 래치 회로를 구성하라.

7. 7476과 74LS76에 대한 동작의 차이점을 설명하라.

8. 100kHz로 10kHz의 주파수를 얻으려고 한다. 회로를 설계하라.

MEMO

제 9 장 순서 논리회로 설계

동기식 순서논리회로의 해석(analysis)은 출력, 입력, 내부상태 사이에 존재하는 기능적인 관계를 결정하는 과정이다. 회로의 모든 플립플롭들의 내용이 결합되어 회로의 내부 상태를 결정한다. n개의 플립플롭으로 구성된 회로는 2n개의 상태를 가질 수 있다. 임의의 시간 t에서 회로의 현재상태(present state)와 입력(input)을 알면 다음 상태(next state), 즉 시간 $t+1$의 상태와 시간 t에서의 회로 출력을 유도할 수 있다.

순차회로는 입력에 따라 플립플롭의 천이(transition)상태를 나타내는 천이표(transition table)나 플립플롭의 내부 상태를 표시한 상태표(state table)를 이용하여 농작을 이해할 수 있다. n개의 플립플롭을 가진 회로는 상태표에서 2n개의 행(row)을 갖게 된다. m개의 입력을 가진 회로는 상태표 2m개의 열(column)을 갖게 된다. 행과 열에 만나는 지점에는 다음 상태와 출력정보가 기록된다. 상태도(state diagram)는 상태표에 대한 그림 표현으로서 각 상태는 원으로 상태전이는 원 사이의 화살표로 표현된다. 천이를 일으키는 입력조합과 해당 출력정보는 화살표위에 표시된다. 순차회로의 해석은 상태표와 상태도를 이용하여 주어진 입력 순서에 대한 회로의 출력순서를 결정할 수 있다. 순차회로가 잘 동작하려면 입력을 적용하기 전에 반드시 초기상태에 있어야 한다. 대개 전원이 켜질 때 전원회로가 회로를 적절한 상태로 초기화시킨다.

① 순서논리회로 설계 순서

순서논리회로 설계순서는 다음과 같다.
① 상태도(state diagram) 작성
② 상태표(state table) 작성
③ 플립플롭의 진리표(truth table)와 천이표(transition table) 작성
④ 상태방정식 유도와 간략화
⑤ 회로 설계

② 상태도와 상태표

3비트 그레이 코드 카운터의 상태도(state diagram)를 그리면 〈그림 9.1〉과 같다. 카운터 내의 각 플립플롭에서 나오는 출력 이외의 다른 출력은 없다.

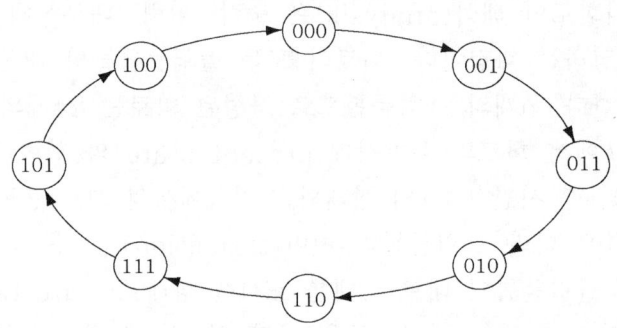

〈그림 9.1〉 3비트 그레이 코드 카운터의 상태도

순차회로의 상태도가 정의되면 카운터의 각 상태(현재상태)와 이에 대응한 다음 상태의 리스트인 상태표(tate table)를 작성하는 것이다. 다음 상태란 현재상태가 클록 펄스에 의해서 바뀌게 되는 상태, 즉 카운터가 진행하게 될 상태이다. 〈그림 9.1〉의 상태도를 이용하여 상태표를 작성하면 〈표 9.1〉과 같다. 이 경우는 입력과 출력이 없이 현 상태에서 화살표의 방향에 따른 다음상태만 존재할 뿐 입력과 출력에 대한 별도의 정보는 없다.

〈표 9.1〉 3비트 그레이 코드 카운터의 상태표(state table)

현재상태(t)			다음 상태($t+1$)		
C	B	A	C	B	A
0	0	0	0	0	1
0	0	1	0	1	1
0	1	1	0	1	0
0	1	0	1	1	0
1	1	0	1	1	1
1	1	1	1	0	1
1	0	1	1	0	0
1	0	0	0	0	0

셀프 루프(self loop)가 있는 순차회로의 상태도를 예로 들면 〈그림 9.2〉와 같다.

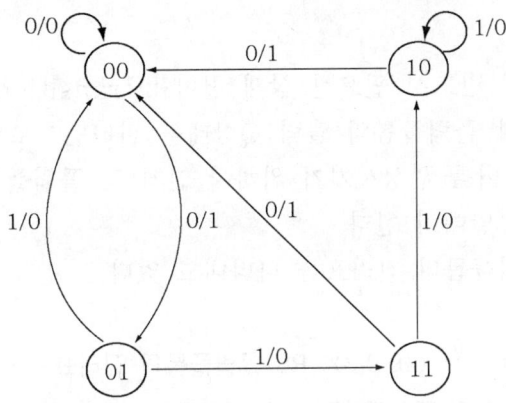

〈그림 9.2〉 셀프 루프가 있는 순서논리회로의 상태도

〈그림 9.2〉에서 하나의 상태는 한 원으로 나타내고 상태 사이의 천이는 원으로 연결하는 방향표시가 된 선으로 나타낸다. 각각의 원 안의 2진수는 플립플롭의 상태를 나타낸다. 방향표시가 된 선들은 슬래시(/)에 의해 분리된 2개의 2진수들로 명칭이 붙어 있다. 현재 상태 동안의 입력이 슬래시(/) 전에 쓰여지고 슬래시(/) 다음의 값은 현재 상태동안의 출력을 나타낸다. 예를 들어 00 상태에서 01 상태로 향하는 선에서 1/0이라 표시되어 있는 데 이것은 이 순서회로가 현재상태 00, 입력 1, 출력 0일 때를 의미한다. 한 클록이 지난 후에는 이 회로는 다음 상태 01로 변한다. 〈그림 9.2〉를 이용하여 상태표를 나타내면 〈표 9.2〉와 같다.

〈표 9.2〉 셀프 루프가 있는 순서논리회로의 상태표

입력(X)	현재상태 (A B)	다음상태 (A B)	출 력(Y)
0	0 0	0 0	0
0	0 1	0 0	1
0	1 1	0 0	1
0	1 0	0 0	1
1	0 0	0 1	0
1	0 1	1 1	0
1	1 1	1 0	0
1	1 0	1 0	0

3 플립플롭의 진리표와 상태 천이표

순서논리회로 설계에 반드시 필요한 상태 천이표(transition table)는 현재상태에서 다음 상태로 바뀌는 각 플립플롭의 출력 Q상태를 나타냄으로써 모든 가능한 회로동작 상태를 엿볼 수 있다. 이를 완성시키기 위하여 먼저 각 플립플롭의 여기표 또는 특성표 (excitation table)를 알아야 한다.

〈표 9.3〉은 RS 플립플롭의 진리표를 나타내고 있다.

〈표 9.3〉 RS 플립플롭의 진리표

입력		출력		출력상태
R	S	Q_{t+1}	$\overline{Q_{t+1}}$	
0	0	Qt	$\overline{Q_t}$	무변화
0	1	1	0	set
1	0	0	1	reset
1	1	0	0	부정(금지)

〈표 9.3〉의 진리표를 이용하여 RS 플립플롭의 여기표에 대한 유도하는 과정의 예를 보이면 〈그림 9.3〉과 같다.

Q(t) S R	Q(t+1)
0 0 0	0
0 0 1	0
0 1 0	1
0 1 1	불안정
1 0 0	1
1 0 1	0
1 1 0	1
1 1 1	불안정

Q(t) Q(t+1)	S R
0 0	0 0
0 0	0 1
0 1	1 0
1 0	0 1
1 1	0 0
1 1	1 0

Q(t) Q(t+1)	S R
0 0	0 X
0 1	1 0
1 0	0 1
1 1	X 0

〈그림 9.3〉 RS 플립플롭에 대한 여기표의 유도과정

〈표 9.4〉는 JK 플립플롭의 진리표를 나타낸 것이다.

〈표 9.4〉 JK 플립플롭의 진리표

입력		출력		출력상태
J	K	Q_{t+1}	$\overline{Q_{t+1}}$	
0	0	Q_t	$\overline{Q_t}$	무변화
0	1	0	1	reset
1	0	1	0	set
1	1	$\overline{Q_t}$	Q_t	토글

〈표 9.4〉의 진리표를 이용하여 JK 플립플롭의 여기표의 유도과정을 나타내면 〈그림 9.4〉와 같다.

Q(t)	J	K	Q(t+1)
0	0	0	0
0	0	1	0
0	1	0	1
0	1	1	1
1	0	0	1
1	0	1	0
1	1	0	1
1	1	1	0

Q(t)	Q(t+1)	J	K
0	0	0	0
0	0	0	1
0	1	1	0
0	1	1	1
1	0	0	1
1	0	1	1
1	1	0	0
1	1	1	0

Q(t)	Q(t+1)	J	K
0	0	0	X
0	1	1	X
1	0	X	1
1	1	X	0

〈그림 9.4〉 JK 플립플롭에 대한 여기표의 유도과정

D 플립플롭을 이용한 여기표 유도과정의 예를 보이면 〈그림 9.5〉와 같다.

Q(t)	D	Q(t+1)
0	0	0
0	1	0
1	0	1
1	1	1

Q(t)	Q(t+1)	D
0	0	0
0	1	1
1	0	0
1	1	1

〈그림 9.5〉 D 플립플롭에 대한 여기표의 유도과정

T 플립플롭을 이용한 여기표의 유도과정의 예를 보이면 〈그림 9.6〉과 같다.

Q(t)	T	Q(t+1)
0	0	0
0	1	1
1	0	1
1	1	0

Q(t)	Q(t+1)	T
0	0	0
0	1	1
1	0	1
1	1	0

〈그림 9.6〉 T 플립플롭에 대한 여기표의 유도과정

① 〈표 9.1〉을 이용한 천이표 작성법

〈표 9.1〉에 RS 플립플롭을 적용하여 천이표를 만들어 보면 〈표 9.5〉와 같다.

〈표 9.5〉 RS 플립플롭을 이용한 천이표와 여기표

현재상태(t)			다음 상태(t+1)			RS 플립플롭의 여기표					
C	B	A	C	B	A	S_C	R_C	S_B	R_B	S_A	R_A
0	0	0	0	0	1	0	X	0	X	1	0
0	0	1	0	1	1	0	X	1	0	X	0
0	1	1	0	1	0	0	X	X	0	0	1
0	1	0	1	1	0	1	0	X	0	0	X
1	1	0	1	1	1	X	0	X	0	1	0
1	1	1	1	0	1	X	0	0	1	X	0
1	0	1	1	0	0	X	0	0	X	0	1
1	0	0	0	0	0	0	1	0	X	0	X

〈표 9.1〉에 JK 플립플롭을 적용하여 천이표를 만들어 보면 〈표 9.6〉과 같다.

〈표 9.6〉 JK 플립플롭을 이용한 천이표와 여기표

현재상태(t)			다음 상태(t+1)			JK 플립플롭의 여기표					
C	B	A	C	B	A	J_C	K_C	J_B	K_B	J_A	K_A
0	0	0	0	0	1	0	X	0	X	1	X
0	0	1	0	1	1	0	X	1	X	X	0
0	1	1	0	1	0	0	X	X	0	X	1
0	1	0	1	1	0	1	X	X	0	0	X
1	1	0	1	1	1	X	0	X	0	1	X
1	1	1	1	0	1	X	0	X	1	X	0
1	0	1	1	0	0	X	0	0	X	X	1
1	0	0	0	0	0	X	1	0	X	0	X

〈표 9.1〉에 D 플립플롭을 적용하여 천이표를 만들어 보면 〈표 9.7〉과 같다.

〈표 9.7〉 D 플립플롭을 이용한 천이표와 여기표

현재상태(t)			다음 상태(t+1)			D 플립플롭의 여기표		
C	B	A	C	B	A	D_C	D_B	D_A
0	0	0	0	0	1	0	0	1
0	0	1	0	1	1	0	1	1
0	1	1	0	1	0	0	1	0
0	1	0	1	1	0	1	1	0
1	1	0	1	1	1	1	1	1
1	1	1	1	0	1	1	0	1
1	0	1	1	0	0	1	0	0
1	0	0	0	0	0	0	0	0

〈표 9.1〉에 T 플립플롭을 적용하여 천이표를 만들어 보면 〈표 9.8〉과 같다.

〈표 9.8〉 T 플립플롭을 이용한 천이표와 여기표

현재상태(t)			다음 상태(t+1)			T 플립플롭의 여기표		
C	B	A	C	B	A	T_C	T_B	T_A
0	0	0	0	0	1	0	0	1
0	0	1	0	1	1	0	1	0
0	1	1	0	1	0	0	0	1
0	1	0	1	1	0	1	0	0
1	1	0	1	1	1	0	0	1
1	1	1	1	0	1	0	1	0
1	0	1	1	0	0	0	0	1
1	0	0	0	0	0	1	0	0

② <표 9.2>를 이용한 천이표 작성법

〈표 9.2〉에 RS 플립플롭을 적용하여 천이표를 만들어 보면 〈표 9.9〉와 같다.

〈표 9.9〉 RS 플립플롭을 이용한 천이표와 여기표

입력(X)	현재상태(t)		다음상태(t+1)		출력(Y)	RS 플립플롭의 여기표			
	A	B	A	B		S_A	R_A	S_B	R_B
0	0	0	0	0	0	0	X	0	X
0	0	1	0	0	1	0	X	0	1
0	1	1	0	0	1	0	1	0	1
0	1	0	0	0	1	0	1	0	X
1	0	0	0	1	0	0	X	1	0
1	0	1	1	1	0	1	0	X	0
1	1	1	1	0	0	X	0	0	1
1	1	0	1	0	0	X	0	0	X

〈표 9.2〉에 JK 플립플롭을 적용하여 천이표를 만들어 보면 〈표 9.10〉과 같다.

〈표 9.10〉 JK 플립플롭을 이용한 천이표와 여기표

입력(X)	현재상태(t)		다음상태(t+1)		출력(Y)	JK 플립플롭의 여기표			
	A	B	A	B		J_A	K_A	J_B	K_B
0	0	0	0	0	0	0	X	0	X
0	0	1	0	0	1	0	X	X	1
0	1	1	0	0	1	X	1	X	1
0	1	0	0	0	1	X	1	0	X
1	0	0	0	1	0	0	X	1	X
1	0	1	1	1	0	1	X	X	0
1	1	1	1	0	0	X	0	X	1
1	1	0	1	0	0	X	0	0	X

〈표 9.2〉에 D 플립플롭을 적용하여 천이표를 만들어 보면 〈표 9.11〉과 같다.

〈표 9.11〉 D 플립플롭을 이용한 천이표와 여기표

입력(X)	현재상태(t)		다음상태(t+1)		출력(Y)	D 플립플롭의 여기표	
	A	B	A	B		D_A	D_B
0	0	0	0	0	0	0	0
0	0	1	0	0	1	0	0
0	1	1	0	0	1	0	0
0	1	0	0	0	1	0	0
1	0	0	0	1	0	0	1
1	0	1	1	1	0	1	1
1	1	1	1	0	0	1	0
1	1	0	1	0	0	1	0

〈표 9.2〉에 T 플립플롭을 적용하여 천이표를 만들어 보면 〈표 9.12〉와 같다.

〈표 9.12〉 T 플립플롭을 이용한 천이표와 여기표

입력(X)	현재상태(t)		다음상태($t+1$)		출 력(Y)	T 플립플롭의 여기표	
	A	B	A	B		T_A	T_B
0	0	0	0	0	0	0	0
0	0	1	0	0	1	0	1
0	1	1	0	0	1	1	1
0	1	0	0	0	1	1	0
1	0	0	0	1	0	0	1
1	0	1	1	1	0	1	0
1	1	1	1	0	0	0	1
1	1	0	1	0	0	0	0

④ 상태방정식 유도 및 간략화

위에서 작성한 여기표를 이용하여 상태방정식을 유도하고 간략화하는 과정을 설명하려고 한다.

① 〈표 9.1〉을 이용한 상태방정식 유도와 간략화

(1) 〈표 9.5〉을 이용한 상태방정식(RS F/F)

십진수	현재상태(t)			다음 상태($t+1$)			RS 플립플롭의 여기표		
	C	B	A	C	B	A	S_C R_C	S_B R_B	S_A R_A
0	0	0	0	0	0	1	0 X	0 X	1 0
1	0	0	1	0	1	1	0 X	1 0	X 0
3	0	1	1	0	1	0	0 X	X 0	0 1
2	0	1	0	1	1	0	1 0	X 0	0 X
6	1	1	0	1	1	1	X 0	X 0	1 0
7	1	1	1	1	0	1	X 0	0 1	X 0
5	1	0	1	1	0	0	X 0	0 X	0 1
4	1	0	0	0	0	0	0 1	0 X	0 X

〈표 9.5〉를 이용하여 각 단별로 간략화하는 과정을 설명하면 다음과 같다.

① C단 상태방정식

C \ B A	0 0	0 1	1 1	1 0
0	0	0	0	1
	0	1	3	2
1	0	X	X	X
	4	5	7	6

C \ B A	0 0	0 1	1 1	1 0
0	X	X	X	0
	0	1	3	2
1	1	0	0	0
	4	5	7	6

$$S_C = B\,\overline{A} \qquad R_C = \overline{B}\,\overline{A} \tag{9.1(a)}$$

② B단 상태방정식

C \ B A	0 0	0 1	1 1	1 0
0	0	1	X	X
	0	1	3	2
1	X	X	X	X
	4	5	7	6

C \ B A	0 0	0 1	1 1	1 0
0	X	0	0	0
	0	1	3	2
1	X	X	1	0
	4	5	7	6

$$S_B = A \qquad R_B = C\,A \tag{9.1(b)}$$

③ A 단 상태방정식

C \ B A	0 0	0 1	1 1	1 0
0	1	X	0	0
	0	1	3	2
1	0	0	X	1
	4	5	7	6

C \ B A	0 0	0 1	1 1	1 0
0	0	0	1	X
	0	1	3	2
1	X	1	0	0
	4	5	7	6

$$S_A = \overline{C}\,\overline{B} + C\,B = \overline{C \oplus B} \qquad R_A = C\,\overline{B} + \overline{C}\,B = C \oplus B \tag{9.1(c)}$$

(2) 〈표 9.6〉을 이용한 상태방정식(JK F/F)

십진수	현재상태(t)			다음 상태($t+1$)			JK 플립플롭의 여기표		
	C	B	A	C	B	A	J_C K_C	J_B K_B	J_A K_A
0	0	0	0	0	0	1	0 X	0 X	1 X
1	0	0	1	0	1	1	0 X	1 X	X 0
3	0	1	1	0	1	0	0 X	X 0	X 1
2	0	1	0	1	1	0	1 X	X 0	0 X
6	1	1	0	1	1	1	X 0	X 0	1 X
7	1	1	1	1	0	1	X 0	X 1	X 0
5	1	0	1	1	0	0	X 0	0 X	X 1
4	1	0	0	0	0	0	X 1	0 X	0 X

〈표 9.6〉을 이용하여 각 단별로 간략화하는 과정을 설명하면 다음과 같다.

① C단 상태방정식

C \ BA	00	01	11	10
0	0	0	0	1
	0	1	3	2
1	X	X	X	X
	4	5	7	6

C \ BA	00	01	11	10
0	X	X	X	X
	0	1	3	2
1	1	0	0	0
	4	5	7	6

$$J_C = B\,\overline{A} \quad K_C = \overline{B}\,\overline{A} \qquad\qquad (9.2(a))$$

② B단 상태방정식

C \ BA	00	01	11	10
0	0	1	X	X
	0	1	3	2
1	0	0	X	X
	4	5	7	6

C \ BA	00	01	11	10
0	X	X	0	0
	0	1	3	2
1	X	X	1	0
	4	5	7	6

$$J_B = \overline{C}\,A \quad K_B = C\,A \qquad\qquad (9.2(b))$$

③ A 단 상태방정식

C \ B A	0 0	0 1	1 1	1 0
0	1	X	X	0
	0	1	3	2
1	0	X	X	1
	4	5	7	6

C \ B A	0 0	0 1	1 1	1 0
0	X	0	1	X
	0	1	3	2
1	X	1	0	X
	4	5	7	6

$$J_A = \overline{C}\,\overline{B} + C\,B = \overline{C \oplus B} \quad K_A = C\,\overline{B} + \overline{C}\,B = C \oplus B \qquad (9.2(c))$$

(3) 〈표 9.7〉을 이용한 상태방정식(D F/F)

십진수	현재상태(t)			다음 상태($t+1$)			D 플립플롭의 여기표		
	C	B	A	C	B	A	D_C	D_B	D_A
0	0	0	0	0	0	1	0	0	1
1	0	0	1	0	1	1	0	1	1
3	0	1	1	0	1	0	0	1	0
2	0	1	0	1	1	0	1	1	0
6	1	1	0	1	1	1	1	1	1
7	1	1	1	1	0	1	1	0	1
5	1	0	1	1	0	0	1	0	0
4	1	0	0	0	0	0	0	0	0

〈표 9.7〉을 이용하여 각 단별로 간략화하는 과정을 설명하면 다음과 같다.

① C단 상태방정식

C \ B A	0 0	0 1	1 1	1 0
0	0	0	0	1
	0	1	3	2
1	0	1	1	1
	4	5	7	6

$$D_C = C\,A + B\,\overline{A} \qquad (9.3(a))$$

② B단 상태방정식

C \ B A	0 0	0 1	1 1	1 0
0	0	1	1	1
	0	1	3	2
1	0	0	0	1
	4	5	7	6

$$D_B = \overline{C}\,A + B\,\overline{A} \qquad (9.3(b))$$

③ A 단 상태방정식

C \ B A	0 0	0 1	1 1	1 0
0	1	1	0	0
	0	1	3	2
1	0	0	1	1
	4	5	7	6

$$D_A = \overline{C}\,\overline{B} + C\,B = \overline{C \oplus B} \qquad (9.3(c))$$

(4) 〈표 9.8〉을 이용한 상태방정식(T F/F)

십진수	현재상태(t)			다음 상태(t+1)			T 플립플롭의 여기표		
	C	B	A	C	B	A	T_C	T_B	T_A
0	0	0	0	0	0	1	0	0	1
1	0	0	1	0	1	1	0	1	0
3	0	1	1	0	1	0	0	0	1
2	0	1	0	1	1	0	1	0	0
6	1	1	0	1	1	1	0	0	1
7	1	1	1	1	0	1	0	1	0
5	1	0	1	1	0	0	0	0	1
4	1	0	0	0	0	0	1	0	0

〈표 9.8〉을 이용하여 각 단별로 간략화하는 과정을 설명하면 다음과 같다.

① C단 상태방정식

C \ B A	0 0	0 1	1 1	1 0
0	0	0	0	1
	0	1	3	2
1	1	0	0	0
	4	5	7	6

$$T_C = \overline{C} B \overline{A} + C \overline{B} \overline{A} = (C \oplus B) \overline{A} \qquad (9.4(a))$$

② B단 상태방정식

C \ B A	0 0	0 1	1 1	1 0
0	0	1	0	0
	0	1	3	2
1	0	0	1	0
	4	5	7	6

$$T_B = \overline{C}\,\overline{B}\, A + C B A = \overline{(C \oplus B)}\, A \qquad (9.4(b))$$

③ A 단 상태방정식

C \ B A	0 0	0 1	1 1	1 0
0	1	0	1	0
	0	1	3	2
1	0	1	0	1
	4	5	7	6

$$T_A = \overline{C}\,(\overline{B}\,\overline{A} + B A) + C\,(\overline{B}\, A + B\overline{A})$$
$$= \overline{C}\,\overline{(B \oplus A)} + C(B \oplus A) = \overline{C \oplus B \oplus A} \qquad (9.4(c))$$

2 <표 9.2>를 이용한 상태방정식 유도와 간략화

(1) 〈표 9.9〉를 이용한 상태방정식(RS F/F)

십진수	입력(X)	현재상태(t) A B	다음상태($t+1$) A B	출력(Y)	RS 플립플롭의 여기표 S_A R_A	S_B R_B
0	0	0 0	0 0	0	0 X	0 X
1	0	0 1	0 0	1	0 X	0 1
3	0	1 1	0 0	1	0 1	0 1
2	0	1 0	0 0	1	0 1	0 X
4	1	0 0	0 1	0	0 X	1 0
5	1	0 1	1 1	0	1 0	X 0
7	1	1 1	1 0	0	X 0	0 1
6	1	1 0	1 0	0	X 0	0 X

〈표 9.9〉를 이용하여 각 단별로 간략화하는 과정을 설명하면 다음과 같다.

① 출력(Y)의 상태방정식

X \ A B	0 0	0 1	1 1	1 0
0	0	1	1	1
	0	1	3	2
1	0	0	0	0
	4	5	7	6

$$Y = \overline{X}\,(B+A) \qquad\qquad (9.5(a))$$

② A 단 상태방정식

X \ A B	0 0	0 1	1 1	1 0
0	0	0	0	0
	0	1	3	2
1	0	0	X	X
	4	5	7	6

X \ A B	0 0	0 1	1 1	1 0
0	X	X	1	1
	0	1	3	2
1	X	0	0	0
	4	5	7	6

$$S_A = X\,B \quad R_A = X \qquad\qquad (9.5(b))$$

③ B 단 상태방정식

X \ A B	0 0	0 1	1 1	1 0
0	0	0	0	0
	0	1	3	2
1	1	X	0	0
	4	5	7	6

X \ A B	0 0	0 1	1 1	1 0
0	X	1	1	X
	0	1	3	2
1	0	0	1	X
	4	5	7	6

$$S_B = X\,\overline{B} \quad R_B = \overline{X} + A \tag{9.5(c)}$$

(2) 〈표 9.10〉을 이용한 상태방정식(JK F/F)

십진수	입력(X)	현재상태(t) A B	다음상태($t+1$) A B	출 력(Y)	JK 플립플롭의 여기표 J_A K_A	J_B K_B
0	0	0 0	0 0	0	0 X	0 X
1	0	0 1	0 0	1	0 X	X 1
3	0	1 1	0 0	1	X 1	X 1
2	0	1 0	0 0	1	X 1	0 X
4	1	0 0	0 1	0	0 X	1 X
5	1	0 1	1 1	0	1 X	X 0
7	1	1 1	1 0	0	X 0	X 1
6	1	1 0	1 0	0	X 0	0 X

〈표 9.10〉을 이용하여 각 단별로 간략화하는 과정을 설명하면 다음과 같다.

① 출력(Y)의 상태방정식

X \ A B	0 0	0 1	1 1	1 0
0	0	1	1	1
	0	1	3	2
1	0	0	0	0
	4	5	7	6

$$Y = \overline{X}\,(B + A) \tag{9.6(a)}$$

② A 단 상태방정식

X \ A B	0 0	0 1	1 1	1 0
0	0	0	X	X
	0	1	3	2
1	0	1	X	X
	4	5	7	6

X \ A B	0 0	0 1	1 1	1 0
0	X	X	1	1
	0	1	3	2
1	X	X	0	0
	4	5	7	6

$$J_A = X B \quad K_A = \overline{X} \tag{9.6(b)}$$

③ B 단 상태방정식

X \ A B	0 0	0 1	1 1	1 0
0	0	X	X	0
	0	1	3	2
1	1	X	X	0
	4	5	7	6

X \ A B	0 0	0 1	1 1	1 0
0	X	1	1	X
	0	1	3	2
1	X	0	X	X
	4	5	7	6

$$J_B = X \overline{A} \quad K_B = \overline{X} \tag{9.6(c)}$$

(3) 〈표 9.11〉을 이용한 상태방정식(D F/F)

십진수	입력(X)	현재상태(t) A B	다음상태($t+1$) A B	출력(Y)	D 플립플롭의 여기표 D_A	D_B
0	0	0 0	0 0	0	0	0
1	0	0 1	0 0	1	0	0
3	0	1 1	0 0	1	0	0
2	0	1 0	0 0	1	0	0
4	1	0 0	0 1	0	0	1
5	1	0 1	1 1	0	1	1
7	1	1 1	1 0	0	1	1
6	1	1 0	1 0	0	1	0

〈표 9.11〉을 이용하여 각 단별로 간략화하는 과정을 설명하면 다음과 같다.

① 출력(Y)의 상태방정식

X \ A B	0 0	0 1	1 1	1 0
0	0	1	1	1
	0	1	3	2
1	0	0	0	0
	4	5	7	6

$$Y = \overline{X}\,(B + A) \qquad\qquad (9.7(a))$$

② A 단 상태방정식

X \ A B	0 0	0 1	1 1	1 0
0	0	0	0	0
	0	1	3	2
1	0	1	1	1
	4	5	7	6

$$D_A = X\,(B + A) \qquad\qquad (9.7(b))$$

③ B 단 상태방정식

X \ A B	0 0	0 1	1 1	1 0
0	0	0	0	0
	0	1	3	2
1	1	1	0	0
	4	5	7	6

$$D_B = X\,\overline{A} \qquad\qquad (9.7(c))$$

(4) ⟨표 9.12⟩을 이용한 상태방정식(T F/F)

십진수	입력(X)	현재상태(t)		다음상태(t+1)		출력(Y)	T 플립플롭의 여기표	
		A	B	A	B		T_A	T_B
0	0	0	0	0	0	0	0	0
1	0	0	1	0	0	1	0	1
3	0	1	1	0	0	1	1	1
2	0	1	0	0	0	1	1	0
4	1	0	0	0	1	0	0	1
5	1	0	1	1	1	0	1	0
7	1	1	1	1	0	0	0	1
6	1	1	0	1	0	0	0	0

⟨표 9.12⟩를 이용하여 각 단별로 간략화하는 과정을 설명하면 다음과 같다.

① 출력(Y)의 상태방정식

X \ A B	0 0	0 1	1 1	1 0
0	0	1	1	1
	0	1	3	2
1	0	0	0	0
	4	5	7	6

$$Y = \overline{X}(B + A) \qquad (9.8(a))$$

② A 단 상태방정식

X \ A B	0 0	0 1	1 1	1 0
0	0	0	1	1
	0	1	3	2
1	0	1	0	0
	4	5	7	6

$$T_A = \overline{X}\,A + X\,\overline{A}\,B \qquad (9.8(b))$$

③ B 단 상태방정식

X \ A B	0 0	0 1	1 1	1 0
0	0	1	1	0
	0	1	3	2
1	1	0	1	0
	4	5	7	6

$$T_B = \overline{X}\,B + X\,(\overline{A}\,\overline{B} + A\,B) = \overline{X}B + \overline{A \oplus B} \qquad (9.8(c))$$

❸ 논리식을 이용한 상태방정식의 유도의 예

8장에서 설명한 각종 플립플롭에 대한 상태방정식을 정리하면 다음과 같다.

① RS 플립플롭의 상태방정식

$$Q(t+1)_{RS} = S + \overline{R}\,Q(t)$$

② JK 플립플롭의 상태방정식

$$Q(t+1)_{JK} = J\,\overline{Q(t)} + \overline{K}\,Q(t)$$

③ D 플립플롭의 상태방정식

$$Q(t+1)_D = D$$

④ T 플립플롭의 상태방정식

$$Q(t+1) = T\,\overline{Q(t)} + \overline{T}\,Q(t) = T \oplus Q(t)$$

다음과 같은 논리식이 주어졌을 때 각 플립플롭별로 상태방정식을 유도하는 과정을 설명하면 다음과 같다.

$$A(t+1) = \overline{A}\,\overline{B}\,C\,D + A\,C\,D + A\,\overline{C}\,\overline{D} + \overline{A}\,\overline{B}\,C$$
$$B(t+1) = \overline{A}\,C + C\,\overline{D} + \overline{A}\,B\,\overline{C}$$
$$C(t+1) = B$$
$$D(t+1) = \overline{D}$$

(1) RS 플립플롭을 이용한 상태방정식

① $A(t+1) = \overline{A}\,\overline{B}\,C\,D + A\,C\,D + A\,\overline{C}\,\overline{D} + \overline{A}\,\overline{B}\,C$

$$Q(t+1)_{RS} = S + \overline{R}\,Q(t)$$

$$\begin{aligned}
A(t+1) &= \overline{A}\,\overline{B}\,C\,D + A\,C\,D + A\,\overline{C}\,\overline{D} + \overline{A}\,\overline{B}\,C \\
&= \overline{A}\,\overline{B}\,C\,(1+D) + A\,(C\,D + \overline{C}\,\overline{D}) \\
&= \overline{A}\,\overline{B}\,C + A\,\overline{(C \oplus D)} \\
&= \overline{A(t)}\,\overline{B}\,C + \overline{(C \oplus D)}\,A(t) \\
&= S + \overline{R}\,A(t)
\end{aligned}$$

$$S_A = \overline{A(t)}\,\overline{B}\,C \qquad R_A = C \oplus D = C\,\overline{D} + \overline{C}\,D \qquad\qquad (9.9(a))$$

② $B(t+1) = \overline{A}\,C + C\,\overline{D} + \overline{A}\,B\,\overline{C}$

$$\begin{aligned}
Q(t+1)_{RS} &= S + \overline{R}\,Q(t) \\
&= C\,(\overline{A} + \overline{D}) + \overline{A}\,\overline{C}\,B(t) \\
&= C\,\overline{(A\,D)} + \overline{(A+C)}\,B(t) \\
&= S + \overline{R}\,B(t)
\end{aligned}$$

$$S_B = C\,\overline{(AD)} \qquad R_B = A + C \qquad\qquad (9.9(b))$$

③ $C(t+1) = B$

$\quad Q(t+1)_{RS} = S + \overline{R}\,Q(t)$

$\quad C(t+1) = B$

$\qquad = B\,(C + \overline{C})$

$\qquad = B\,\overline{C(t)} + B\,C(t)$

$\qquad = S + \overline{R}\,C(t)$

$\quad S_C = B\,\overline{C(t)} \qquad R_C = \overline{B}$ $\hfill (9.9(c))$

④ $D(t+1) = \overline{D}$

$\quad Q(t+1)_{RS} = S + \overline{R}\,Q(t)$

$\quad D(t+1) = \overline{D}$

$\qquad = 1 \cdot \overline{D(t)} + 0 \cdot D(t)$

$\qquad = S + \overline{R}\,D(t)$

$\quad S_D = \overline{D(t)} \qquad R_D = 1$ $\hfill (9.9(d))$

(2) JK 플립플롭을 이용한 상태방정식

① $A(t+1) = \overline{A}\,\overline{B}\,C\,D + A\,C\,D + A\,\overline{C}\,\overline{D} + \overline{A}\,\overline{B}\,C$

$\quad Q(t+1)_{JK} = J\,\overline{Q(t)} + \overline{K}\,Q(t)$

$\quad A(t+1) = \overline{A}\,\overline{B}\,C\,D + A\,C\,D + A\,\overline{C}\,\overline{D} + \overline{A}\,\overline{B}\,C$

$\qquad = \overline{A}\,\overline{B}\,C\,(1+D) + A\,(C\,D + \overline{C}\,\overline{D})$

$\qquad = \overline{A}\,\overline{B}\,C + A\,\overline{(C \oplus D)}$

$\qquad = \overline{B}\,C\,\overline{A(t)} + \overline{(C \oplus D)}\,A(t)$

$\qquad = J\,\overline{A(t)} + \overline{K}\,A(t)$

$\quad J_A = \overline{B}\,C \qquad K_A = C \oplus D = C\,\overline{D} + \overline{C}\,D$ $\hfill (9.10(a))$

② $B(t+1) = \overline{A}\,C + C\,\overline{D} + \overline{A}\,B\,\overline{C}$

$\quad Q(t+1)_{JK} = J\,\overline{Q(t)} + \overline{K}\,Q(t)$

$\quad B(t+1) = \overline{A}\,C + C\,\overline{D} + \overline{A}\,B\,\overline{C}$

$\qquad = (\overline{A}\,C + C\,\overline{D})(B + \overline{B}) + \overline{A}\,\overline{C}\,B$

$\qquad = (\overline{A}\,C + C\,\overline{D})\,B + (\overline{A}\,C + C\,\overline{D})\,\overline{B} + \overline{A}\,\overline{C}\,B$

$\qquad = (\overline{A}\,C + C\,\overline{D})\,\overline{B} + (\overline{A}\,C + C\,\overline{D} + \overline{A}\,\overline{C})\,B$

$\qquad = (\overline{A}\,C + C\,\overline{D})\,\overline{B} + (\overline{A}\,(C + \overline{C}) + C\,\overline{D})\,B$

$\qquad = (\overline{A}\,C + C\,\overline{D})\,\overline{B} + (\overline{A}\,(C + \overline{C}) + C\,\overline{D})\,B$

$$= (\overline{A}\,C + C\,\overline{D})\,\overline{B(t)} + (\overline{A} + C\,\overline{D})\,B(t)$$

$$= J\,\overline{B(t)} + \overline{K}\,B(t)$$

$$J_B = \overline{A}\,C + C\,\overline{D} \qquad K_B = \overline{A} + C\,\overline{D} \tag{9.10(b)}$$

③ $C(t+1) = B$

$$Q(t+1)_{JK} = J\,\overline{Q(t)} + \overline{K}\,Q(t)$$

$$C(t+1) = B$$

$$= B(C + \overline{C})$$

$$= B\,\overline{C(t)} + B\,C(t)$$

$$= J\,\overline{C(t)} + \overline{K}\,C(t)$$

$$J_C = B \qquad K_C = \overline{B} \tag{9.10(c)}$$

④ $D(t+1) = \overline{D}$

$$Q(t+1)_{JK} = J\,\overline{Q(t)} + \overline{K}\,Q(t)$$

$$D(t+1) = \overline{D}$$

$$= 1 \cdot \overline{D(t)} + 0 \cdot D(t)$$

$$= J\,\overline{D(t)} + \overline{K}\,D(t)$$

$$J_D = 1 \qquad K_D = 1 \tag{9.10(d)}$$

(3) D 플립플롭을 이용한 상태방정식

① $A(t+1) = \overline{A}\,\overline{B}\,C\,D + A\,C\,D + A\,\overline{C}\,\overline{D} + \overline{A}\,\overline{B}\,C$

$$Q(t+1)_D = D_A$$

$$A(t+1) = \overline{A}\,\overline{B}\,C\,D + A\,C\,D + A\,\overline{C}\,\overline{D} + \overline{A}\,\overline{B}\,C = D_A$$

$$D_A = \overline{A}\,\overline{B}\,C\,D + A\,C\,D + A\,\overline{C}\,\overline{D} + \overline{A}\,\overline{B}\,C \tag{9.11(a)}$$

② $B(t+1) = \overline{A}\,C + C\,\overline{D} + \overline{A}\,B\,\overline{C}$

$$Q(t+1)_D = D_B$$

$$B(t+1) = \overline{A}\,C + C\,\overline{D} + \overline{A}\,B\,\overline{C} = D_B$$

$$D_B = \overline{A}\,C + C\,\overline{D} + \overline{A}\,B\,\overline{C} \tag{9.11(b)}$$

③ $C(t+1) = B$

$$Q(t+1)_D = D_C$$

$$C(t+1) = B = D_C$$

$$D_C = B \tag{9.11(c)}$$

④ $D(t+1) = \overline{D}$

$\quad Q(t+1)_D = D_D$

$\quad D(t+1) = \overline{D} \ = D_D$

$\quad D_D = \overline{D}$ (9.11(d))

(4) T 플립플롭을 이용한 상태방정식

① $A(t+1) = \overline{A}\ \overline{B}\ C\ D + A\ C\ D + A\ \overline{C}\ \overline{D} + \overline{A}\ \overline{B}\ C$

$\quad Q(t+1) = T\ \overline{Q(t)} + \overline{T}\ Q(t) = T \oplus Q(t)$

$\quad A(t+1) = \overline{A}\ \overline{B}\ C\ D + A\ C\ D + A\ \overline{C}\ \overline{D} + \overline{A}\ \overline{B}\ C$

$\qquad = \overline{A}\ \overline{B}\ C\ (1+D) + A\ (C\ D + \overline{C}\ \overline{D})$

$\qquad = \overline{A}\ \overline{B}\ C + A\ \overline{(C \oplus D)}$

$\qquad = \overline{B}\ C\ \overline{A(t)} + \overline{(C \oplus D)}\ A(t)$

$\qquad = T\ A(t) + T\ A(t)$

$\quad T_A = \overline{B}\ C \qquad T_A = C \oplus D = C\ \overline{D} + \overline{C}\ D$ (9.12(a))

T_A가 서로 다르기 때문에 설계 불가능하다.

② $B(t+1) = \overline{A}\ C + C\ \overline{D} + \overline{A}\ B\ \overline{C}$

$\quad Q(t+1) = T\ \overline{Q(t)} + \overline{T}\ Q(t) = T \oplus Q(t)$

$\quad B(t+1) = \overline{A}\ C + C\ \overline{D} + \overline{A}\ B\ \overline{C}$

$\qquad\quad = (\overline{A}\ C + C\ \overline{D})(B + \overline{B}) + \overline{A}\ \overline{C}\ B$

$\qquad\quad = (\overline{A}\ C + C\ \overline{D})B + (\overline{A}\ C + C\ \overline{D})\ \overline{B} + \overline{A}\ \overline{C}\ B$

$\qquad\quad = (\overline{A}\ C + C\ \overline{D})\ \overline{B} + (\overline{A}\ C + C\ \overline{D} + \overline{A}\ \overline{C})B$

$\qquad\quad = (\overline{A}\ C + C\ \overline{D})\ \overline{B} + (\overline{A}\ (C + \overline{C}) + C\ \overline{D})B$

$\qquad\quad = (\overline{A}\ C + C\ \overline{D})\ \overline{B} + (\overline{A}\ (C + \overline{C}) + C\ \overline{D})B$

$\qquad\quad = (\overline{A}\ C + C\ \overline{D})\ \overline{B(t)} + (\overline{A} + C\ \overline{D})B(t)$

$\qquad\quad = T\ \overline{B(t)} + \overline{T}\ B(t)$

$\quad T_B = \overline{A}\ C + C\ \overline{D} \qquad T_B = \overline{A} + C\ \overline{D}$ (9.12(b))

T_B가 서로 다르기 때문에 설계 불가능하다.

③ $C(t+1) = B$

$\quad Q(t+1) = T\ \overline{Q(t)} + \overline{T}\ Q(t) = T \oplus Q(t)$

$\quad C(t+1) = B$

$$= B(C + \overline{C})$$
$$= B\,\overline{C(t)} + B\,C(t)$$
$$= T\,\overline{C(t)} + \overline{T}\,C(t)$$
$$T_C = B \quad T_C = \overline{B} \tag{9.12(c)}$$

T_C가 서로 다르기 때문에 설계 불가능하다.

④ $D(t+1) = \overline{D}$
$$Q(t+1) = T\,\overline{Q(t)} + \overline{T}\,Q(t) = T \oplus Q(t)$$
$$D(t+1) = \overline{D}$$
$$= 1 \cdot \overline{D(t)} + 0 \cdot D(t)$$
$$= T\,\overline{D(t)} + \overline{T}\,D(t)$$
$$T_D = 1 \quad T_D = 1 \tag{9.12(d)}$$

T_D가 서로 같기 때문에 설계가 가능하다. 하지만 A,B,C단에서는 T 플립플롭으로 설계가 불가능하므로 이 상태방정식에 의해서 T플립플롭으로 설계하는 것은 불가능하다.

5 회로도 구성

위에서 구한 상태방정식을 이용하여 회로도를 그리면 다음과 같다.

(1)식 (9.1)을 이용한 회로도

$$S_C = B\,\overline{A} \quad R_C = \overline{B}\,\overline{A}$$
$$S_B = A \quad R_B = C\,A$$
$$S_A = \overline{C}\,\overline{B} + C\,B = \overline{C \oplus B} \quad R_A = C\,\overline{B} + \overline{C}\,B = C \oplus B$$

① $S_C = B\,\overline{A}$, $R_C = \overline{B}\,\overline{A}$

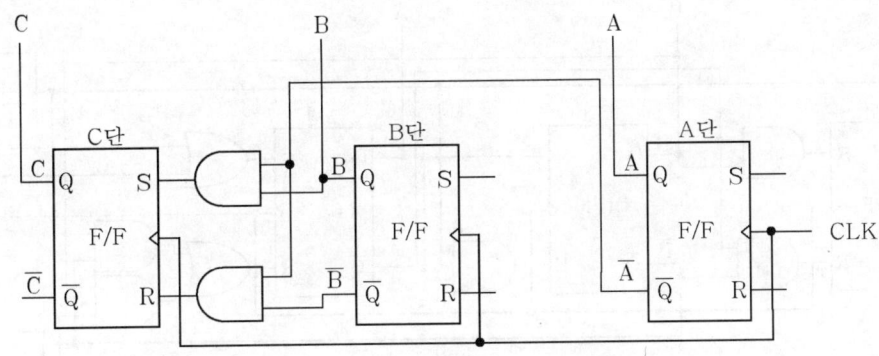

〈그림 9.7(a)〉 RS 플립플롭을 이용한 C단 회로도

② $S_B = A$, $R_B = C\,A$

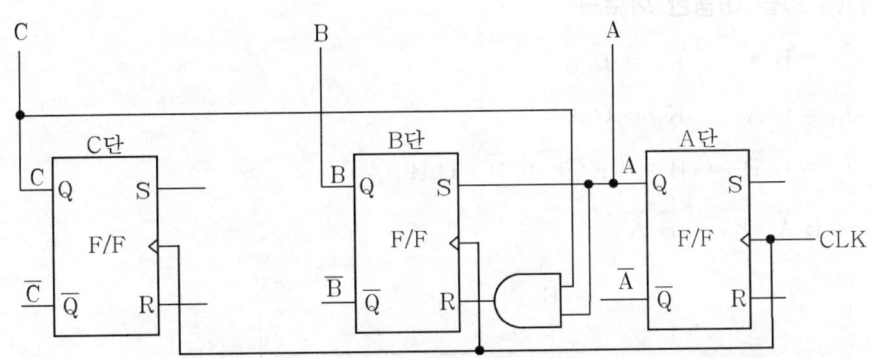

〈그림 9.7(b)〉 RS 플립플롭을 이용한 B단 회로도

③ $S_A = \overline{C}\,\overline{B} + C\,B$, $R_A = C\,\overline{B} + \overline{C}\,B$

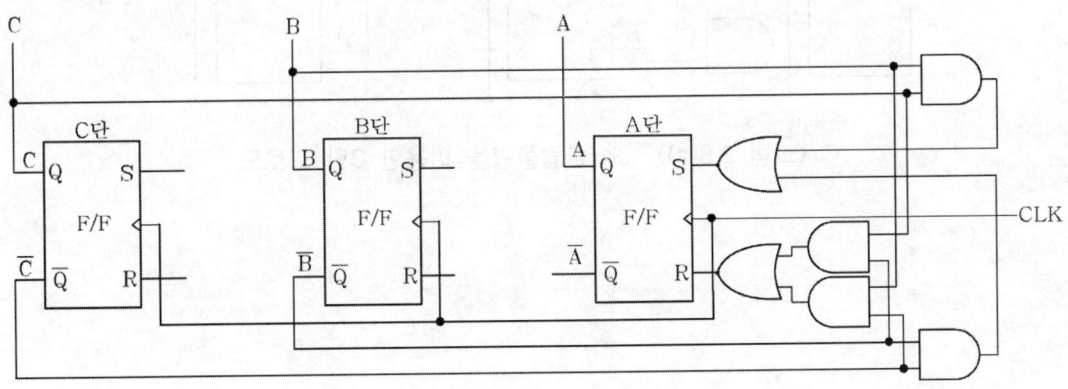

〈그림 9.7(c)〉 RS 플립플롭을 이용한 A단 회로도

④ 전체적인 회로도

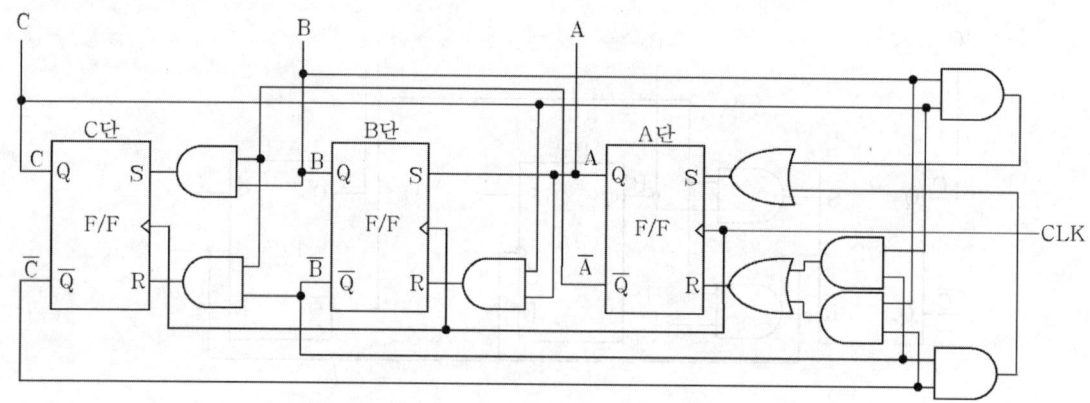

〈그림 9.7(d)〉 RS 플립플롭을 이용한 전체 회로도

(2) 식 (9.2)를 이용한 회로도

$$J_C = B\,\overline{A} \qquad K_C = \overline{B}\,\overline{A}$$

$$J_B = \overline{C}\,A \qquad K_B = C\,A$$

$$J_A = \overline{C}\,\overline{B} + C\,B \qquad K_A = C\,\overline{B} + \overline{C}\,B$$

① $J_C = B\,\overline{A}$, $K_C = \overline{B}\,\overline{A}$

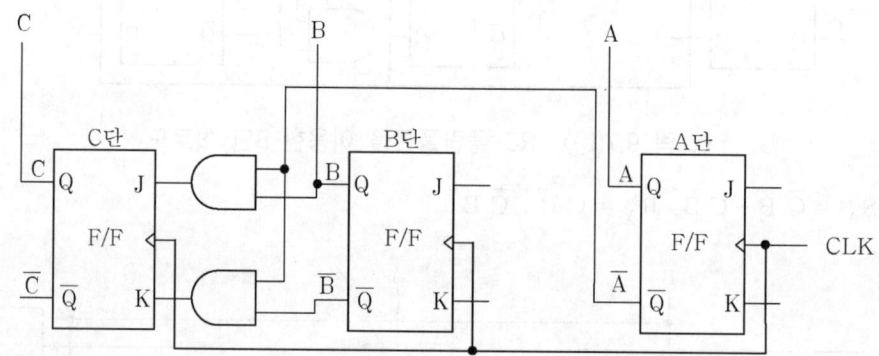

〈그림 9.8(a)〉 JK 플립플롭을 이용한 C단 회로도

② $J_B = \overline{C}\,A,\ K_B = C\,A$

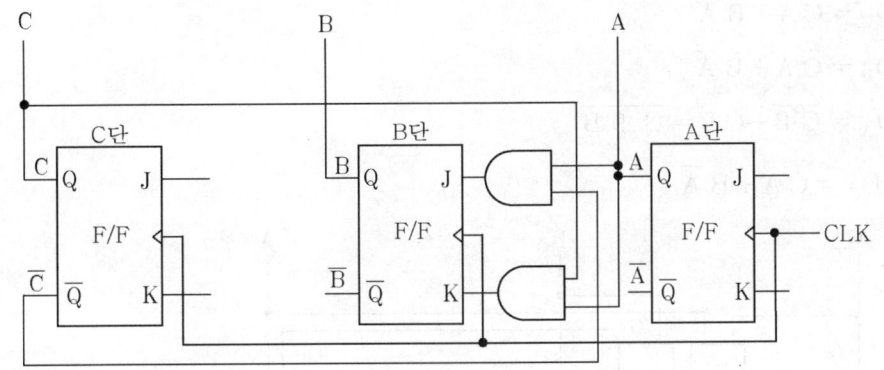

〈그림 9.8(b)〉 JK 플립플롭을 이용한 B단 회로도

③ $J_A = \overline{C}\,\overline{B} + C\,B,\ K_A = C\,\overline{B} + \overline{C}\,B$

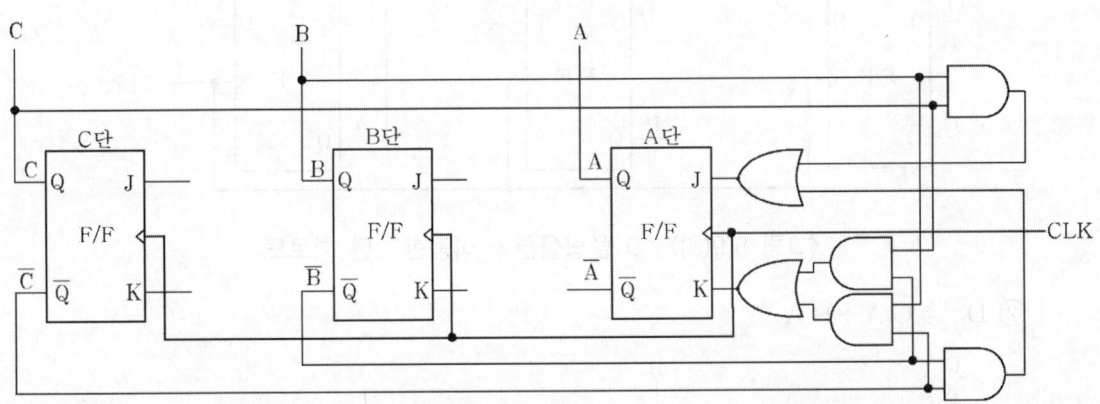

〈그림 9.8(c)〉 JK 플립플롭을 이용한 A단 회로도

④ 전체적인 회로도

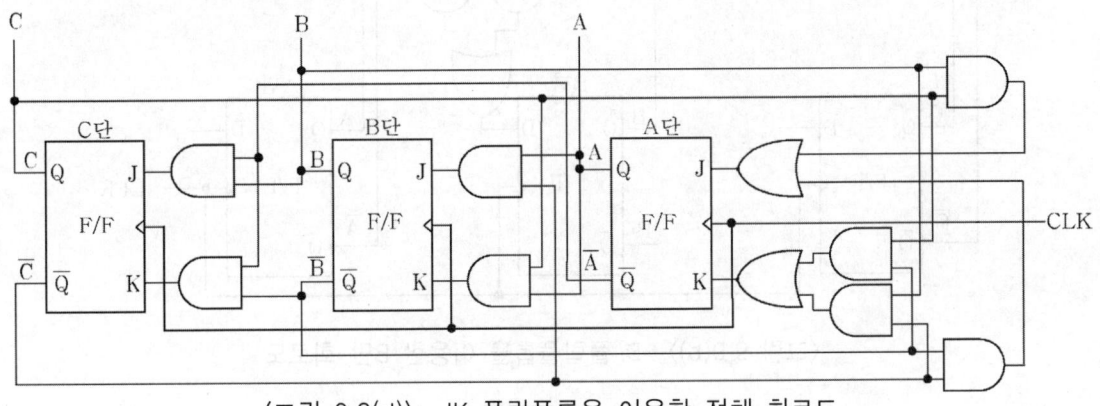

〈그림 9.8(d)〉 JK 플립플롭을 이용한 전체 회로도

(3) 식 (9.3)을 이용한 회로도

$$D_C = C\,A + B\,\overline{A}$$

$$D_B = \overline{C}\,A + B\,\overline{A}$$

$$D_A = \overline{C}\,\overline{B} + C\,B = \overline{C \oplus B}$$

① $D_C = C\,A + B\,\overline{A}$

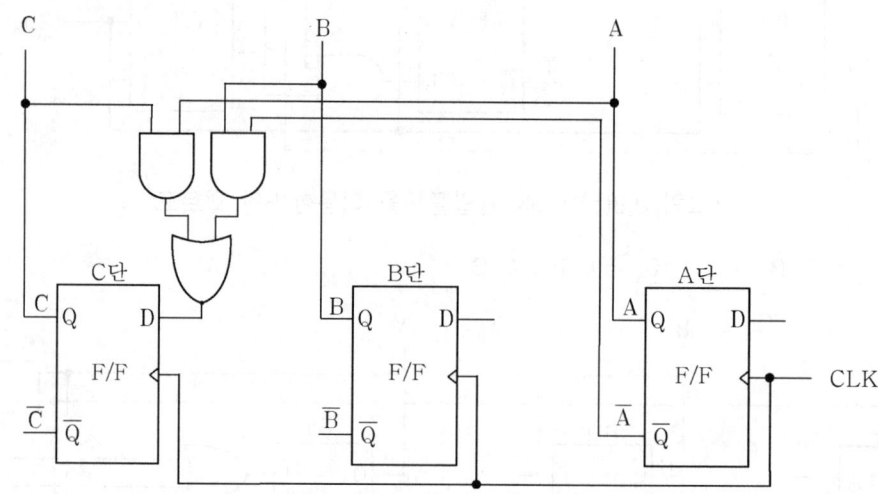

〈그림 9.9(a)〉 D 플립플롭을 이용한 C단 회로도

② $D_B = \overline{C}\,A + B\,\overline{A}$

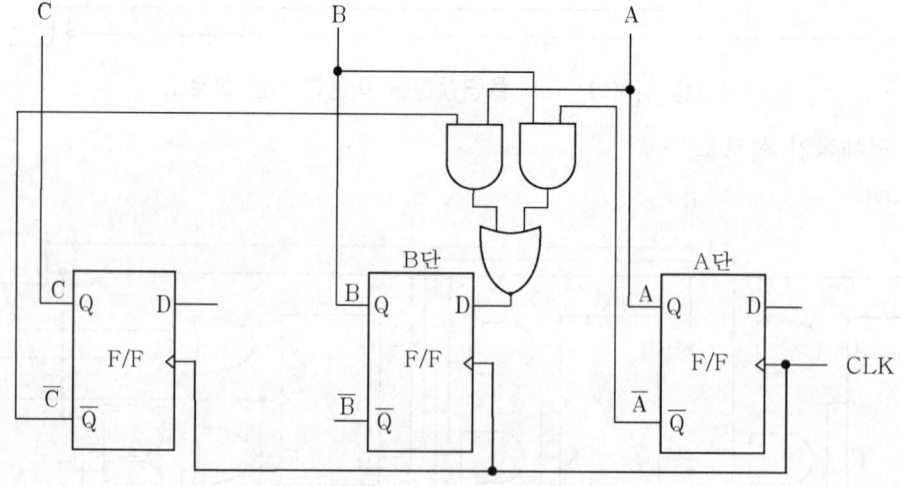

〈그림 9.9(b)〉 D 플립플롭을 이용한 B단 회로도

③ $D_A = \overline{C}\,\overline{B} + C\,B$

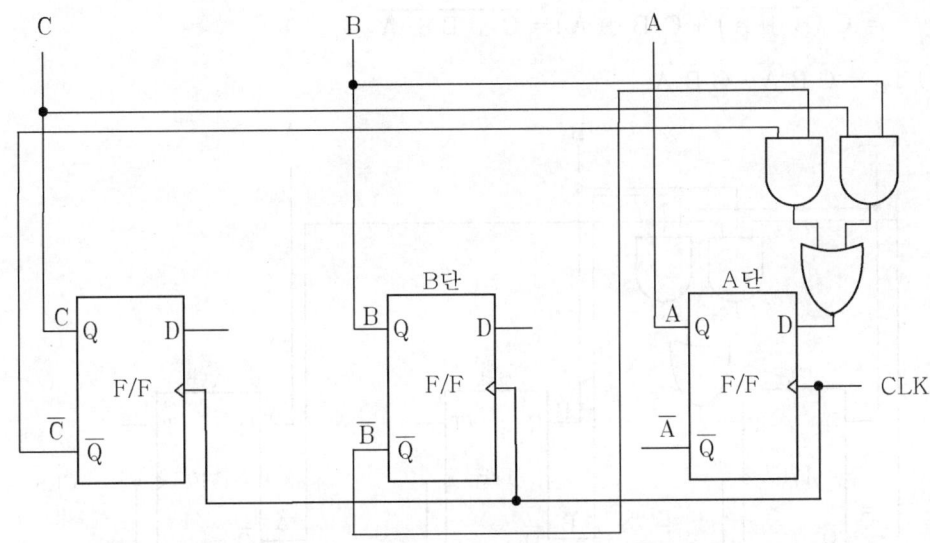

〈그림 9.9(c)〉 D 플립플롭을 이용한 A단 회로도

④ 전체적인 회로도

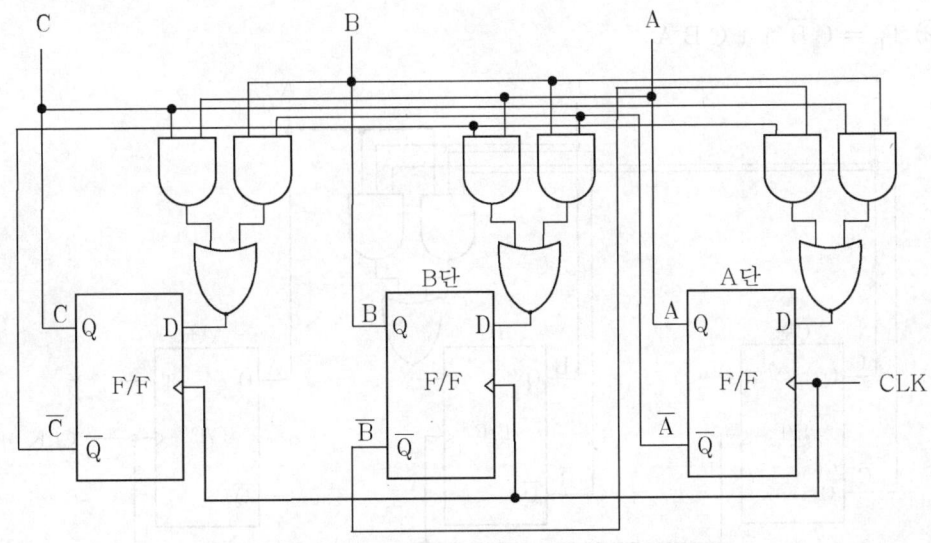

〈그림 9.9(d)〉 D 플립플롭을 이용한 전체 회로도

(4) 식 (9.4)를 이용한 회로도

$T_C = \overline{C}\,B\,\overline{A} + C\,\overline{B}\,\overline{A} = (C \oplus B)\,\overline{A}$

$T_B = \overline{C}\,\overline{B}\,A + C\,B\,A = \overline{(C \oplus B)}\,A$

$$T_A = \overline{C}\,(\overline{B}\,\overline{A} + B\,A) + C\,(\overline{B}\,A + B\,\overline{A})$$
$$= \overline{C}\,\overline{(B \oplus A)} + C(B \oplus A) = \overline{C \oplus B \oplus A}$$

① $T_C = \overline{C}\,B\,\overline{A} + C\,\overline{B}\,\overline{A}$

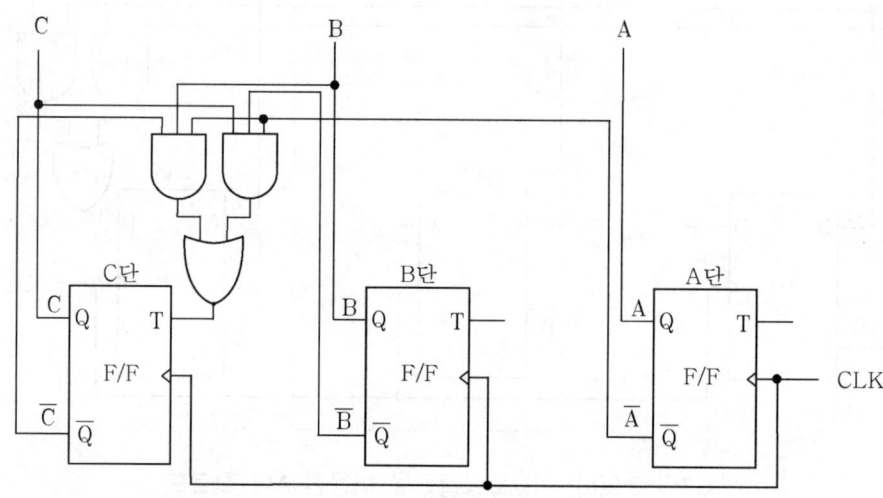

〈그림 9.10(a)〉 T 플립플롭을 이용한 C단 회로도

② $T_B = \overline{C}\,\overline{B}\,A + C\,B\,A$

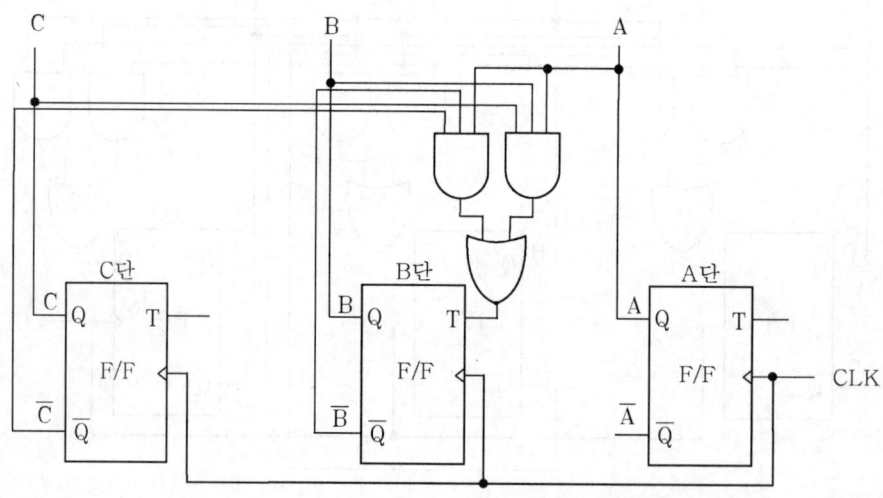

〈그림 9.10(b)〉 T 플립플롭을 이용한 B단 회로도

③ $T_A = \overline{C}\,(\overline{B}\,\overline{A} + B\,A) + C\,(\overline{B}\,A + B\,\overline{A})$
$$= \overline{C}\,\overline{B}\,\overline{A} + \overline{C}\,B\,A + C\,\overline{B}\,A + C\,B\,\overline{A}$$

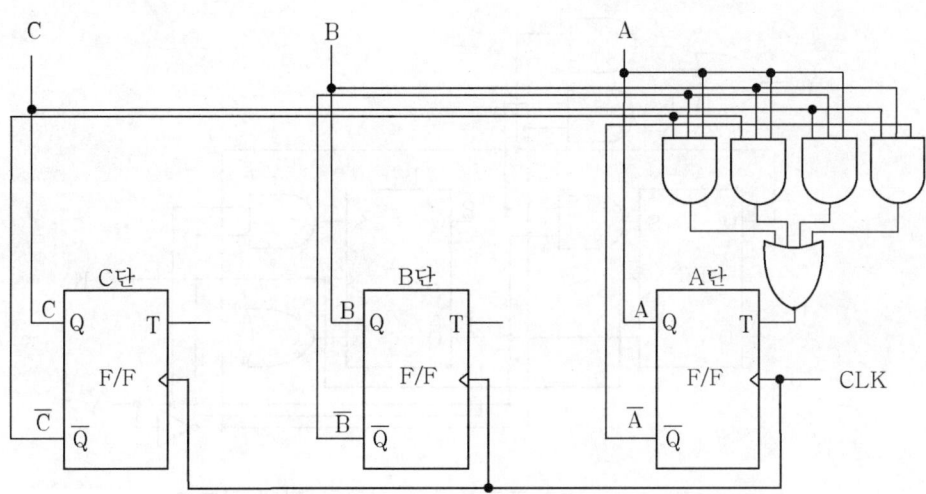

〈그림 9.10(c)〉 T 플립플롭을 이용한 A단 회로도

④ 전체적인 회로도

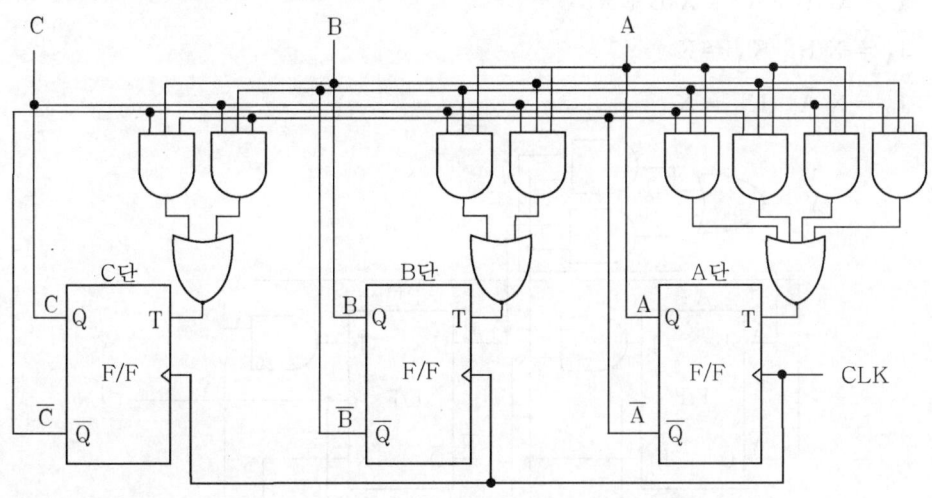

〈그림 9.10(d)〉 T 플립플롭을 이용한 전체 회로도

(5) 식 (9.5)를 이용한 회로도

$$Y = \overline{X} (B + A) = \overline{X} B + \overline{X} A$$

$$S_A = X B \quad R_A = X$$

$$S_B = X \overline{B} \quad R_B = \overline{X} + A$$

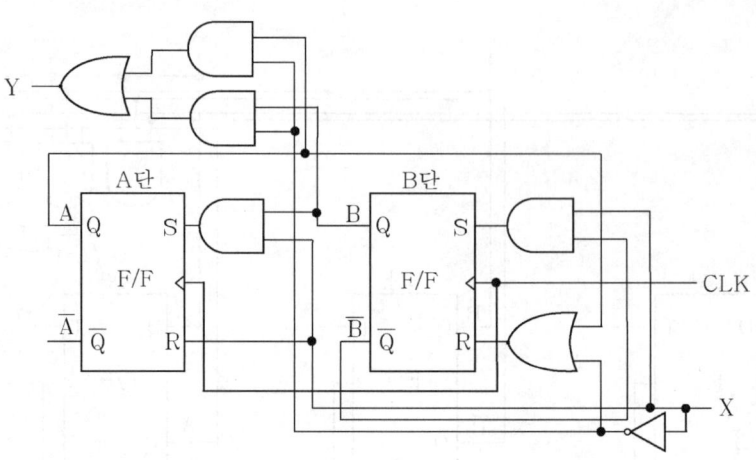

〈그림 9.11〉 RS 플립플롭을 이용한 전체 회로도

(6) 식 (9.6)을 이용한 회로도

$$Y = \overline{X}(B+A) = \overline{X}B + \overline{X}A$$
$$J_A = XB \quad K_A = \overline{X}$$
$$J_B = X\overline{A} \quad K_B = \overline{X}$$

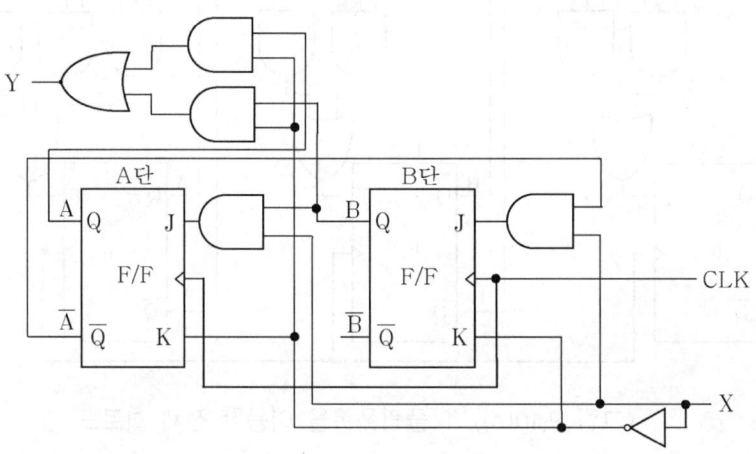

〈그림 9.12〉 JK 플립플롭을 이용한 전체 회로도

(7) 식 (9.7)을 이용한 회로도

$$Y = \overline{X}(B+A) = \overline{X}B + \overline{X}A$$
$$D_A = X(B+A) = XB + XA$$
$$D_B = X\overline{A}$$

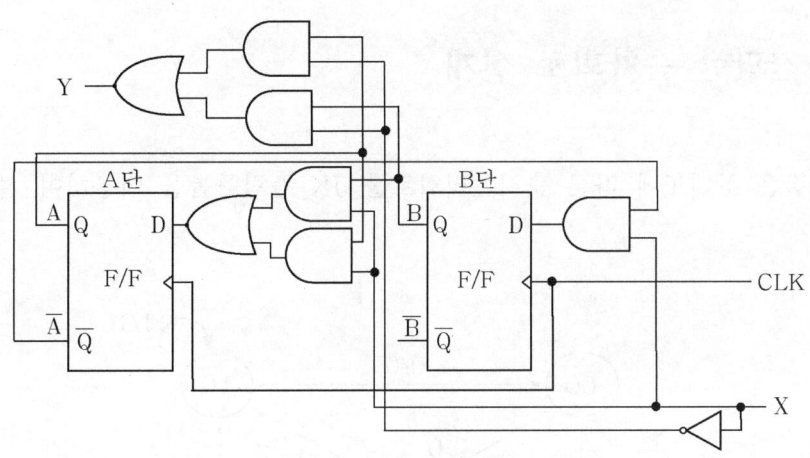

〈그림 9.13〉 D 플립플롭을 이용한 전체 회로도

(8) 식 (9.8)을 이용한 회로도

$$Y = \overline{X}(B+A) = \overline{X}B + \overline{X}A$$

$$T_A = \overline{X}A + X\overline{A}B$$

$$T_B = \overline{X}B + X(\overline{A}\overline{B} + AB)$$

$$= \overline{X}B + X\overline{A}\overline{B} + XAB$$

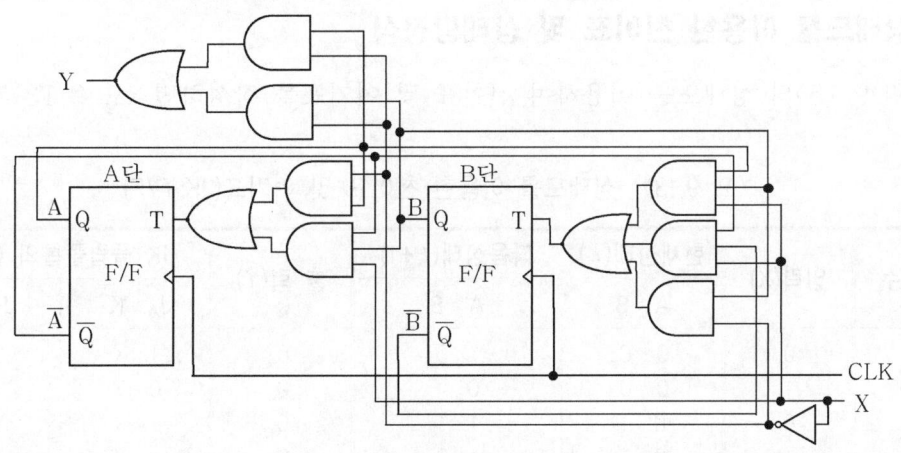

〈그림 9.14〉 T 플립플롭을 이용한 전체 회로도

문제 9-1

➡ 식 (9.9)를 이용하여 회로도를 그려라.

6 간단한 순차회로 설계

다음과 같은 상태도에 따른 순서논리회로를 JK 플립플롭을 이용하여 설계하면 다음과 같다.

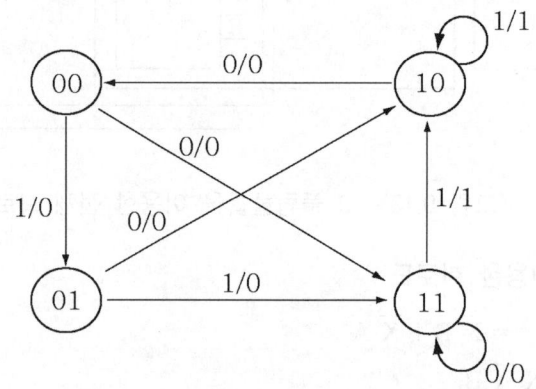

〈그림 9.15〉 간단한 순서논리 상태도

① 상태도를 이용한 천이표 및 상태방정식

〈그림 9.15〉의 상태도를 이용하여 전이표 및 여기표를 작성하면 〈표 9.13〉과 같다.

〈표 9.13〉 상태도를 이용한 천이표 및 여기표(JK F/F)

십진수	입력(X)	현재상태(t) A B	다음상태($t+1$) A B	출 력(Y)	JK 플립플롭의 여기표 J_A K_A	J_B K_B
0	0	0 0	1 0	0	1 X	0 X
4	1	0 0	0 1	0	0 X	1 X
1	0	0 1	1 1	0	1 X	X 0
5	1	0 1	1 0	0	1 X	X 1
2	0	1 0	1 0	0	X 0	0 X
6	1	1 0	1 1	1	X 0	1 X
3	0	1 1	0 0	0	X 1	X 1
7	1	1 1	1 1	1	X 0	X 0

〈표 9.13〉을 이용하여 각 단별로 간략화하는 과정을 설명하면 다음과 같다.

① 출력(Y)의 상태방정식

X \ A B	0 0	0 1	1 1	1 0
0	0	0	0	0
	0	1	3	2
1	0	0	1	1
	4	5	7	6

$$Y = X\,A \qquad (9.13(a))$$

② A 단 상태방정식

X \ A B	0 0	0 1	1 1	1 0
0	1	1	X	X
	0	1	3	2
1	0	1	X	X
	4	5	7	6

X \ A B	0 0	0 1	1 1	1 0
0	X	X	1	0
	0	1	3	2
1	X	X	0	0
	4	5	7	6

$$J_A = \overline{X} + B \quad K_A = \overline{X}\,B \qquad (9.13(b))$$

③ B 단 상태방정식

X \ A B	0 0	0 1	1 1	1 0
0	0	X	X	0
	0	1	3	2
1	1	X	X	1
	4	5	7	6

X \ A B	0 0	0 1	1 1	1 0
0	X	0	1	X
	0	1	3	2
1	X	1	0	X
	4	5	7	6

$$J_B = X \quad K_B = X\,\overline{A} + \overline{X}\,A \qquad (9.13(c))$$

식 (9.13)을 이용하여 회로를 구성하면 〈그림 9.16〉과 같다.

$$Y = X\,A$$
$$J_A = \overline{X} + B \quad K_A = \overline{X}\,B$$
$$J_B = X \quad K_B = X\,\overline{A} + \overline{X}\,A$$

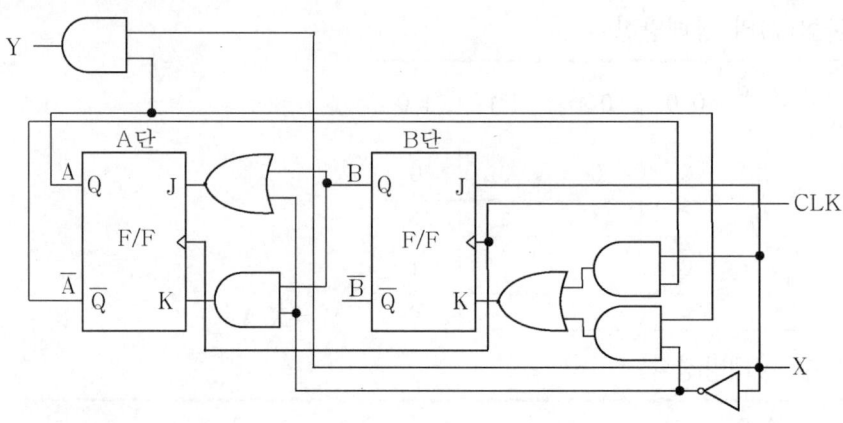

〈그림 9.16〉 전체 회로도

문제 9-2

➡ 〈그림 9.15〉를 D 플립플롭을 이용해서 회로를 설계하라.

7 **상태도를 간략화하는 방법**

순서논리회로를 설계할 때 조합논리회로에서 간략화와 마찬가지로 플립플롭 수를 최대한 줄이기 위해 중복되는 상태를 간략화 해야 한다. 순서논리회로를 설계하기 위해 〈그림 9.17〉과 같은 상태도를 얻었다면 여기서 상태수를 간략화하는 과정을 설명하려고 한다.

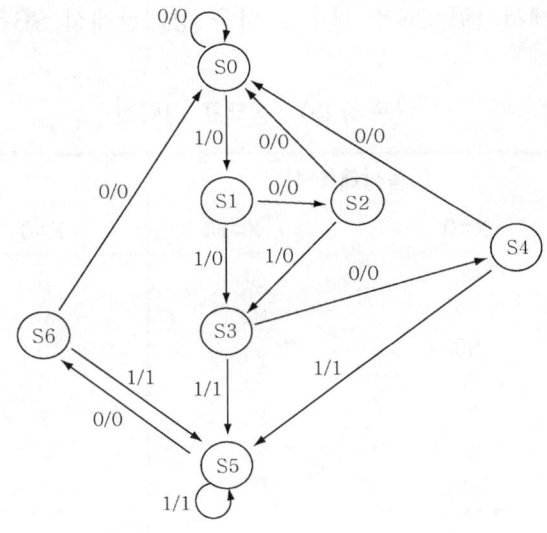

〈그림 9.17〉 간략화 전 상태도

우선 상태도를 상태표로 작성하면 〈표 9.14〉와 같다.

〈표 9.14〉 〈그림 9.17〉의 상태표

현재상태(t)	다음상태($t+1$)		출력(Y)	
	X=0	X=1	X=0	X=1
S0	S0	S1	0	0
S1	S2	S3	0	0
S2	S0	S3	0	0
S3	S4	S5	0	1
S4	S0	S5	0	1
S5	S6	S5	0	1
S6	S0	S5	0	1

여기서 입력에 대해 2가지 상태가 동일한 출력을 발생시키며 동일한 상태를 만들면 두 상태는 동등하다고 할 수 있다. 2상태가 동등할 때 그 중 하나는 입·출력관계의 변경없이 제거할 수 있다. 그러면 〈표 9.14〉에서 동일한 다음 상태로 변경하며 2 입력 조합에 대해 동일한 출력을 갖는 2개의 현재상태가 있나 조사해 본다. S6과 S4가 동일한 2 상태로 다음 상태가 S0와 S5이며 출력은 X=0에 대해서 Y=0, X=1에 대해서 Y=1을 나타낸다. 그러므로 상태 S4와 S6은 등가이기 때문에 그 중 하나는 제거할

수 있다. 〈표 9.15〉에서처럼 S6을 지우고 다음 상태란에서 S6은 S4로 대체한다.

〈표 9.15〉 상태표 간략화

현재상태(t)	다음상태(t+1)		출력(Y)	
	X=0	X=1	X=0	X=1
S0	S0	S1	0	0
S1	S2	S3	0	0
S2	S0	S3	0	0
S3	S4	S3	0	1
S4	S0	S3	0	1
S5	S4	S5	0	1
S6	S0	S5	0	1

이렇게 고치고 보니 S3과 S5가 동등하게 되므로 S5를 지우고 다음 상태란에서 S5는 S3으로 대체한다. 이렇게 간략화된 상태표는 〈표 9.16〉과 같다.

〈표 9.16〉 간략화된 상태표

현재상태(t)	다음상태($t+1$)		출력(Y)	
	X=0	X=1	X=0	X=1
S0	S0	S1	0	0
S1	S2	S3	0	0
S2	S0	S3	0	0
S3	S4	S3	0	1
S4	S0	S3	0	1

따라서 〈표 9.16〉의 간략화된 상태표는 〈표 9.14〉의 간략화되기 전 상태표와 동등한 동작을 하게되는데 일반적으로 상태도에서 상태수를 줄임으로써 회로 구성이 간단해지는 것처럼 보이나 실제로 플립플롭 게이트 수를 줄인다고 볼 수는 없다. 상태를 2진값으로 표현하면 상태수에 따라 2진값의 비트수에 따라 플립플롭의 게이트 수가 결정되기 때문이다. 〈그림 9.18〉은 간략화된 상태도를 나타낸 것이다.

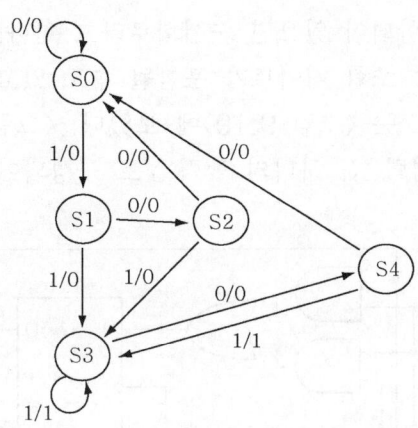

〈그림 9.18〉 간략화 된 상태도

〈표 9.17〉은 간략화된 상태표에 각각의 2진수를 할당한 상태표이다.

〈표 9.17〉 2진수를 할당한 상태표

현재상태(t)	다음상태(t+1)		출력(Y)	
	X=0	X=1	X=0	X=1
001	001	010	0	0
010	011	100	0	0
011	001	100	0	0
100	101	100	0	1
101	001	100	0	1

8 회로도를 이용한 상태도 그리는 방법

순서회로의 동작은 입력, 출력 그리고 그것의 플립플롭의 상태에 따라서 결정된다. 출력과 플립플롭의 차기상태는 입력과 현재상태의 함수가 된다. 순서회로의 해석은 입력, 출력 그리고 내부 상태의 시간에 따른 순서를 나타내는 표나 도면을 구하는 일이다. 순서회로의 작동을 설명하는 부울대수 표현식을 이용할 수도 있다. 그러나 이식에는 직접적이건 간접적이건 간에 필요한 시간순서 관계가 포함되어 있어야 한다.

회로도에 플립플롭이 포함되어 있으면 순서회로라고 한다. 플립플롭은 어떠한 형이라도 상관 없으며 회로도에는 조합 게이트가 포함될 수도 있고 없을 수도 있다.

클록이 존재하는 순서회로는 〈그림 9.19〉에 보였다. 〈그림 9.19〉의 회로는 2개의 D 플립플롭 A와 B 하나의 입력 X, 하나의 출력 Y로 구성되어 있다.

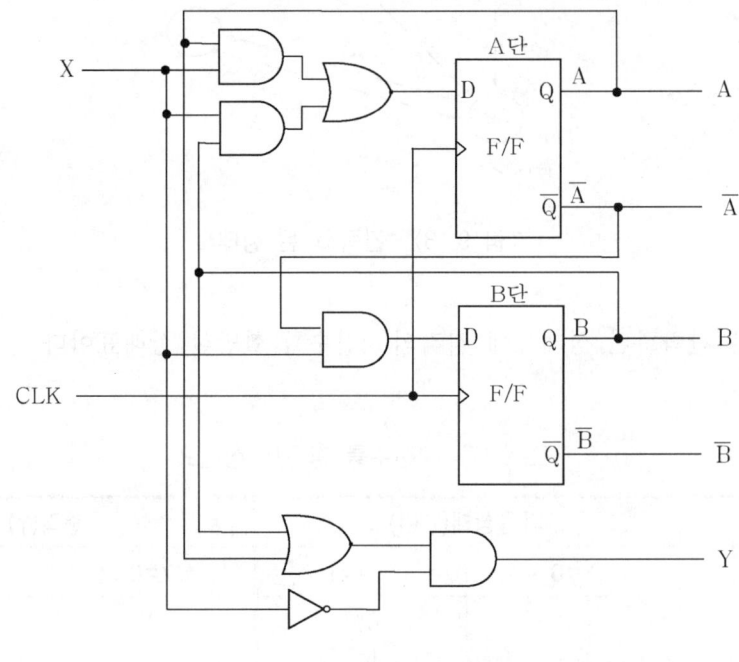

〈그림 9.19〉 순서논리회로

〈그림 9.19〉를 이용하여 상태방정식을 쓰면 다음과 같다.

$$A(t+1) = A(t) X(t) + B(t) X(t) \tag{9.14(a)}$$

$$B(t+1) = \overline{A(t)} X(t) \tag{9.14(b)}$$

$$Y(t+1) = (A(t) + B(t)) \overline{X(t)} \tag{9.14(c)}$$

상태방정식은 플립플롭의 상태 전이에 대한 조건을 명시하는 대수식이다. 그 방정식의 왼쪽은 플립플롭의 다음상태를 나타내고 오른쪽은 다음 상태를 1로 만드는 현재상태와 입력 조건을 명시하는 부울 표현식이다. 불 표현식에서 모든 변수들은 현재상태의 함수이므로 편의상 각 변수 다음의 지시 (t)는 생략할 수 있다. 식 (9.14)를 간결한 형태로 표현할 수 있다.

$$A(t+1) = A\,X + B\,X \tag{9.15(a)}$$
$$B(t+1) = \overline{A}\,X \tag{9.15(b)}$$
$$Y(t+1) = (A+B)\,\overline{X} \tag{9.15(c)}$$

일반적으로 m개의 플립플롭과 n개의 입력을 가진 순서회로는 상태표에서 $2^{(m+n)}$ 행을 필요로 한다. 0부터 $2^{(m+n)}-1$ 까지의 2진수가 현재상태와 입력 열 아래에 열거된다. 다음 상태부분은 각 플립플롭에 대해 1개의 열 그래서 m개의 열을 가진다. 다음 상태에 대한 값은 상태방정식으로부터 직접 유도된다. 식 (9.15)를 상태표로 작성하면 〈표 9.18〉과 같다.

〈표 9.18〉 〈그림 9.19〉의 회로에 대한 상태표

| 현재상태(t) | 입력(X) | 다음상태($t+1$) | 출력(Y) |
A B		A B	
0 0	0	0 0	0
0 0	1	0 1	0
0 1	0	0 0	1
0 1	1	1 1	0
1 0	0	0 0	1
1 0	1	1 0	0
1 1	0	0 0	1
1 1	1	1 0	0

〈표 9.19〉는 현재상태에 대해 2개의 가능한 다음 상태와 출력들이 있는데 입력값에 종속된다.

〈표 9.19〉 상태표의 2번째 형태

| 현재상태(t) | 다음상태($t+1$) | | 출력(Y) | |
| | X=0 | X=1 | X=0 | X=1 |
A B	A B	A B		
0 0	0 0	0 1	0	0
0 1	0 0	1 1	1	0
1 0	0 0	1 0	1	0
1 1	0 0	1 0	1	0

상태표에서 이용가능한 정보는 상태도에 도식적으로 나타낼 수 있다. 〈그림 9.20〉에서 하나의 상태는 한 원으로 나타내고 상태 사이의 전이는 원으로 연결된 방향표시가된 선으로 나타낸다. 〈그림 9.20〉은 〈표 9.19〉를 이용하여 상태도를 나타낸 것이다.

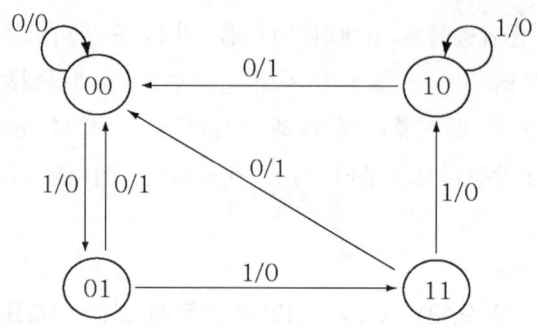

〈그림 9.20〉 〈표 9.19〉의 상태도

예를 들어 00 상태에서 01상태로 향하는 선에서 1/0이라 표시되어 있는데 이것은이 순서회로가 현재상태 00, 입력 1, 출력 0일 때를 의미한다. 한 클록이 지난 후 이회로는 다음상태 01로 변한다. 같은 클록이 지난 후 입력값도 변할 것이다. 입력이 변하면 출력은 1이 될 것이다. 그러나 입력이 1로 머물러 있다면 출력은 0을 유지할 것이다. 이러한 정보는 상태 01을 나타내는 원으로부터 구해지는 2개의 방향표시가 된선들을 따라 상태도로부터 구해진다. 원을 그 자신으로 연결시키는 방향표시가 된 선은상태의 변화가 일어나지 않는다는 것을 나타낸다.

❾ 밀리 모델과 무어 모델

실질적인 순서논리회로는 유한한 상태의 수를 가진다. 그러한 회로를 유한 상태 머신(finite state machine, FSM) 또는 간단하게 상태 머신(sytate machine)이라고한다. 동기식 순서논리회로에는 2가지 일반적인 모델이 있다. 밀리(Mealy)모델과 무어(Moor) 모델이다. 이들의 특징을 요약하면 다음과 같다.

① 밀리 모델 : 출력이 입력과 현재상태에 의존하는 상태 머신
② 무어 모델 : 출력이 현재상태에만 의존하는 상태 머신

이들 모델에서 상태들은 상태변수라 부르는 2진신호로 나타낼 수 있다. 각 상태는 상태변수값들의 독창적인 조합을 가진다. 상태변수는 외부 클록신호로 활성화되는 플립플롭에 저장되는데 이 플립플롭을 상태 레지스터(state register)라고 한다.

1. 다음의 상태도를 이용하여 회로를 설계하라.

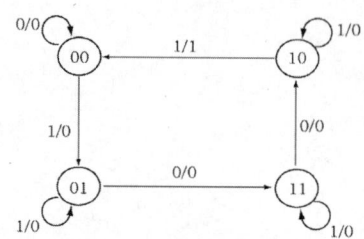

〈그림 9.21〉 〈연습문제 1〉의 상태도

(1) JK 플립플롭을 이용하여 설계하고 7476 IC를 이용하여 회로를 구성하라.
(2) D 플립플롭을 이용하여 설계하고 7474 IC를 이용하여 회로를 구성하라.

3. 식 (9.10)에 7473 IC를 이용하여 회로를 설계하라.

4. 식 (9.11)에 7474 IC를 이용하여 회로를 설계하라.

5. 다음 상태방정식을 만족하는 JK와 D 플립플롭을 이용하여 회로를 설계하라.

$$A(t+1) = X A B + Y \overline{A} C + X Y$$
$$B(t+1) = X A C + \overline{Y} B \overline{C}$$
$$C(t+1) = \overline{X} B + Y A \overline{C}$$

(1) JK 플립플롭을 이용하여 설계하고 7476 IC를 이용하여 회로를 구성하라.
(2) D 플립플롭을 이용하여 설계하고 7474 IC를 이용하여 회로를 구성하라.

6. 다음 상태도를 간략화하여 JK 플립플롭을 이용한 순서논리회로를 설계하라.

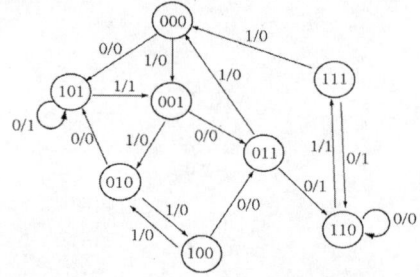

〈그림 9.22〉 〈연습문제 6〉의 상태도

제 3 편

카 운 터

제 10 장 비동기식 카운터

① 카운터의 종류

카운터(counter)는 계수기라고도 하며, 동작 클록 펄스의 입력 방식에 따라 다음과 같이 분류할 수 있다.

1 클록 인가 방식에 따른 분류

(1) 비동기식 카운터 (asynchronous counters)

입력 클록 펄스가 앞단의 출력값에 의하여 영향을 받아 동작하는 카운터로, 직접 설계하기 조금 까다로운 절차가 필요하다.

(2) 동기식 카운터(synchronous counters)

입력 클록 펄스가 각 단의 클록값을 동시에 동기시키는 방식이다.

(3) 결합형 카운터(combinational counters)

동기식과 비동기식을 결합한 카운터로, 직·병렬 배합으로 구성된다.

2 계수 방식에 따른 분류

(1) 2^n진 카운터(binary counters 또는 basic counters)

① 2비트 2진 카운터(4)
② 3비트 2진 카운터(8)
③ 4비트 2진 카운터(16) 등

(2) 모듈러스 카운터(modulus counters)

① 귀환 펄스를 이용
② 리셋을 이용
③ 직접 리셋을 이용

(3) 시프트 카운터(shift counters)

① 링 카운터(ring counters)
② 존슨 카운터(Johnson counters)

2 비동기식 2진 카운터(2ⁿ진 카운터)

비동기 카운터는 동기식 카운터에 비해 회로가 간단한 장점은 있으나 전달지연인 큰 단점을 갖는다. 그러므로 높은 주파수 클록 사용시에는 부적합하다. 비동기식 카운터를 직렬 카운터(serial counter) 또는 리플 카운터(ripple counter)라고도 한다.

업 카운터(up counter)는 전 단의 출력(Q)을 다음 단의 하강 클록이나 전단의 출력 $\overline{Q}$을 다음 단 상승 클록에 인가하고, 다운 카운터(down counter)는 전단의 출력 ($\overline{Q}$)을 다음 단의 하강이나 전단의 출력을 다음단의 상승 클록에 인가한다.

1 플립플롭을 이용한 3비트 비동기 카운터

3비트 2진 UP 카운터와 3비트 2진 DOWN 카운터의 상태도를 그리면 〈그림 10.1〉과 같다.

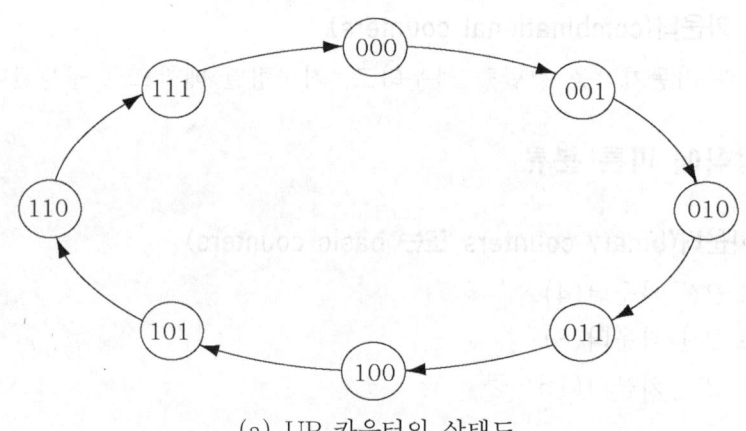

(a) UP 카운터의 상태도

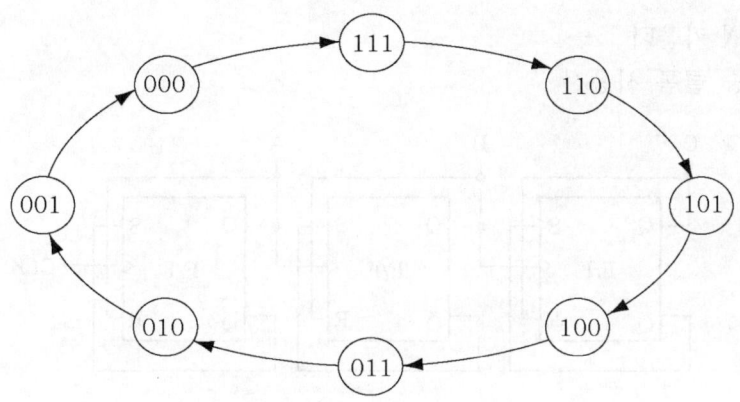

(b) DOWN 카운터의 상태도

〈그림 10.1〉 3비트 2진 카운터의 상태도

(1) RS 플립플롭을 이용한 카운터

　　RS플립플롭을 이용한 3비트 2진 카운터의 예를 보이면 다음과 같다. 〈그림 10.2〉를 보면 플립플롭마다 토글 특성을 갖도록 구성함을 알 수 있다.

① UP 카운터

　㉠ 상승 클록 사용시

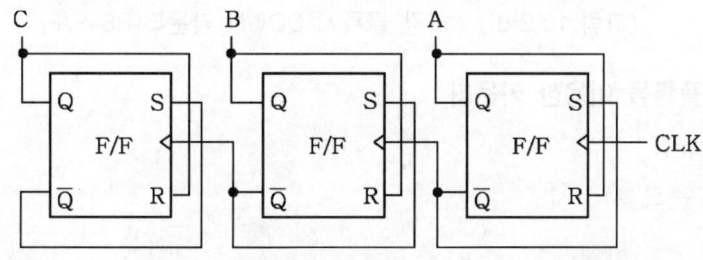

〈그림 10.2(a)〉 상승 클록시 UP 카운터(RS F/F)

　㉡ 하강 클록 사용시

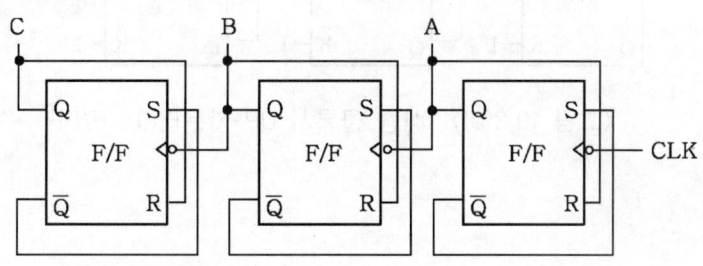

〈그림 10.2(b)〉 하강 클록시 UP 카운터(RS F/F)

② DOWN 카운터
　㉠ 상승 클록 사용시

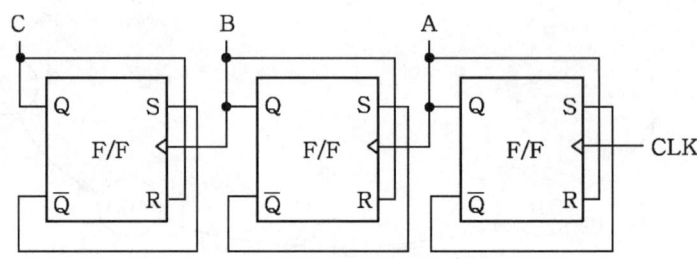

〈그림 10.2(c)〉 상승 클록시 DOWN 카운터(RS F/F)

　㉡ 하강 클록 사용시

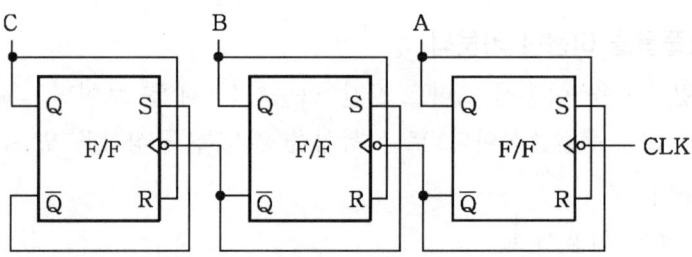

〈그림 10.2(d)〉 하강 클록시 DOWN 카운터(RS F/F)

(2) JK 플립플롭을 이용한 카운터

① UP 카운터
　㉠ 상승 클록 사용시

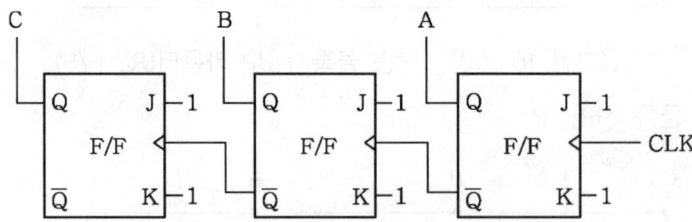

〈그림 10.3(a)〉 상승 클록시 UP 카운터(JK F/F)

ⓛ 하강 클록 사용시

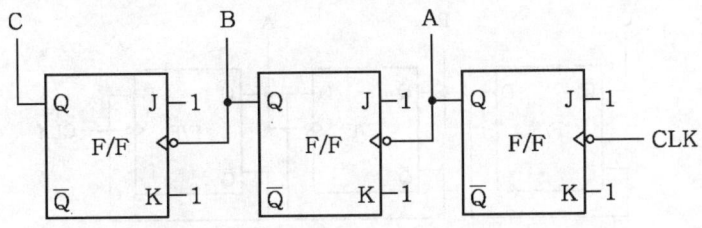

〈그림 10.3(b)〉 하강 클록시 UP 카운터(JK F/F)

② DOWN 카운터
　㉠ 상승 클록 사용시

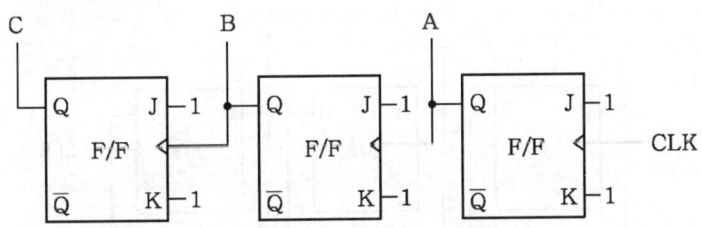

〈그림 10.3(c)〉 상승 클록시 DOWN 카운터(JK F/F)

　ⓛ 하강 클록 사용시

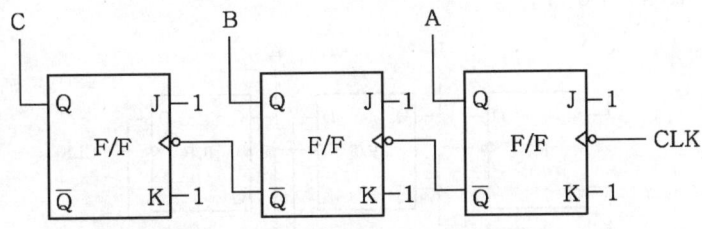

〈그림 10.3(d)〉 하강 클록시 DOWN 카운터(JK F/F)

(3) D 플립플롭을 이용한 카운터

　① UP 카운터
　　㉠ 상승 클록 사용시

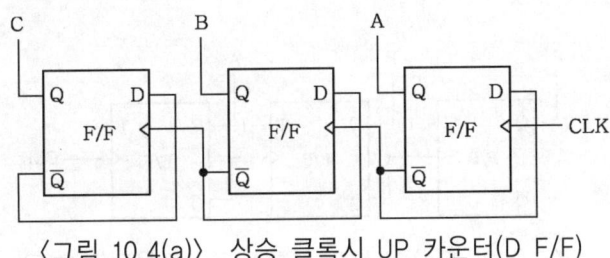

〈그림 10.4(a)〉 상승 클록시 UP 카운터(D F/F)

ⓛ 하강 클록 사용시

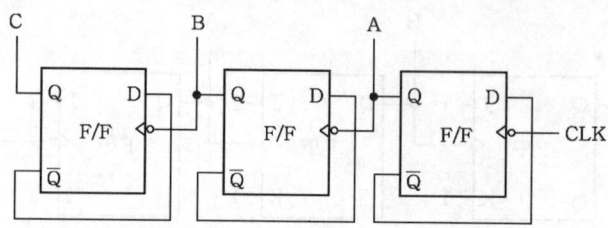

〈그림 10.4(b)〉 하강 클록시 UP카운터(D F/F)

② DOWN 카운터

㉠ 상승 클록 사용시

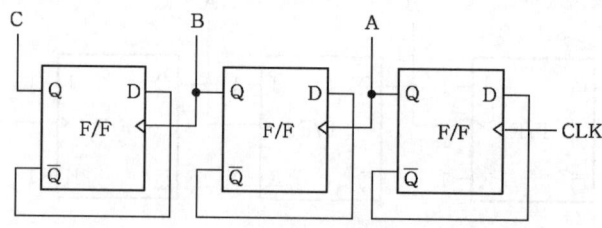

〈그림 10.4(c)〉 상승 클록시 DOWN카운터(D F/F)

ⓛ 하강 클록 사용시

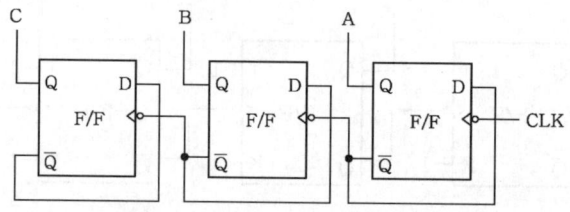

〈그림 10.4(d)〉 하강 클록시 DOWN카운터(D F/F)

(4) T 플립플롭을 이용한 카운터

① UP 카운터

㉠ 상승 클록 사용시

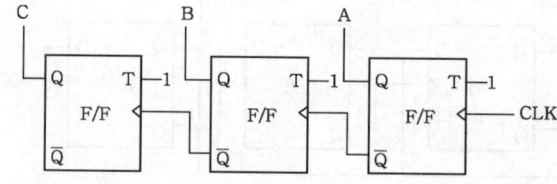

〈그림 10.5(a)〉 상승 클록시 UP 카운터(T F/F)

ⓛ 하강 클록 사용시

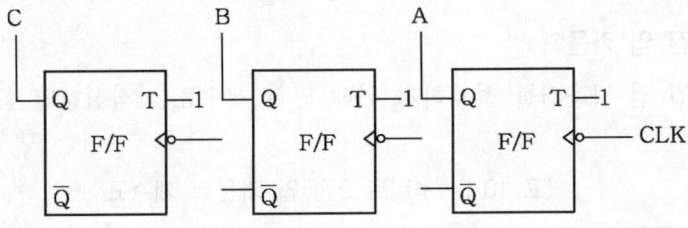

〈그림 10.5(b)〉 하강 클록시 UP 카운터(T F/F)

② DOWN 카운터

㉠ 상승 클록 사용시

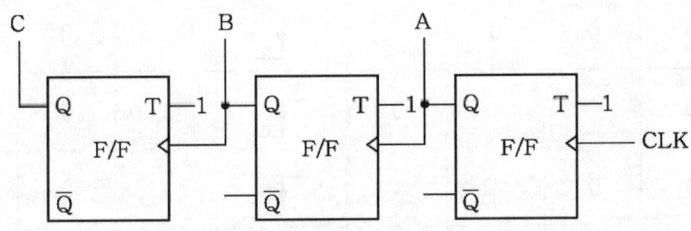

〈그림 10.5(c)〉 상승 클록시 DOWN 카운터(T F/F)

ⓛ 하강 클록 사용시

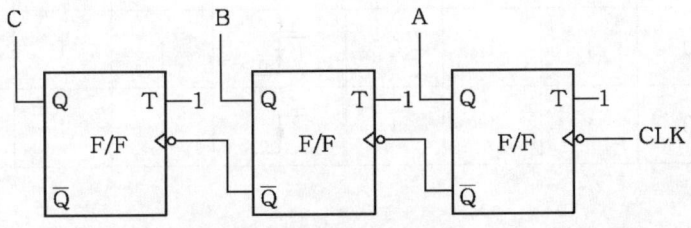

〈그림 10.5(d)〉 하강 클록시 DOWN 카운터(T F/F)

② 4비트 2진 카운터(T F/F)

(1) 4비트 2진 업 카운터

4비트 2진 업 카운터를 설계하기 위해 먼저 계수표를 작성하면 〈표 10.1〉과 같다.

〈표 10.1〉 4비트 2진 업 카운터 계수표

CLK	출력				CLK	출력			
	D	C	B	A		D	C	B	A
↴	0	0	0	0	↴	1	0	0	0
↴	0	0	0	1	↴	1	0	0	1
↴	0	0	1	0	↴	1	0	1	0
↴	0	0	1	1	↴	1	0	1	1
↴	0	1	0	0	↴	1	1	0	0
↴	0	1	0	1	↴	1	1	0	1
↴	0	1	1	0	↴	1	1	1	0
↴	0	1	1	1	↴	1	1	1	1

〈표 10.1〉의 계수표를 이용하여 T 플립플롭을 이용하여 회로를 설계하면 〈그림 10.6〉과 같다. 〈그림 10.6〉은 〈그림 10.5(c)〉에 플립플롭을 1개를 추가한 것에 불과하다.

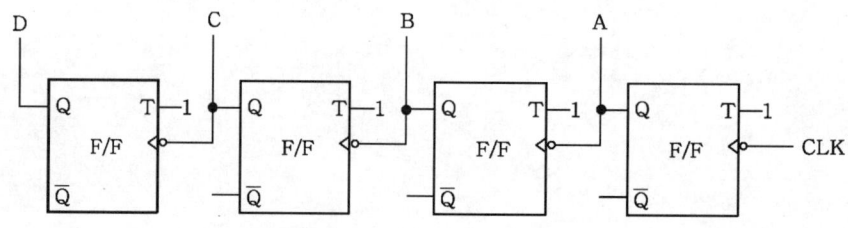

〈그림 10.6〉 4비트 2진 업 카운터(T F/F)

〈그림 10.6〉의 동작에 대한 타이밍도를 그리면 〈그림 10.7〉과 같다.

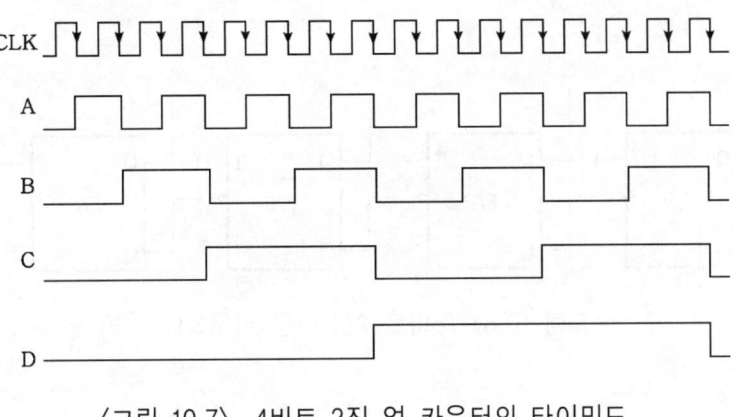

〈그림 10.7〉 4비트 2진 업 카운터의 타이밍도

〈그림 10.7〉에서 A의 출력은 CLK 주파수의 1/2배 된다. 이것을 2분주되었다고 한다. B는 4분주, C는 8분주 D는 16분주되어 출력되고 있다.

(2) 4비트 2진 다운 카운터(T F/F)

4비트 2진 다운 카운터를 설계하기 위해 계수표를 작성하면 〈표 10.2〉와 같다.

〈표 10.2〉 4비트 2진 다운 카운터 계수표

CLK	출 력				CLK	출 력			
	D	C	B	A		D	C	B	A
↓	0	0	0	0	↓	1	0	0	0
↓	1	1	1	1	↓	0	1	1	1
↓	1	1	1	0	↓	0	1	1	0
↓	1	1	0	1	↓	0	1	0	1
↓	1	1	0	0	↓	0	1	0	0
↓	1	0	1	1	↓	0	0	1	1
↓	1	0	1	0	↓	0	0	1	0
↓	1	0	0	1	↓	0	0	0	1

〈표 10.2〉를 이용하여 카운터를 설계하면 〈그림 10.8〉과 같다. 〈그림 10.8〉은 〈그림 10.5(d)〉에 플립플롭 1개를 추가한 것에 불과하다.

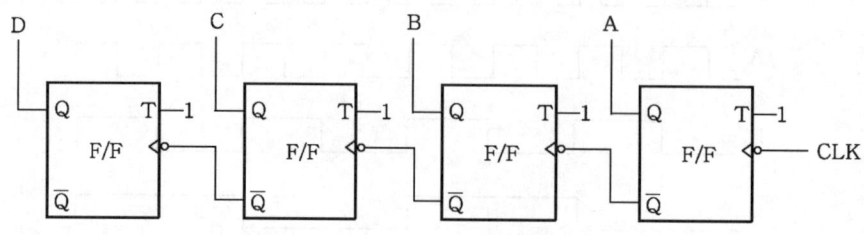

〈그림 10.8〉 4비트 2진 다운 카운터(T F/F)

 문제 10-1

➡ 〈그림 10.8〉의 동작에 대한 타이밍도를 그려라.

 문제 10-2

➡ JK 플립플롭을 이용하여 4비트 2진 업 카운터를 설계하라.

❸ 4비트 2진 업/다운 카운터

4비트 2진 업/다운 카운터는 제어신호를 이용하여 UP 카운터와 다운 카운터의 동작을 제어할 수 있는 카운터를 말한다. 이 원리는 업/다운 카운터 제어 신호가 "1"이 입력되면 출력(Q)이 다음 단으로 인가되고 "0"이 입력되면 출력($\overline{Q}$)이 다음 단으로 인가하도록 하면 된다. 이와 같은 원리를 이용하여 회로를 구성하면 〈그림 10.9〉와 같다. UP/DOWN 입력 단자에서 "1"이 인가되면 UP 카운터이고 "0"이 인가되면 DOWN 카운터이다.

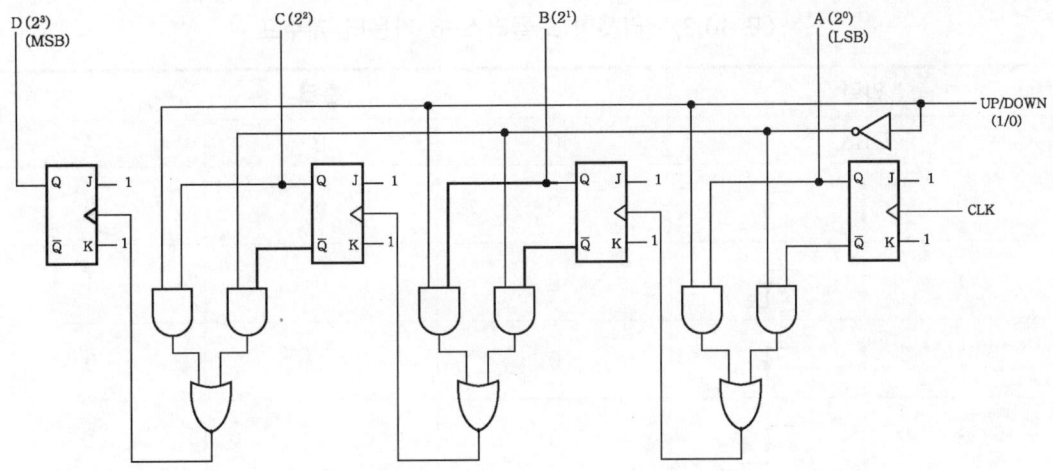

〈그림 10.9〉 4비트 2진 UP/DOWN 카운터(JK F/F)

3 비동기식 리셋형 모듈러스 카운터

비동기식 2진 카운터는 2n까지 카운터하였다. 하지만 모듈러스 카운터는 원하는 값까지만 카운터한 다음, 다시 처음부터 카운터하는 방법이다. 예를 들면 5, 6, 7, 10, 12 카운터 등이 있다. 모듈러스 카운터는 처음으로 되돌아 가도록 하는 방법으로, 2가지 방법이 있다.

① 리셋(reset) 모듈러스 카운터
   필요한 시점에서 리셋을 가하는 방법을 이용한 카운터이다.
② 직접 동작형(direct acting) 모듈러스 카운터
   상태의 동작을 직접 제어하는 방법을 사용한다.

1 리셋형 모듈러스-6진 카운터

리셋형 모듈러스-6진 카운터를 설계하기 위해 계수표를 작성하면 〈표 10.3〉과 같다.

<표 10.3> 리셋형 모듈러스-6 카운터 계수표

입력		출력		
CLK		C	B	A
0		0	0	0
1		0	0	1
2		0	1	0
3		0	1	1
4		1	0	0
5		1	0	1
6		1	1	0
0		0	0	0

<표 10.3>의 계수표를 이용해 동작하는 과정을 설명하면 다음과 같다.

① 리셋형 모듈러스-6 카운터는 110에서 000으로 리셋한다.

② 리셋하기 위하여 한 부분에 원 숏(OS ; one shot 또는 single shot 또는 단안정멀티바이브레이터(monostable multivibrator)) 모듈을 사용한다.

③ 원 숏 모듈을 사용하는 이유는 비동기 리셋 입력신호를 안정하게 만들며 클록 펄스의 주기보다 더 짧은 리셋 펄스 주기를 만들기 위해서 이다.

④ 주기는 원 숏 회로의 RC 시정수에 의해 결정되는 시간이다.

회로를 구성하기 위해 6의 계수는 CBA(110)이므로 C와 B가 동시에 1이 될 때 리셋하면 된다. 그러므로 B와 C의 출력을 AND 게이트로 연결하여 그 출력을 OS 회로에 연결하면 BC=1이 될 때 OS회로가 동작할 것이다. 그러면 다시 0부터 6까지 카운터 한다. 이 원리를 이용하면 <그림 10.10>과 같다.

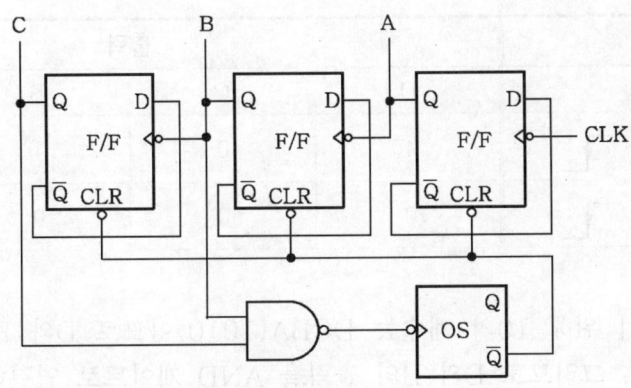

〈그림 10.10〉 리셋형 모듈러스-6 카운터 회로도

2 리셋형 모듈러스-10진 카운터

리셋형 모듈러스-10진 카운터를 실계하기 위해 계수표를 작성하면 〈표 10.4〉와 같다.

〈표 10.4〉 리셋형 모듈러스-10진 카운터 계수표

입력		출력			
CLK		D	C	B	A
0	⌐↓	0	0	0	0
1	⌐↓	0	0	0	1
2	⌐↓	0	0	1	0
3	⌐↓	0	0	1	1
4	⌐↓	0	1	0	0
5	⌐↓	0	1	0	1
6	⌐↓	0	1	1	0
7	⌐↓	0	1	1	1
8	⌐↓	1	0	0	0
9	⌐↓	1	0	0	1

입력		출력			
CLK		D	C	B	A
10	⌐⌐₁↓₀	1	0	1	0
0	⌐⌐₁↓₀	0	0	0	0

회로를 구성하기 위해 10의 계수는 DCBA(1010)이므로 D와 B가 동시에 1이 될 때 리셋하면 된다. 그러므로 D와 B의 출력을 AND 게이트로 연결하여 그 출력을 OS 회로에 연결하면 DB=1이 될 때 OS회로가 동작할 것이다. 그러면 다시 0부터 10까지 카운터한다. 이 원리를 이용하면 〈그림 10.11〉과 같다.

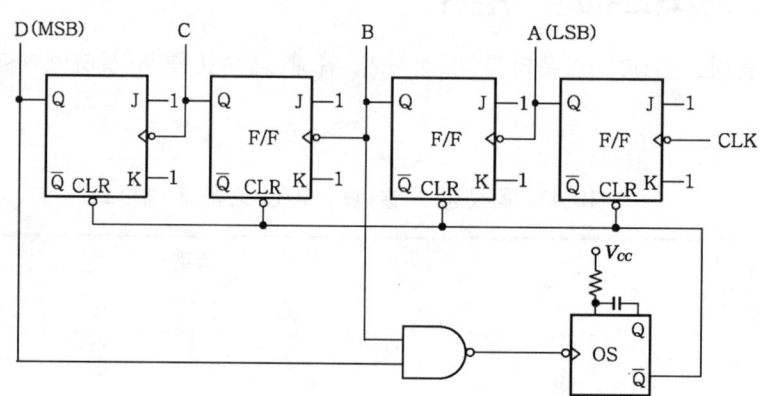

〈그림 10.11〉 리셋형 모듈러스-10진 카운터 회로도

〈그림 10.11〉의 동작을 타이밍도로 나타내면 〈그림 10.12〉와 같다.

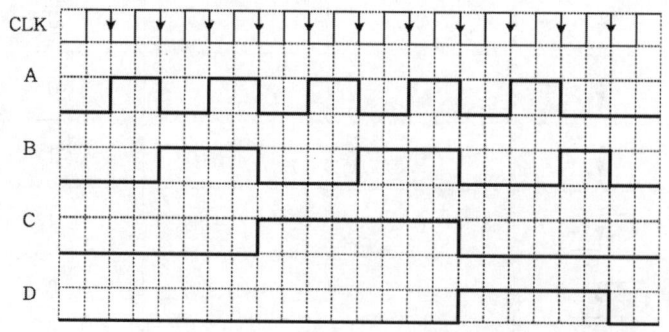

〈그림 10.12〉 리셋형 모듈러스-10진 카운터 타이밍도

리셋형 모듈러스 카운터의 문제점을 정리하면 다음과 같다.

① 카운터에 리셋하기 직전에 원하지 않는 상태가 출력된다.

② 회로에 싱글 숏 회로가 부가적으로 필요하다.

③ 펄스 주기에 대하여 싱글 숏의 주기 조정이 필요하다.

④ 기본적으로 리플 카운터를 사용하므로 속도가 느리다.

4 비동기 직접 동작형 모듈러스 카운터

직접 동작이란 플립플롭들의 다음 상태를 동기입력만으로 직접 결정하는 방식을 말한다. 특징을 설명하면 다음과 같다.

① 직접 동작형 모듈러스 카운터는 리셋형 카운터의 단점을 해결하는 방법이다. 즉, 원하지 않는 불안정한 상태 없이 동작한다.

② 플립플롭의 동기 입력 신호만을 사용하므로 원 숏(reset) 회로가 불필요하다.

1 비동기 직접 동작형 모듈러스-5 카운터

비동기 직접 동작형 모듈러스-5 카운터를 설계하기 위해 계수표를 작성하면 〈표 10.5(a)〉와 같다.

〈표 10.5(a)〉 비동기 직접 동작형 모듈러스-5 카운터의 계수표

입력		출력		
CLK		C	B	A
0	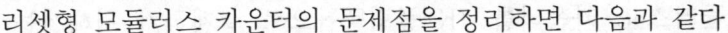	0	0	0
1		0	0	1
2		0	1	0
3		0	1	1
4		1	0	0
5(0)		0	0	0

비동기 직접 동작형 모듈러스-5 카운터를 JK 플립플롭으로 설계하기 위해서는 〈표 10.5(b)〉에 JK 플립플롭의 진리표를 보였다.

〈표 10.5(b)〉 JK 플립플롭의 진리표

입력		출력		출력상태
J	K	Q_{t+1}	$\overline{Q_{t+1}}$	
0	0	Q_t	$\overline{Q_t}$	무변화
0	1	0	1	reset
1	0	1	0	set
1	1	$\overline{Q_t}$	Qt	토글

(1) A단의 동작

A단의 전이표를 작성하면 〈표 10.5(c)〉와 같다.

〈표 10.5(c)〉 A단의 천이표

입력		현재상태 A(t)	다음상태 A(t+1)	플립플롭의 여기표
	CLK			J K
1	‾L₀	0	1	1 X
2	‾L₀	1	0	X 1
3	‾L₀	0	1	1 X
4	‾L₀	1	0	X 1
5	‾L₀	0	0 X	0 X

입력값(J, K) 설정에서 CLK(1)에서 변화를 가졌으므로 J=K=1로 되고, 셋으로 변했으므로 J=1, K=0이 된다. 이와 같은 방법으로 여기표를 작성하면 〈표 10.5 (d)〉와 같다.

〈표 10.5(d)〉 A단 JK 플립플롭의 여기표

CLK	상태변화	입력		선택	
		J	K	J	K
1	T(변화)	1	1	1	X
	S(셋)	1	0		
2	T(변화)	1	1	X	1
	R(리셋)	0	1		
3	T(변화)	1	1	1	1
	S(셋)	1	0		
4	T(변화)	1	1	X	1
	R(리셋)	0	1		
5	N(무변화)	0	0	0	1
	R(리셋)	0	1		

① K값을 선정하는 방법

〈표 10.5(d)〉의 상태변화에서 CLK(1)에서 T

CLK(2)에서 T, R

CLK(3)에서 T

CLK(4)에서 T, R

CLK(5)에서 R 을 선택하면 K의 값은 모두 "1"로 설정할 수 있다.

② J값을 선정하는 방법

선택 J값에서 CLK(5)이 "0"이기만 하면 되므로 C단의 부정 출력을 연결한다.

③ CLK 설정

첫 번째 단이므로 외부에 CLK 인가한다.

위의 단계를 이용하여 A 단의 회로를 구성하면 〈그림 10.13〉과 같다.

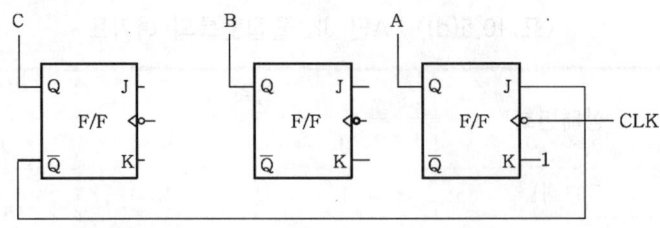

〈그림 10.13(a)〉 A단의 회로 구성

(2) B단 동작

B단의 동작은 A단의 출력이 "1" → "0"으로 변화할 때만 변화가 있으므로 A단의 출력을 CLK으로 인가하면 된다. 이의 동작특성을 나타내면 〈표 10.5(e)〉와 같다.

〈표 10.5(e)〉 B단의 동작특성

입력		출력		
CLK		C	B	A
0	$\downarrow$	0	0	0
1	$\downarrow$	0	◎	1 ↓
2	$\downarrow$	0	①	0
3	$\downarrow$	0	①	1 ↓
4	$\downarrow$	1	◎	0
5(0)	$\downarrow$	0	0	0

CLK에 따라 출력이 토글되므로 $J = K = 1$로 설정하면 된다. 이를 회로도로 나타내면 〈그림 10.13(b)〉와 같다.

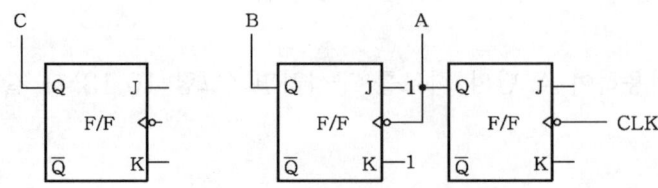

〈그림 10.13(b)〉 B단의 회로 구성

5 C단 동작

C단의 천이표를 작성하면 〈표 10.5(f)〉와 같다.

〈표 10.5(f)〉 C단의 천이표

| 입력 | | 현재상태 C(t) | 다음 상태 C(t+1) | 플립플롭의 여기표 |
CLK				J K
1	⌐↓₀	0	0	0 X
2	⌐↓₀	0	0	0 X
3	⌐↓₀	0	0	0 X
4	⌐↓₀	0	1	1 X
5	⌐↓₀	1	0	X 1

〈표 10.5(f)〉의 천이표를 이용하여 여기표를 작성하면 〈표 10.5(g)〉와 같다.

〈표 10.5(g)〉 C단의 여기표

| CLK | 상태변화 | 입력 | | 선택 | |
		J	K	J	K
1	N(무변화)	0	0	0	1
	R(리셋)	0	1		
2	N(무변화)	0	0	0	1
	R(리셋)	0	1		
3	N(무변화)	0	0	0	1
	R(리셋)	0	1		
4	T(변화)	1	1	1	1
	S(셋)	1	0		
5	T(변화)	1	1	X	1
	R(리셋)	0	1		

(1) K값 설정

CLK(1)에서 R

CLK(2)에서 R

CLK(3)에서 R

CLK(4)에서 T

CLK(5)에서 T, R를 선택하면 K값은 모두 "1"로 설정할 수 있다.

(2) J값 설정

CLK(4)에서만 "1"이 되어야 하므로 $(A \cdot B)$가 되어 C단의 J 입력으로 연결한다.

(3) CLK 설정

적합한 클록 신호가 없으므로 외부의 CLK를 인가한다.

위의 과정을 통하여 회로를 구성하면 〈그림 10.13(c)〉와 같다.

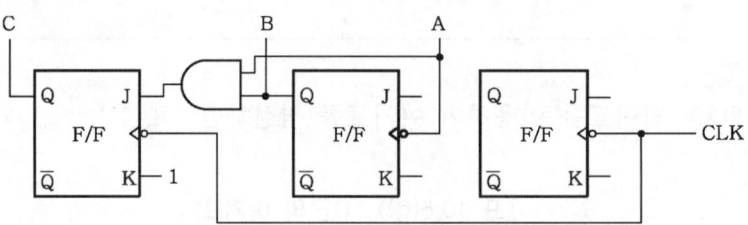

〈그림 10.13(c)〉 C단의 회로 구성

A단, B단, C단의 회로 구성를 이용하여 전체의 회로도를 보이면 〈그림 10.13(d)〉
와 같다.

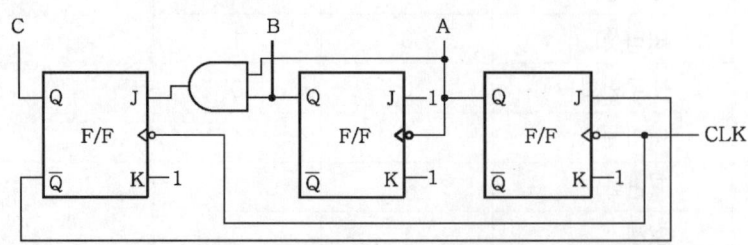

〈그림 10.13(d)〉 비동기 직접 동작형 모듈러스-5 카운터 회로도

〈그림 10.13(d)〉의 동작 특성을 타이밍도로 나타내면 〈그림 10.14〉와 같다.

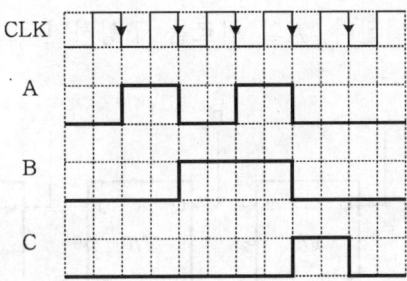

〈그림 10.14〉 비동기 직접 동작형 모듈러스-5 카운터 타이밍도

② 비동기식 직접 동작형 모듈러스-10 카운터

비동기식 직접 동작형 모듈러스-10 카운터를 설계하기 위한 계수표를 작성하면 〈표 10.6(a)〉와 같다.

〈표 10.6(a)〉 비동기식 직접 동작형 모듈러스-10 카운터의 계수표

입력		출력			
CLK		D	C	B	A
0	⌐ₗₑ	0	0	0	0
1	⌐ₗₑ	0	0	0	1
2	⌐ₗₑ	0	0	1	0
3	⌐ₗₑ	0	0	1	1
4	⌐ₗₑ	0	1	0	0
5	⌐ₗₑ	0	1	0	1
6	⌐ₗₑ	0	1	1	0
7	⌐ₗₑ	0	1	1	1
8	⌐ₗₑ	1	0	0	0
9	⌐ₗₑ	1	0	0	1
10(0)	⌐ₗₑ	0	0	0	0

(1) A단 동작

A단의 출력은 토글만 이루어지고 있으므로 외부에서 CLK 신호를 인가하고 J=K=1로 설정하면 된다. A의 회로를 구성하면 〈그림 10.15(a)〉와 같다.

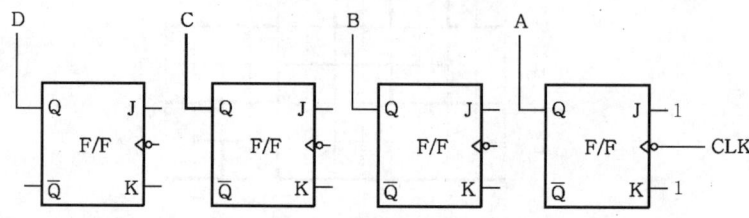

〈그림 10.15(a)〉 A단의 회로 구성

(2) B단 동작

B 단의 천이표를 작성하면 〈표 10.6(b)〉와 같다.

〈표 10.5(b)〉 B단의 천이표

입력		현재상태 B(t)	다음상태 B(t +1)	플립플롭의 여기표	
	CLK			J	K
1	⌐↓₀	0	0	0	X
2	⌐↓₀	0	1	1	X
3	⌐↓₀	1	1	X	0
4	⌐↓₀	1	0	X	1
5	⌐↓₀	0	0	0	X
6	⌐↓₀	0	1	1	X
7	⌐↓₀	1	1	X	0
8	⌐↓₀	1	0	X	1
9	⌐↓₀	0	0	0	X
10(0)	⌐↓₀	0	0	0	X

B단의 출력은 상태변화가 4개 존재하지만 CLK(10)에서 다시 변화가 일어난다. 이를 나타내면 〈표 10.6(c)〉와 같다.

〈표 10.6(c)〉 B단의 상태변화

CLK	상태변화	입력		선택	
		J	K	J	K
2	T(변화)	1	1	1	1
	S(셋)	1	0		
4	T(변화)	1	1	X	1
	R(리셋)	0	1		
6	T(변화)	1	1	1	1
	S(셋)	1	0		
8	T(변화)	1	1	X	1
	R(리셋)	0	1		
10	N(무변화)	0	0	0	1
	R(리셋)	0	1		

CLK(2)일 때는 J=1, CLK(6)일 때는 J=1, CLK(10)일 때는 J=0이고 나머지는 0과 1이 모두 포함되고 있으므로 CLK(2), CLK(4), CLK(10)만을 구분할 수 있으면 되므로 J에 적용되는 값은 D의 부정 출력값이 된다. 이를 표시하면 〈표 10.6(d)〉와 같다.

〈표 10.6(d)〉 D단의 부정이 B단의 출력

입력		출력			
CLK		D	C	B	A
0	⌐‾↓₀	0	0	0	0
1	⌐‾↓₀	◎	0	0	1 ↓
2	⌐‾↓₀	0	0	①	0

입력		출력			
CLK		D	C	B	A
3	⌐┐_ ¹⌐₀	0	0	1	1
4	⌐┐_ ¹⌐₀	0	1	0	0
5	⌐┐_ ¹⌐₀	◎	1	0	1 ↓
6	⌐┐_ ¹⌐₀	0	1	①	0
7	⌐┐_ ¹⌐₀	0	1	1	1
8	⌐┐_ ¹⌐₀	1	0	0	0
9	⌐┐_ ¹⌐₀	①	0	0	1 ↓
10(0)	⌐┐_ ¹⌐₀	0	0	◎	0

따라서 D단의 부정출력을 B단 플립플롭의 J에 입력하여 연결한다. K는 "1"로 고정한다. 이를 회로로 구성하면 〈그림 10.15(b)〉와 같다.

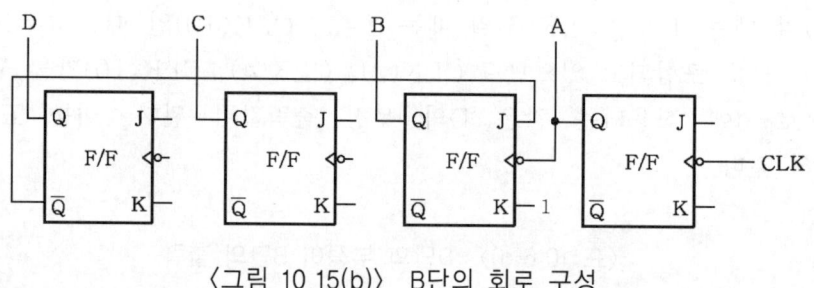

〈그림 10.15(b)〉 B단의 회로 구성

(3) C단의 동작

상태가 바뀌는 점이 2개가 존재한다. 바뀌는 점은 B단의 출력이 1 → 0인 곳에서 변한다. 따라서 B단의 출력을 C의 CLK에 인가한다. 이의 동작을 표시하면 〈표 10.6(e)〉와 같다.

〈표 10.6(e)〉 C단의 동작특성

입력		출력			
CLK		D	C	B	A
0	⌐↓₁₀	0	0	0	0
1	⌐↓₁₀	0	0	0	1
2	⌐↓₁₀	0	0	1	0
3	⌐↓₁₀	0	Ⓞ	1	1
4	⌐↓₁₀	0	①	↓ 0	0
5	⌐↓₁₀	0	1	0	1
6	⌐↓₁₀	0	1	1	0
7	⌐↓₁₀	0	①	1	1
8	⌐↓₁₀	1	Ⓞ	↓ 0	0
9	⌐↓₁₀	1	0	0	1
10(0)	⌐↓₁₀	0	0	0	0

CLK이 인가할 때만 출력이 반전되므로 $J=K=1$이 된다. 이를 회로로 구성하면 〈그림 10.15(c)〉와 같다.

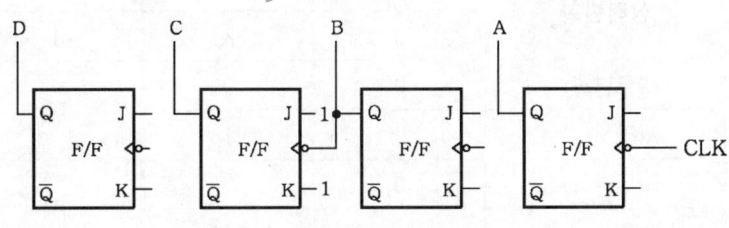

〈그림 10.15(c)〉 C단의 회로 구성

(4) D단의 동작

D단의 천이표를 작성하면 〈표 10.6(f)〉와 같다.

〈표 10.6(f)〉 D단의 천이표

입력		현재 상태 $D(t)$	다음 상태 $D(t+1)$	플립플롭의 여기표
CLK				J K
1	⌐↓₀	0	0	0 X
2	⌐↓₀	0	0	0 X
3	⌐↓₀	0	0	0 X
4	⌐↓₀	0	0	0 X
5	⌐↓₀	0	0	0 X
6	⌐↓₀	0	0	0 X
7	⌐↓₀	0	0	0 X
8	⌐↓₀	0	1	1 X
9	⌐↓₀	1	1	X 0
10	⌐↓₀	1	0	X 1

〈표 10.6(f)〉의 천이표를 이용하여 상태표를 작성하면 〈표 10.6(g)〉와 같다.

〈표 10.6(g)〉 D단의 상태표

CLK	상태변화	입력		선택	
		J	K	J	.K
2	N(무변화)	0	0	0	1
	R(리셋)	0	1		
4	N(무변화)	0	0	0	1
	R(리셋)	0	1		
6	N(무변화)	0	0	0	1
	R(리셋)	0	1		
8	T(변화)	1	1	1	1

CLK	상태변화	입력		선택	
		J	K	J	K
10	S(셋)	1	0	0	1
	N(무변화)	0	0		
	R(리셋)	0	1		

　CLK(8)의 경우에 J=1의 값을 가지므로 8의 경우만 구분하면 된다. B와 C의 출력값이 동시에 "1"로 되는 경우가 되며 (B·C)의 논리로 J의 입력에 연결하면 된다. 이의 특성을 나타내면 〈표 10.6(h)〉와 같다.

〈표 10.6(h)〉 D단의 동작 특성

입력		출력			
CLK		D	C	B	A
0	⌐‾₁₀	0	0	0	0
1	⌐‾₁₀	0	0	0	1
2	⌐‾₁₀	0	0	1	0
3	⌐‾₁₀	0	0	1	1
4	⌐‾₁₀	0	1	0	0
5	⌐‾₁₀	0	1	0	1
6	⌐‾₁₀	0	1	1	0
7	⌐‾₁₀	◎	❶	❶	1↓
8	⌐‾₁₀	①	0	0	0
9	⌐‾₁₀	①	0	0	1↓
10(0)	⌐‾₁₀	◎	0	0	0

　또한 A 단의 출력 값이 변할 때만 동작하므로 클록은 A단의 출력에 연결한다.

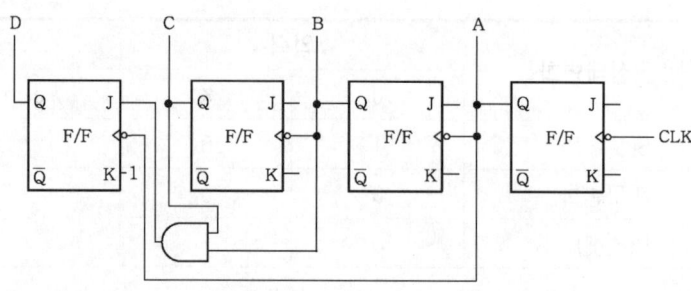

〈그림 10.15(d)〉 D단의 회로 구성

A단, B단, C단, D단의 회로구성의 결과를 모두 나타내면 〈그림 10.15(e)〉와 같다.

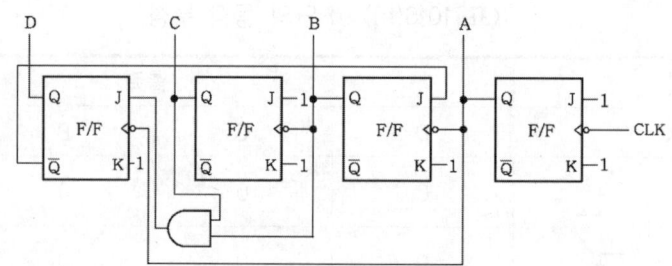

〈그림 10.15(e)〉 전체 회로도

③ 비동기 직접 동작형 모듈러스-12 카운터

비동기 직접 동작형 모듈러스-12 카운터를 설계하기 위해 계수표를 작성하면 〈표 10.7(a)〉와 같다.

〈표 10.7(a)〉 비동기 직접 동작형 모듈러스-12 카운터 계수표

입력		출력			
CLK		D	C	B	A
0	⌐₁▸₀	0	0	0	0
1	⌐₁▸₀	0	0	0	1
2	⌐₁▸₀	0	0	1	0
3	⌐₁▸₀	0	0	1	1

입력		출력			
CLK		D	C	B	A
4	⌐⌐₁₀	0	1	0	0
5	⌐⌐₁₀	0	1	0	1
6	⌐⌐₁₀	0	1	1	0
7	⌐⌐₁₀	0	1	1	1
8	⌐⌐₁₀	1	0	0	0
9	⌐⌐₁₀	1	0	0	1
10	⌐⌐₁₀	1	0	1	0
11	⌐⌐₁₀	1	0	1	1
12(0)	⌐⌐₁₀	0	0	0	0

(1) A단 동작

A단의 동작은 토글 동작만 하므로 $J = K = 1$로 설정하면 된다. A단의 회로를 구성하면 〈그림 10.16(a)〉와 같다.

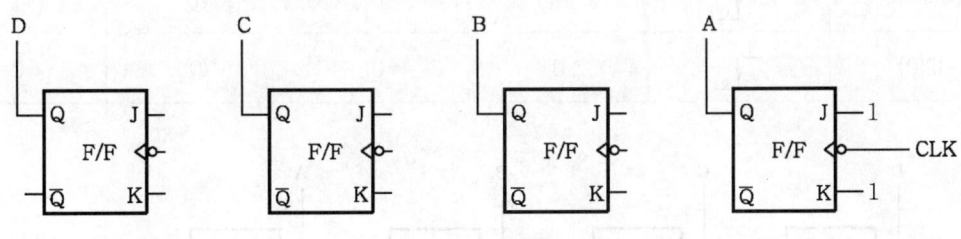

〈그림 10.16(a)〉 A단의 회로구성

(2) B단 동작

B단 동작은 A단의 출력이 $1 \rightarrow 0$으로 변화할 때 B단의 출력이 변화한다. 따라서 B단의 클록에 A단의 출력을 인가한다. 토글 동작을 시키기 위해서 $J = K = 1$을 인가한다. 이 동작 특성을 나타내면 〈표 10.7(b)〉와 같다. B단의 회로를 구성하면 〈그림 10.16(b)〉와 같다.

〈표 10.7(b)〉 B단의 천이표

입력		출력			
CLK		D	C	B	A
0	⌐₁⌐₀	0	0	0	0
1	⌐₁⌐₀	0	0	□	1 ↓
2	⌐₁⌐₀	0	0	①	0
3	⌐₁⌐₀	0	0	①	1 ↓
4	⌐₁⌐₀	0	1	◎	0
5	⌐₁⌐₀	0	1	◎	1 ↓
6	⌐₁⌐₀	0	1	①	0
7	⌐₁⌐₀	0	1	①	1 ↓
8	⌐₁⌐₀	1	0	◎	0
9	⌐₁⌐₀	1	0	◎	1 ↓
10	⌐₁⌐₀	1	0	①	0
11	⌐₁⌐₀	1	0	①	1 ↓
12(0)	⌐₁⌐₀	0	0	◎	0

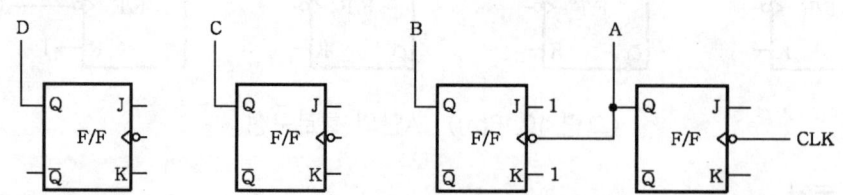

〈그림 10.16(b)〉 B단의 회로 구성

(3) C단의 동작

C단의 천이표를 작성하면 〈표 10.7(c)〉와 같다.

〈표 10.7(c)〉 C단의 천이표

입력 CLK		현재상태 C(t)	다음상태 C(t+1)	플립플롭의 여기표 J K
1	⌐₁⌐₀	0	0	0 X
2	⌐₁⌐₀	0	0	0 X
3	⌐₁⌐₀	0	0	0 X
4	⌐₁⌐₀	0	1	1 X
5	⌐₁⌐₀	1	1	X 0
6	⌐₁⌐₀	1	1	X 0
7	⌐₁⌐₀	1	1	X 0
8	⌐₁⌐₀	1	0	X 1
9	⌐₁⌐₀	0	0	0 X
10	⌐₁⌐₀	0	0	0 X
11	⌐₁⌐₀	0	0	0 X
12(0)	⌐₁⌐₀	0	0	0 X

〈표 10.7(c)〉의 천이표를 이용하여 상태표를 작성하면 〈표 10.7(d)〉와 같다.

〈표 10.7(d)〉 C단의 상태 천이표

CLK	상태변화	입력		선택	
		J	K	J	K
4	T(변화)	1	1	1	1
	S(셋)	1	0		
8	T(변화)	1	1	d	1
	R(리셋)	0	1		
12	N(변화)	0	0	0	1
	R(리셋)	0	1		

C단은 B의 출력값이 1 → 0로 변할 때만 변함을 알 수 있다. 따라서 B단의 출력을 C단의 CLK으로 인가한다. 또한 K=1로 고정하고 C단의 출력은 D단의 출력이 "0"인 경우에만 토글(J=1)이 발생하므로 D단의 부정 출력을 인가한다. C단의 동작 특성을 나타내면 〈표 10.7(e)〉와 같다.

〈표 10.7(e)〉 C단의 동작특성

입력		출력			
CLK		D	C	B	A
0	↴₀	0	0	0	0
1	↴₀	0	0	0	1
2	↴₀	0	0	1	0
3	↴₀	(0)	◎	1	1
4	↴₀	0	①	↓ 0	0
5	↴₀	0	1	0	1
6	↴₀	0	1	1	0
7	↴₀	(0)	①	1	1
8	↴₀	1	◎	↓ 0	0
9	↴₀	1	0	0	1
10	↴₀	1	0	1	0
11	↴₀	(1)	0	1	1
12(0)	↴₀	0	0	↓ 0	0

C 단의 회로를 구성하면 〈그림 10.16(c)〉와 같다.

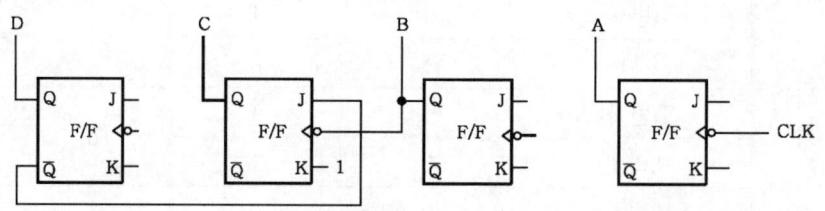

〈그림 10.16(c)〉 C단의 회로 구성

(4) D단의 동작

D단의 천이표를 작성하면 〈표 10.7(f)〉와 같다.

〈표 10.7(f)〉 D단의 천이표

입력		현재 상태 D(t)	다음 상태 D(t+1)	플립플롭의 여기표	
CLK				J	K
1	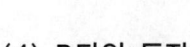	0	0	0	X
2		0	0	0	X
3		0	0	0	X
4		0	0	0	X
5		0	0	0	X
6		0	0	0	X
7		0	0	0	X
8		0	1	1	X
9		1	1	X	0
10		1	1	X	0
11		1	1	X	0
12(0)		1	0	X	1

〈표 10.7(f)〉의 천이표를 이용하여 상태표를 작성하면 〈표 10.7(g)〉와 같다.

〈표 10.7(g)〉 D단의 상태 천이표

CLK	상태변화	입력		선택	
		J	K	J	K
4	N(무변화)	0	0	0	1
	R(리셋)	0	1		
8	T(변화)	1	1	1	1
	S(셋)	1	0		
12	T(변화)	1	1	X	1
	R(리셋)	0	1		

D단의 동작에서 클록은 B단의 출력이 1 → 0로 변화할 때만 변화를 가진다. 따라서 B단의 출력을 D단의 클록 입력으로 설정한다. K는 1로 고정하고 J 입력은 CLK(4)에서 "0", CLK(8)에서 "1"이 되어야 하므로 이를 구분할 수 있는 신호는 C의 출력이 된다. 즉 C의 출력이 0이면 현재상태 리셋(J=0)이고 C의 출력이 1이면 토글(J=1)된다. 따라서 C의 출력이 C단의 J의 입력이 된다.

〈표 10.7(h)〉 D단의 동작특성

입력		출력			
CLK		D	C	B	A
0	⌐⌐	0	0	0	0
1	⌐⌐	0	0	0	1
2	⌐⌐	0	0	1	0
3	⌐⌐	◎	(0)	1	1
4	⌐⌐	◎	1	0	0
5	⌐⌐	0	1	0	1
6	⌐⌐	0	1	1	0

입력		출력			
CLK		D	C	B	A
7	‾_	⓪	(1)	1 ↓	1
8	‾_	①	0	0	0
9	‾_	1	0	0	1
10	‾_	1	0	1	0
11	‾_	①	(0)	1 ↓	1
12(0)	‾_	⓪	0	0	0

D 단의 동작특성을 이용하여 회로를 구성하면 〈그림 10.16(d)〉와 같다.

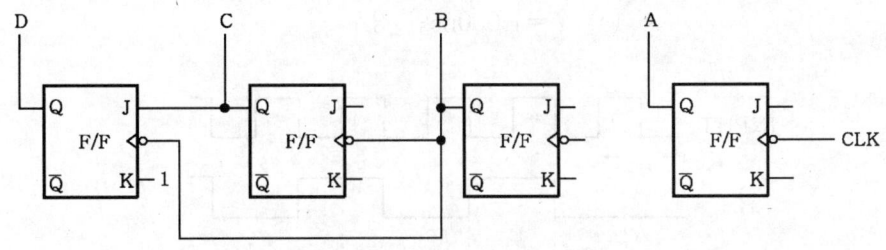

〈그림 10.16(d)〉 D단의 회로구성

A단, B단, C단, D단의 회로를 동시에 표시하면 〈그림 10.16(e)〉와 같다.

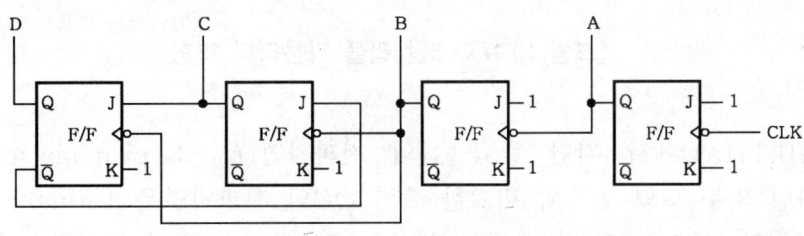

〈그림 10.16(e)〉 전체 회로도

5 비동기 카운터의 전파지연

비동기 카운터 즉, 리플 카운터는 기본적으로 전단의 출력을 입력으로 해서 동작하는 카운터로 각 단 플립플롭의 전파지연이 누적되는 문제점을 갖고 있다. 〈그림 10.17〉은 3단 리플 카운터의 경우 전파지연을 보여주고 있다.

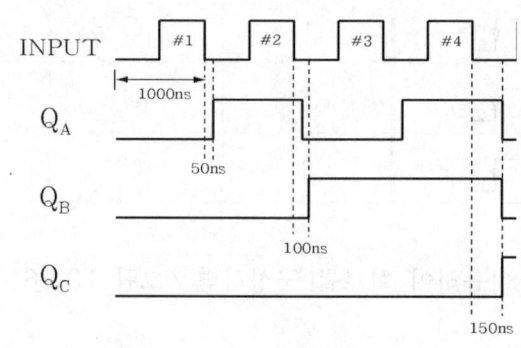

(a) T=1,000ns인 경우

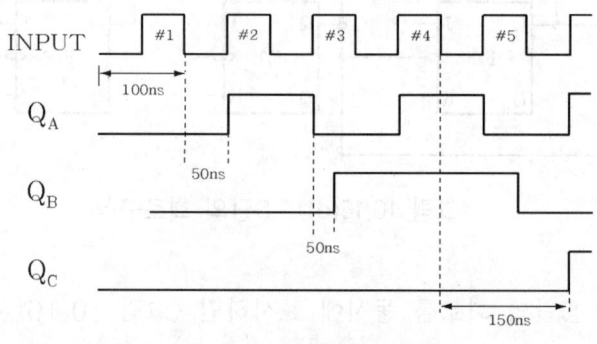

(b) T=100ns인 경우

〈그림 10.17〉 3단 리플 카운터의 파형

〈그림 10.17(a)〉에서 각단 플립플롭의 전파지연(t_{pd} : propagation delay)이 50ns라 하면 외부 입력 펄스와 비교한 출력 QC의 전파지연은 150ns가 된다. 이 경우 카운터는 정상적으로 동작한다. 〈그림 10.17(b)〉에서 각단 플립플롭의 전파지연이 50ns가 된다. 그러나 이 경우는 주기가 100ns 이므로 카운터에 네 번째 입력 펄스가 가해지는 경우 Q_C의 출력은 150ns 후에도 HIGH가 되지 않는다. 결국 다섯 번째 입력 펄스에 의해서 HIGH로 변한다. 그러므로 이러한 문제를 피하기 위해서는 입력 펄

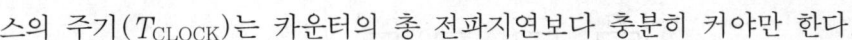

스의 주기(T_{CLOCK})는 카운터의 총 전파지연보다 충분히 커야만 한다.

$$T_{\text{CLOCK}} \geq N \times t_{\text{pd}} \quad (\text{단, N은 플립플롭의 단수})$$

그러므로 최대 사용주파수는 다음과 같이 구할 수 있다.

$$f_{\max} = \frac{1}{N \times t_{pd}}$$

TTL 데이터 북에 의하면 74390과 74393의 $f_{\max}=35\text{MHz}$까지 허용한다.

⑥ 그리치 현상

리플 카운터의 각단 플립플롭의 출력을 필요에 따라 〈그림 10.18(a)〉와 같이 외부에서 게이트로 조합하여 사용하는 경우 이를 디코더-게이트(decoser-gate)라 하며 이 경우 2단 플립플롭이므로 4가지 조합이 가능하다. 이때 각 단 플립플롭의 각기 다른 전파지연으로 인해서 디코더 게이트의 출력에는 짧은 시간의 잡음의 펄스가 발생할 수도 있다. 이를 글리치(Glitch) 또는 스파이크(Spike)라고 한다. 〈그림 10.18(a)〉는 MOD-4 리플 카운터와 디코더 게이트의 조합을 보여주고 있다.

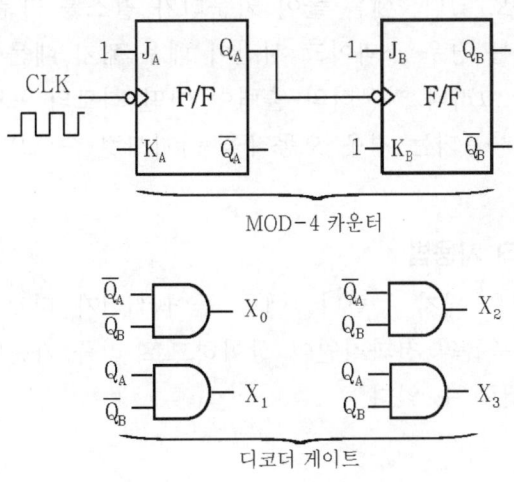

(a) 2단 리플 카운터와 디코더 게이트

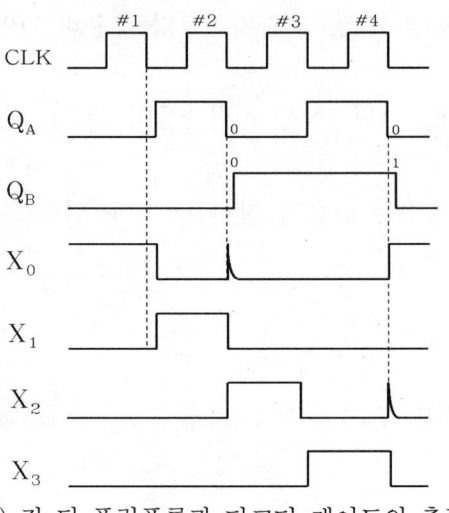

(b) 각 단 플립플롭과 디코더 게이트의 출력

〈그림 10.18〉 MOD-4 리플 카운터와 디코더 게이트

이 파형도에서 클록과 Q_A, Q_B 파형간에 전파지연이 있음을 기억해 두자. Q_A, Q_B 파형간의 전파지연에 의해서 X_0과 X_2 디코더 게이트 출력파형에서만 글리치가 발생한다. X_0은 00을 디코드하는 AND 게이트 #0 출력 파형으로서 Q_A, Q_B 파형의 전파지연 차에 의해서 수 ns의 순간적인 그리치 파형이 발행한다. X_2는 10을 디코드하는 AND 게이트 #2의 출력파형으로서 Q_A, Q_B 파형의 전파지연 차에 의해서 역시 동일한 글리치 현상이 발생한다.

이러한 글리치 현상은 카운터가 어느 용도로 사용되느냐에 따라서 문제가 될 수도 있고 그렇지 않을 수도 있다. 예를 들어 카운터가 펄스를 카운트하거나 그 결과를 표시하고자 할 때 사용하는 경우 스파이크 시간이 매우 짧기 때문에 이러한 글리치 현상은 문제가 되지 않는다. 그러나 카운터의 출력이 어떤 회로의 프리셋 단자나 클리어 단자 또는 트리거 신호로 사용되는 경우 오동작을 야기시킬 수 있다. 이 문제의 해결방법은 다음과 같다.

(1) 동기식 카운터 사용법

근본적인 해결책은 되지 못한다. 예를 들어 tpd가 다르고 어떤 플립플롭에 부하가 많은 경우 각 플립플롭의 전파지연이 상이하므로 리플 카운터에 비해 훨씬 작은 시간이지만 글리치가 발생할 수 있다.

(2) 스트로브 기법 사용

각 플립플롭이 하강에지 트리거에 의해서 안정 상태에 전부 도달할때까지 디코더 게이트가 0이 되도록 하는 방법으로 〈그림 10.19〉와 같이 스트로브 신호를 사용한다.

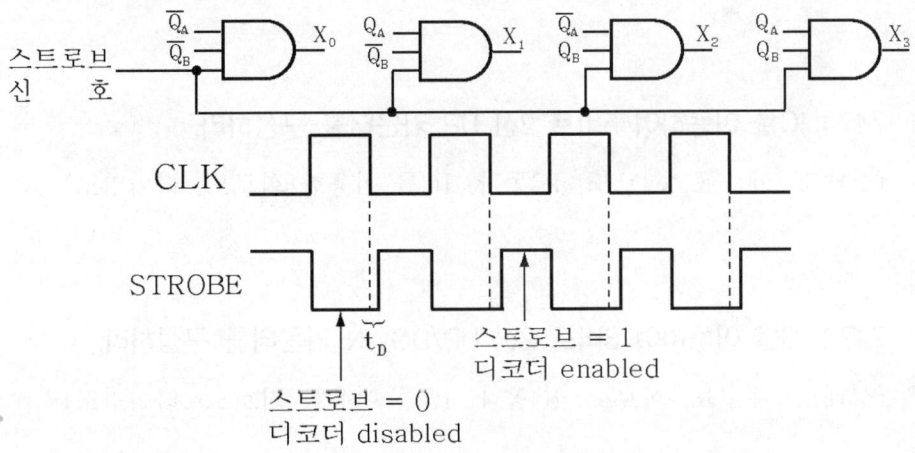

〈그림 10.19〉 디코더 게이트에서 글리치를 없애기 위한 스트로브 신호

여기서 스트로브 신호는 게이트에 있는 데이터를, 게이트를 열어 통과시키는 펄스나 데이터를 래치 등에 저장하는 신호이다. 〈그림 10.19〉에서 클록 펄스가 HIGH로 가면 스트로브 신호는 LOW에 있다. 스트로브가 LOW인 동안 해독 게이트 출력은 LOW를 유지한다. tD 후에 디코더 게이트를 인에이블 하기 위해 스트로브 신호가 HIGH로 가면 클록 펄스는 LOW로 간다. tD는 카운터 내에 있는 플립플롭의 수와 전파 지연 등을 고려하여 안정된 상태를 얻을 수 있도록 충분한 시간을 가져야 한다.

1. 7476 IC를 이용하여 3비트 2진 다운 카운터를 구성하라.

(상태도, 계수표, 회로도, IC동작, IC를 이용한 회로도, 타이밍도)

2. 7474 IC를 이용하여 5비트 2진 UP 카운터를 구성하라.

(상태도, 계수표, 회로도, IC동작, IC를 이용한 회로도, 타이밍도)

3. 7474 IC를 이용하여 3비트 2진 UP/DOWN 카운터를 구성하라.

(상태도, 계수표, 회로도, IC동작, IC를 이용한 회로도, 타이밍도)

4. 7493 IC를 이용하여 4비트 2진 카운터를 구성하고 설명하라.

5. <그림 10.16(e)>의 회로를 7476 IC를 이용하여 구성하라.

(상태도, IC동작, IC를 이용한 회로도, 타이밍도)

제 11 장 동기식 카운터와 시프트 레지스터

비동기 카운터의 가장 큰 단점은 각 단 플립플롭의 전파지연이 누적되어 최종 출력에 나타나는 것이었다. 이 문제를 해결한 동기(synchronous) 카운터는 각 플립플롭의 클록 단자가 외부 입력 펄스에 직접 연결되어 있어서 모든 플립플롭이 동시에 트리거되므로 플립플롭 한 단의 전파지연만 존재한다. 클록 단자가 각 플립플롭에 병렬로 연결되어 있으므로 병렬 카운터(parallel counter)라고도 한다.

플립플롭은 2진 정보를 저장하기 위하여 사용되고 있으나 일반적인 디지털 데이터는 1비트 이상의 비트열로 구성되어 있으므로 데이터를 저장하기 위해서는 여러 개의 플립플롭이 필요하다. 이렇게 여러 비트의 정보를 저장하기 위한 플립플롭들과 새로운 정보의 전송시기와 방법을 제어하는 게이트로 이루어진 회로를 레지스터라 한다.

1 동기식 카운터

동기식 카운터는 모든 플립플롭의 클록 단자에 연결하여 동시에 동작시키는 방식이다.
비동기식에 비하여 동작속도가 빠르지만 설계과정이 복잡하다. 설계하는 방법은 2가지가 있다.
　　① 여기표를 이용한 설계
　　② 상태방정식을 이용한 설계

1 동기식 10진 카운터 설계

플립플롭의 여기표에 따라 입력신호를 만들어 내는 과정이 필요하다. 10진 카운터의 계수표를 작성하면 〈표 11.1(a)〉와 같다.

〈표 11.1(a)〉 10진 카운터 계수표

	입력	출력			
	CLK	D	C	B	A
0	⌐⌐	0	0	0	0
1	⌐⌐	0	0	0	1
2	⌐⌐	0	0	1	0
3	⌐⌐	0	0	1	1
4	⌐⌐	0	1	0	0
5	⌐⌐	0	1	0	1
6	⌐⌐	0	1	1	0
7	⌐⌐	0	1	1	1
8	⌐⌐	1	0	0	0
9	⌐⌐	1	0	0	1

〈표 11.1(a)〉의 계수표를 이용하여 천이표를 작성하면 〈표 11.1(b)〉와 같다.

〈표 11.1〉(b) 10진 카운터의 천이표와 여기표

계수	현재 상태(t)				다음 상태($t+1$)				여기표			
	D	C	B	A	D	C	B	A	$J_D \ K_D$	$J_C \ K_C$	$J_B \ K_B$	$J_A \ K_A$
0	0	0	0	0	0	0	0	1	0 X	0 X	0 X	1 X
1	0	0	0	1	0	0	1	0	0 X	0 X	1 X	X 1
2	0	0	1	0	0	0	1	1	0 X	0 X	X 0	1 X
3	0	0	1	1	0	1	0	0	0 X	1 X	X 1	X 1
4	0	1	0	0	0	1	0	1	0 X	X 0	0 X	1 X
5	0	1	0	1	0	1	1	0	0 X	X 0	1 X	X 1
6	0	1	1	0	0	1	1	1	0 X	X 0	X 0	1 X

계수	현재 상태(t)				다음 상태($t+1$)				여기표							
	D	C	B	A	D	C	B	A	J_D	K_D	J_C	K_C	J_B	K_B	J_A	K_A
7	0	1	1	1	1	0	0	0	1	X	X	1	X	1	X	1
8	1	0	0	0	1	0	0	1	X	0	0	X	0	X	1	X
9	1	0	0	1	0	0	0	0	X	1	0	X	0	X	X	1

(1) A단의 회로 설계

A단의 천이표를 작성하면 〈표 11.1(c)〉와 같다.

〈표 11.1(c)〉 A단의 천이표

계수	현재 상태 A_t	다음 상태 A_{t+1}	JK 플립플롭의 입력 J_A	K_A
0	0	1	1	X
1	1	0	X	1
2	0	1	1	X
3	1	0	X	1
4	0	1	1	X
5	1	0	X	1
6	0	1	1	X
7	1	0	X	1
8	0	1	1	X
9	1	0	X	1

〈표 11.1(c)〉의 여기표에서 보듯이 A단은 현재 상태에서 다음 상태로 토글 동작하므로 $J_A = K_A = 1$을 설정하면 된다. 이 결과를 이용하여 회로를 구성하면 〈그림 11.1(a)〉와 같다.

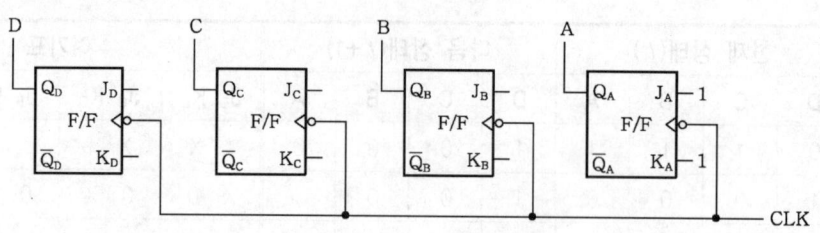

〈그림 11.1(a)〉 A단의 회로도

(2) B단의 회로설계

B단의 천이표를 작성하면 〈표 11.1(d)〉와 같다.

〈표 11.1(d)〉 B단의 천이표

계수	현재 상태	다음 상태	JK 플립플롭의 입력	
	B_t	B_{t+1}	J_B	K_B
0	0	0	0	X
1	0	1	1	X
2	1	1	X	0
3	1	0	X	1
4	0	0	0	X
5	0	1	1	X
6	1	1	X	0
7	1	0	X	1
8	0	0	0	X
9	0	0	0	X

〈표 11.1(d)〉의 천이표를 이용하여 논리식을 간략화하여 구하면 〈그림 11.1(b)〉와 같다.

J_B

D C \ B A	0 0	0 1	1 1	1 0
0 0	0	1	X	X
	0	1	3	2
0 1	0	1	X	X
	4	5	7	6
1 1	X	X	X	X
	12	13	15	14
1 0	0	0	X	X
	8	9	11	10

K_B

D C \ B A	0 0	0 1	1 1	1 0
0 0	X	X	1	0
	0	1	3	2
0 1	X	X	1	0
	4	5	7	6
1 1	X	X	X	X
	12	13	15	14
1 0	X	X	X	X
	8	9	11	10

(a) $J_D = \overline{D} A$ (b) $K_D = A$

〈그림 11.1(b)〉 B단의 간략화

〈그림 11.1(b)〉의 간략화된 논리식을 이용하여 B단의 회로를 구성하면 〈그림 11.1(c)〉와 같다.

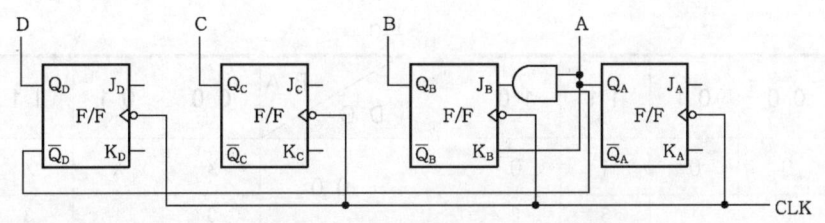

〈그림 11.1(c)〉 B단의 회로 구성

(3) C단의 회로설계

C단의 천이표를 작성하면 〈표 11.1(e)〉와 같다.

〈표 11.1(e)〉 C단의 천이표

계수	현재 상태 C_t	다음 상태 C_{t+1}	JK 플립플롭의 입력	
			J_C	K_C
0	0	0	0	X
1	0	0	0	X
2	0	0	0	X
3	0	1	1	X
4	1	1	X	0
5	1	1	X	0
6	1	1	X	0
7	1	0	X	1
8	0	0	0	X
9	0	0	0	X

〈표 11.1(e)〉의 천이표를 이용하여 논리식을 간략화하여 구하면 〈그림 11.1(d)〉와 같다.

J_C

D C \ B A	0 0	0 1	1 1	1 0
0 0	0 / 0	0 / 1	1 / 3	0 / 2
0 1	X / 4	X / 5	X / 7	X / 6
1 1	X / 12	X / 13	X / 15	X / 14
1 0	0 / 8	0 / 9	X / 11	X / 10

(a) $J_C = BA$

K_C

D C \ B A	0 0	0 1	1 1	1 0
0 0	X / 0	X / 1	X / 3	X / 2
0 1	0 / 4	0 / 5	1 / 7	0 / 6
1 1	X / 12	X / 13	X / 15	X / 14
1 0	X / 8	X / 9	X / 11	X / 10

(b) $K_C = BA$

〈그림 11.1(d)〉 C단의 간략화

〈그림 11.1(d)〉의 간략화된 논리식을 이용하여 회로를 구성하면 〈그림 11.1〉(e)와 같다.

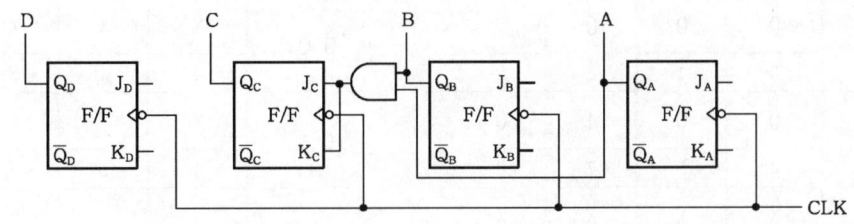

〈그림 11.1(e)〉 C단의 회로 구성

(4) D단의 회로설계

D단의 천이표를 작성하면 〈표 11.1(f)〉와 같다.

〈표 11.1(f)〉 D단의 천이표

계수	현재 상태	다음 상태	JK 플립플롭의 입력	
	D_t	D_{t+1}	J_D	K_D
0	0	0	0	X
1	0	0	0	X
2	0	0	0	X
3	0	0	0	X
4	0	0	0	X
5	0	0	0	X
6	0	0	0	X
7	0	1	1	X
8	1	1	X	0
9	1	0	X	1

〈표 11.1(f)〉의 천이표를 이용하여 논리식을 간략화하여 구하면 〈그림 11.1(f)〉와 같다.

J_D

D C \ B A	0 0	0 1	1 1	1 0
0 0	0	0	0	0
	0	1	3	2
0 1	0	0	1	0
	4	5	7	6
1 1	X	X	X	X
	12	13	15	14
1 0	X	X	X	X
	8	9	11	10

K_D

D C \ B A	0 0	0 1	1 1	1 0
0 0	X	X	X	0
	0	1	3	2
0 1	X	X	X	X
	4	5	7	6
1 1	X	X	X	X
	12	13	15	14
1 0	0	1	X	X
	8	9	11	10

(a) $J_D = CBA$　　　　　　　　　(b) $K_D = A$

〈그림 11.1(f)〉 D단의 간략화

간략화된 논리식을 이용하여 회로를 구성하면 〈그림 11.1(g)〉와 같다.

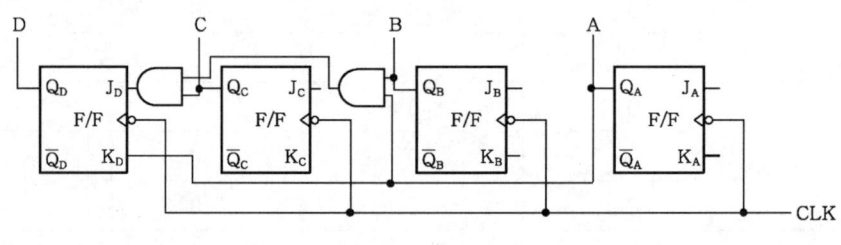

〈그림 11.1(g)〉 D단의 회로 구성

A단, B단, C단, D단을 모두 연결하여 회로를 구성하면 〈그림 11.1(h)〉와 같다.

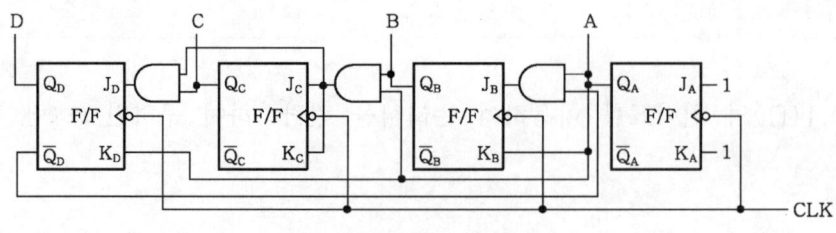

〈그림 11.1(h)〉 전체 회로도

 **문제 11-1**

　⬢➡ 동기식 10진 카운터를 D 플립플롭을 이용하여 설계하라.

　　(여기표, 회로도)

② 동기식 8진 카운터를 설계

동기식 8진 카운터를 설계하기 위해 계수표를 작성하면 〈표 11.2(a)〉와 같다.

〈표 11.2(a)〉 8진 카운터 계수표

입력		출력		
CLK		C	B	A
0	⌐¹_₀	0	0	0
1	⌐¹_₀	0	0	1
2	⌐¹_₀	0	1	0
3	⌐¹_₀	0	1	1
4	⌐¹_₀	1	0	0
5	⌐¹_₀	1	0	1
6	⌐¹_₀	1	1	0
7	⌐¹_₀	1	1	1

〈표 11.2(a)〉의 계수표를 이용하여 천이표를 작성하면 〈표 11.2(b)〉와 같다.

〈표 11.2(b)〉 8진 카운터 천이표와 여기표

계수	현재 상태(t)				다음 상태($t+1$)				여기표			
	D	C	B	A	D	C	B	A	J_D K_D	J_C K_C	J_B K_B	J_A K_A
0	0	0	0	0	0	0	0	1	0 X	0 X	0 X	1 X
1	0	0	0	1	0	0	1	0	0 X	0 X	1 X	X 1
2	0	0	1	0	0	0	1	1	0 X	0 X	X 0	1 X
3	0	0	1	1	0	1	0	0	0 X	1 X	X 1	X 1
4	0	1	0	0	0	1	0	1	0 X	X 0	0 X	1 X
5	0	1	0	1	0	1	1	0	0 X	X 0	1 X	X 1
6	0	1	1	0	0	1	1	1	0 X	X 0	X 0	1 X
7	0	1	1	1	1	0	0	0	1 X	X 1	X 1	X 1

(1) A단 회로 설계

A단의 천이표를 작성하면 〈표 11.2(c)〉와 같다.

〈표 11.2(c)〉 A단의 천이표

계수	현재 상태	다음 상태	JK 플립플롭의 입력	
	A_t	A_{t+1}	J_A	K_A
0	0	1	1	X
1	1	0	X	1
2	0	1	1	X
3	1	0	X	1
4	0	1	1	X
5	1	0	X	1
6	0	1	1	X
7	1	0	X	1

A단은 현재 상태에서 다음 상태로 토글 동작하므로 $J_A = K_A = 1$을 설정하면 된다. 이를 회로로 구성하면 〈그림 11.2(a)〉와 같다.

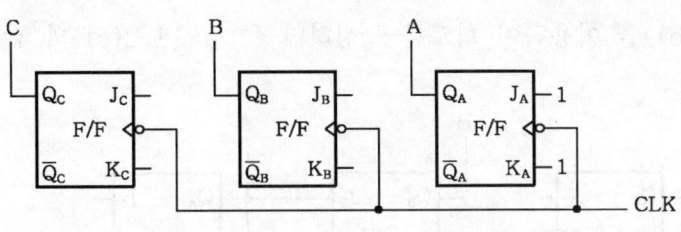

C   B   A

〈그림 11.2(a)〉 A단의 회로 구성

(2) B단의 회로 설계

B 단의 여기표를 작성하면 〈표 11.2(d)〉와 같다.

〈표 11.2(d)〉 B단의 천이표

계수	현재 상태 B_t	다음 상태 B_{t+1}	JK 플립플롭의 입력 J_B	K_B
0	0	0	0	X
1	0	1	1	X
2	1	1	X	0
3	1	0	X	1
4	0	0	0	X
5	0	1	1	X
6	1	1	X	0
7	1	0	X	1

〈표 11.2(d)〉를 이용하여 논리식을 간략화 하면 〈그림 11.2(b)〉와 같다.

J_B

C \ B A	0 0	0 1	1 1	1 0
0	0	1	X	X
	0	1	3	2
1	0	1	X	X
	4	5	7	6

(a) $J_B = A$

K_B

C \ B A	0 0	0 1	1 1	1 0
0	X	X	1	0
	0	1	3	2
1	X	X	1	0
	4	5	7	6

(b) $K_B = A$

〈그림 11.2(b)〉 B단의 간략화

〈그림 11.2(b)〉을 이용하여 회로를 구성하면 〈그림 11.2(c)〉와 같다.

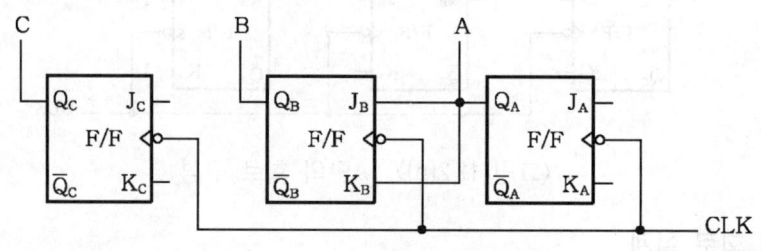

〈그림 11.2(c)〉 B단의 회로 구성

(3) C단의 회로 설계

C단의 회로를 설계하기 위해 천이표를 작성하면 〈표 11.2(e)〉와 같다.

〈표 11.2(e)〉 C단의 천이표

계수	현재 상태	다음 상태	JK 플립플롭의 입력	
	C_t	C_{t+1}	J_C	K_C
0	0	0	0	X
1	0	0	0	X
2	0	0	0	X
3	0	1	1	X
4	1	1	X	0
5	1	1	X	0
6	1	1	X	0
7	1	0	X	1

〈표 11.2(e)〉의 천이표를 이용하여 논리식을 간략화하여 구하면 〈그림 11.2(d)〉와 같다.

J_C

C \ B A	0 0	0 1	1 1	1 0
0	0	0	1	0
	0	1	3	2
1	X	X	X	X
	4	5	7	6

K_C

C \ B A	0 0	0 1	1 1	1 0
0	X	X	X	X
	0	1	3	2
1	0	0	1	0
	4	5	7	6

(a) $J_C = BA$ (b) $K_C = BA$

〈그림 11.2(d)〉 C단의 간략화

〈그림 11.2(d)〉를 이용하여 회로를 구성하면 〈그림 11.2(e)〉와 같다.

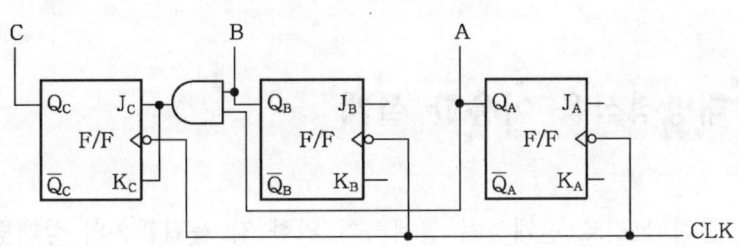

〈그림 11.2(e)〉 C단의 회로 구성

A단, B단, C단의 회로를 모두 연결하여 회로를 구성하면 〈그림 11.2(f)〉와 같다.

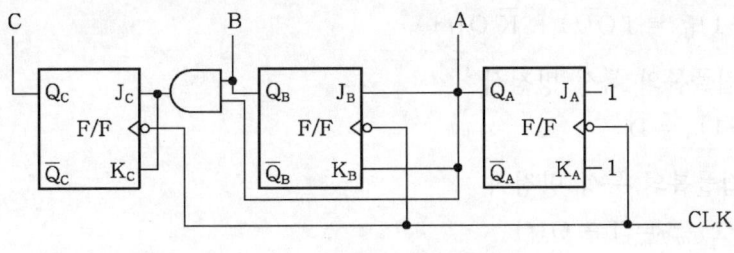

〈그림 11.2(f)〉 전체 회로도

 문제 11-2

➡ 동기식 8진 카운터를 D 플립플롭을 이용하여 설계하라.
(여기표, 회로도)

2 상태방정식을 이용한 설계

플립플롭의 출력 논리로 전개하여 설계하기 위한 각 플립플롭의 상태방정식을 정리하면 다음과 같다.

① RS 플립플롭의 특성 방정식

$$Q(t+1)_{RS} = S + \overline{R}\, Q(t)$$

② JK 플립플롭의 특성 방정식

$$Q(t+1)_{JK} = J\, \overline{Q(t)} + \overline{K}\, Q(t)$$

③ D 플립플롭의 특성 방정식

$$Q(t+1)_{D} = D$$

④ T 플립플롭의 특성 방정식

$$Q(t+1)_{tm\,T} = T \oplus Q(t)$$

1 JK 플립플롭을 이용한 5진 카운터 설계

JK 플립플롭을 이용한 5진 카운터를 설계하기 위해 계수표를 작성하면 〈표 11.3(a)〉와 같다.

〈표 11.3(a)〉 5진 카운터 계수표

입력		출력		
CLK		C	B	A
0	⌐⌐	0	0	0
1	⌐⌐	0	0	1
2	⌐⌐	0	1	0
3	⌐⌐	0	1	1
4	⌐⌐	1	0	0

〈표 11.3(a)〉의 계수표를 이용하여 천이표를 작성하면 〈표 11.3(b)〉와 같다.

〈표 11.3(b)〉 5진 카운터 천이표

계수	현재 상태(t)			다음 상태($t+1$)		
	C_t	B_t	A_t	C_{t+1}	B_{t+1}	A_{t+1}
0	0	0	0	0	0	1
1	0	0	1	0	1	0
2	0	1	0	0	1	1
3	0	1	1	1	0	0
4	1	0	0	0	0	0

〈표 11.3(b)〉를 이용하여 단 각별로 논리식을 간략화하면 다음과 같다.

(1) 각 단별 논리식의 간략화

① A 단의 간략화(A_{t+1})

C_t \ B_tA_t	0 0	0 1	1 1	1 0
0	1	0	0	1
	0	1	3	2
1	0	X	X	X
	4	5	7	6

$$A_{t+1} = \overline{C_t}\ \overline{A_t} = \overline{C_t + A_t}$$

② B단의 간략화(B_{t+1})

C_t \ $B_t A_t$	0 0	0 1	1 1	1 0
0	0	1	0	1
	0	1	3	2
1	0	X	X	X
	4	5	7	6

$$B_{t+1} = \overline{B_t}\, A_t + B_t\, \overline{A_t} = B_t \oplus A_t$$

③ C 단의 간략화(C_{t+1})

C_t \ $B_t A_t$	0 0	0 1	1 1	1 0
0	0	0	1	0
	0	1	3	2
1	0	X	X	X
	4	5	7	6

$$C_{t+1} = B_t\, A_t$$

(2) 각 단별 J, K의 입력에 대한 논리식 결정

① A 단의 J, K 입력의 논리식 결정

$$A_{t+1} = \overline{C_t}\,\overline{A_t}$$

$$Q_{t+1} = J\,\overline{Q_t} + \overline{K}\,Q_t$$

$$A_{t+1} = \overline{C_t}\,\overline{A_t} = \overline{C_t}\,\overline{A_t} + 0 \cdot A_t = J\,\overline{A_t} + \overline{K}A_t$$

$$J_A = \overline{C_t}, \quad K_A = 1$$

② B 단의 J, K 입력의 논리식 결정

$$B_{t+1} = \overline{B_t}\,A_t + B_t\,\overline{A_t}$$

$$Q_{t+1} = J\,\overline{Q_t} + \overline{K}\,Q_t$$

$$B_{t+1} = \overline{B_t}\,A_t + B_t\,\overline{A_t} = A_t\,\overline{B_t} + \overline{A_t}\,B_t = J\,\overline{B_t} + \overline{K}\,B_t$$

$$J_B = A_t, \quad K_B = A_t$$

③ C 단의 J, K 입력의 논리식 결정

$$C_{t+1} = B_t\,A_t$$

$$Q_{t+1} = J\,\overline{Q_t} + \overline{K}\,Q_t$$

$$C_{t+1} = B_t\,A_t = B_t\,A_t\,(C_t + \overline{C_t}) = B_t\,A_t\,C_t + B_t\,A_t\,\overline{C_t}$$

$$J_C = B_t\,A_t, \quad K_C = \overline{B_t\,A_t}$$

(3) 각 단별 J, K의 입력 논리식을 이용하여 회로 구성

① A단의 회로구성

$$J_A = \overline{C_t}, \; K_A = 1$$

위의 논리식을 이용하여 A 단의 회로를 구성하면 〈그림 11.3(a)〉와 같다.

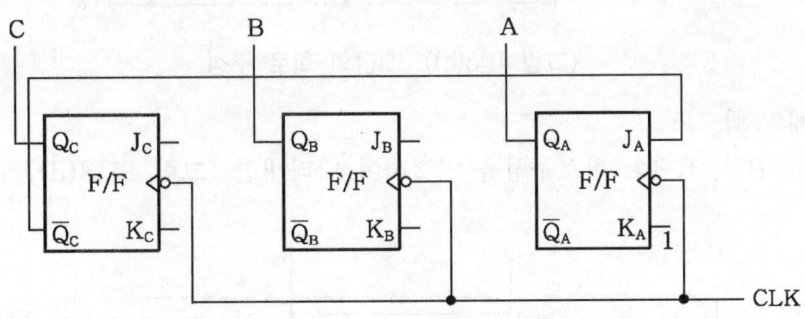

〈그림 11.3(a)〉 A단의 회로 구성

② B단의 회로구성

$$J_B = A_t, \; K_B = A_t$$

위의 논리식을 이용하여 B 단의 회로를 구성하면 〈그림 11.3(b)〉와 같다.

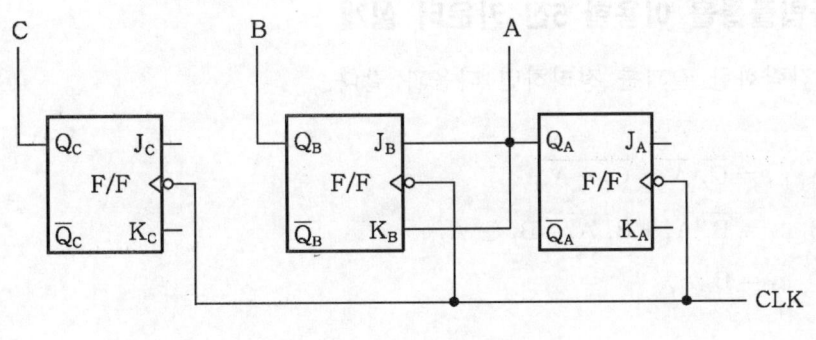

〈그림 11.3(b)〉 B단의 회로 구성

③ C단의 회로구성

$$J_C = B_t \, A_t, \quad K_C = \overline{B_t \, A_t}$$

위의 논리식을 이용하여 C 단의 회로를 구성하면 〈그림 11.3(c)〉와 같다.

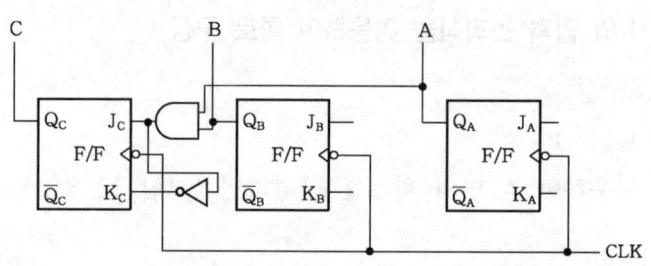

〈그림 11.3(c)〉 C단의 회로 구성

④ 전체의 회로도

A단, B단, C단의 회로구성을 연결하여 나타내면 〈그림 11.3(d)〉와 같다.

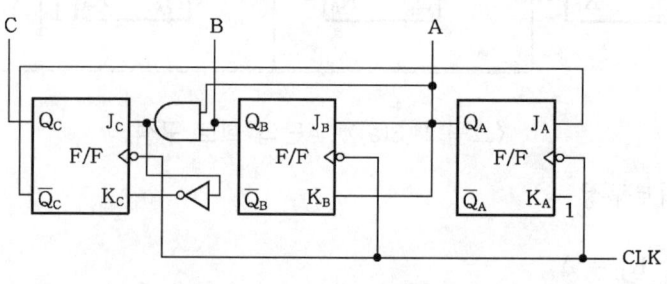

〈그림 11.3(d)〉 전체 회로도

❷ D 플립플롭을 이용한 5진 카운터 설계

위에서 간략화한 결과를 정리하면 다음과 같다.

$$A_{t+1} = \overline{C_t}\ \overline{A_t} = \overline{C_t + A_t}$$
$$B_{t+1} = \overline{B_t}\ A_t + B_t\ \overline{A_t} = B_t \oplus A_t$$
$$C_{t+1} = B_t\ A_t$$

위의 식을 D 플립플롭의 특성방정식에 적용하면 다음과 같다.

$$Q_{(t+1)_D} = D \text{이므로}$$
$$D_A = \overline{C_t + A_t}$$
$$D_B = B_t \oplus A_t$$
$$D_C = B_t\ A_t$$

위의 각 단의 논리식을 이용하여 회로를 구성하면 〈그림 11.4〉와 같다.

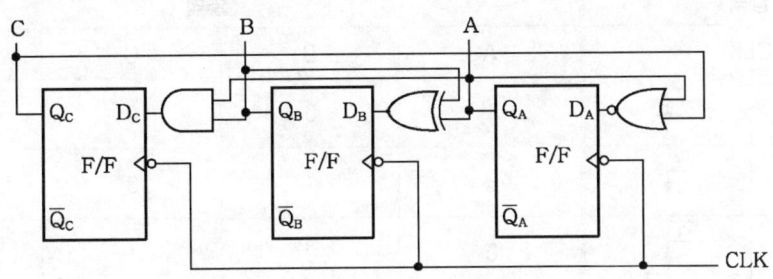

〈그림 11.4〉 D 플립플롭으로 구성한 5진 카운터

 문제 11-3

➡ 상태방정식을 이용하여 8진 카운터를 설계하라.

(상태방정식, 간략화된 논리식, 회로도)

③ 링 카운터

링 카운터(ring counter)는 클록이 인가되는 동안 단지 하나의 1이 처음 플립플롭에서 다음 플립플롭으로 계속 넘어가다가 다시 처음 플립플롭으로 돌아오는 카운터로서 MOD-N 링 카운터는 N단의 플립플롭이 필요하다.

① D 플립플롭을 이용한 4비트 링 카운터

4비트 링 카운터를 설계하기 위해 계수표를 작성하면 〈표 11.4〉와 같다.

〈표 11.4〉 4비트 링 카운터 계수표

입력		출력			
CLK		A	B	C	D
0	⌐⌐₀	1	0	0	0
1	⌐⌐₀	0	1	0	0
2	⌐⌐₀	0	0	1	0
3	⌐⌐₀	0	0	0	1

〈표 11.4〉에서 보인 바와 같이 4비트 링 카운터는 플립플롭이 4개가 필요하다. 〈그림 11.5〉는 D플립플롭을 이용한 4비트 링 카운터이다.

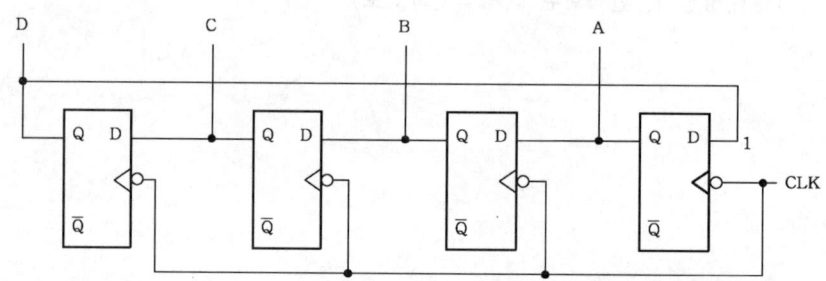

〈그림 11.5〉 D 플립플롭을 이용한 4비트 링 카운터 회로도

〈그림 11.5〉의 링 카운터를 동작시키기 위해서는 먼저 첫 번째단에 D="1"을 인가하고 CLK 1회 동작시킨 후 D="1"을 제거하면 링 카운터로 동작된다. 즉 초기값이 DCBA=0001 이어야 한다는 것이다.

❷ JK 플립플롭을 이용한 4비트 링 카운터

4비트 링 카운터의 계수표는 〈표 11.4〉와 같고 JK 플립플롭으로 구성된 4비트 링 카운터의 회로도는 〈그림 11.6〉과 같다.

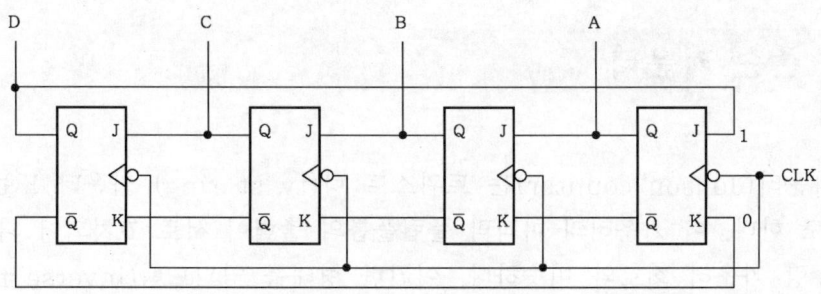

〈그림 11.6〉 JK 플립플롭으로 구성한 4비트 링 카운터 회로도

〈그림 11.6〉의 회로도를 동작시키기 위해서는 초기에 J="1", K="0"을 설정한 후 CLK 1회 동작시킨 다음 J="1", K="0"을 제거하면 계속 링카운터로 동작할 것이다. 즉 초기값이 DCBA=0001 이어야 링 카운터로 동작한다.

3 4비트 링 카운터의 타이밍도

4비트 링 카운터의 타이밍도를 그리면 〈그림 11.7〉과 같다. 〈그림 11.7〉은 동작과정중 중간 부분의 동작의 타이밍도를 그린 것이다. 〈그림 11.7〉에서 보듯이 1의 값이 계속 시프트하고 있고 계속 반복적으로 동작하고 있음을 알 수 있다.

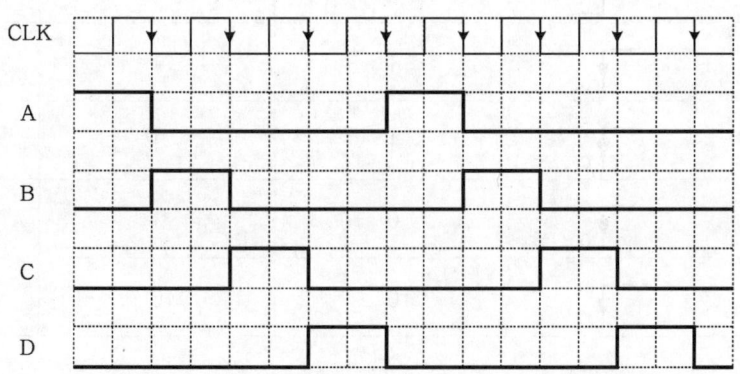

〈그림 11.7〉 4비트 링 카운터 타이밍도

 문제 11-4

➡ D 플립플롭을 이용해서 5비트 링 카운터를 설계하라.
(계수표, 회로도, 타이밍도)

4 존슨 카운터

존슨 카운터(Johson counter)는 트위스트 링(twist ring) 카운터 또는 시프트 카운터라고도 한다. 이 카운터의 마지막 플립플롭의 출력이 서로 교차되어 피드백되는 것 이외에는 링 카운터 회로와 비슷하다. 이러한 형태를 역피드백(inverse feedback)이라고도 한다.

1 D 플립플롭을 이용한 존슨 3비트 카운터의 설계

존슨 3비트 카운터를 설계하기 위해 계수표를 작성하면 〈표 11.5〉와 같다.

〈표 11.5〉 존슨 3비트 카운터 계수표

입력		출력		
CLK		A	B	C
0		0	0	0
1		1	0	0
2		1	1	0
3		1	1	1
4		0	1	1
5		0	0	1

D 플립플롭을 이용한 존슨 3비트 카운터의 회로를 구성하면 〈그림 11.8〉과 같다. 링 카운터에서는 C 단의 Q_C에서 A 단의 D_A로 피드백 시켰는데 존슨카운터는 C 단의 $\overline{Q_C}$에서 A 단의 D_A로 피드백시켰다는 차이점이 있다.

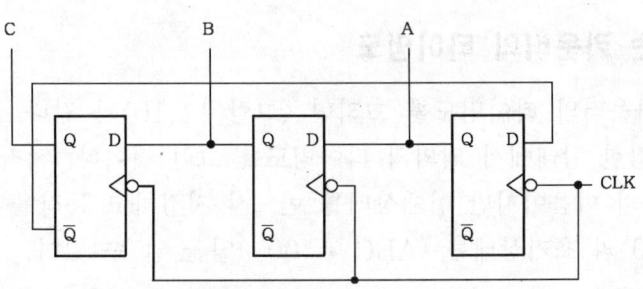

〈그림 11.8〉 플립플롭을 이용한 존슨 3비트 카운터 회로도

존슨 카운터를 초기에 동작시킬 때는 링 카운터처럼 초기값을 설정하지 않아도 된다. 어떠한 상태에서나 여러번 반복해서 클록을 동작시키면 항상 일정한 형태로 동작한다.

2 JK플립플롭을 이용한 존슨 3비트 카운터의 설계

JK 플립플롭을 이용한 존슨 3비트 카운터의 계수표는 〈표 11.5〉와 같으며 회로구성은 〈그림 11.9〉와 같다. 회로구성시 링 카운터와의 차이점은 J_A의 입력값이 링카운터에서는 C 단의 Q_C에서 피드백시켰는데 존슨 카운터에서는 C 단의 $\overline{Q}_C$에서 피드백시켰다는 것이 차이점이다. K_A의 입력값도 링 카운터에서는 C 단의 $\overline{Q}_C$에서 피드백시켰는데 존슨 카운터에서는 C 단의 Q_C에서 피드백시켰다는 것이 차이점이다.

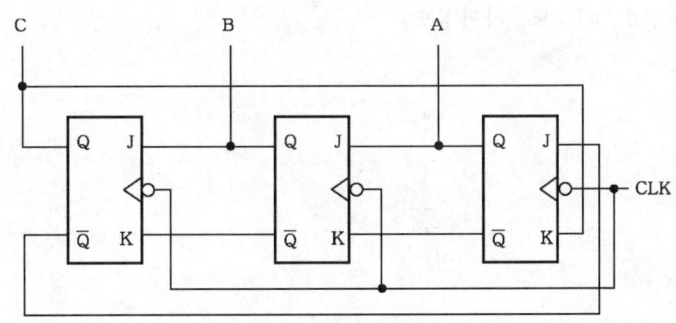

〈그림 11.9〉 JK 플립플롭을 이용한 존슨 3비트 카운터 회로도

JK 플립플롭으로 구성된 존슨 카운터도 링 카운터에서처럼 초기값을 인가하지 않아도 된다.

③ 3비트 존슨 카운터의 타이밍도

3비트 존슨 카운터의 타이밍도를 그리면 〈그림 11.10〉과 같다. 〈그림 11.10〉은 여러번 클록이 동작한 상태에서 임의의 타이밍도를 그린 것이다. 시작점을 어느 부분에서 잡느냐는 학습자의 마음이지만 현재상태를 반드시 지정하고 동작을 시켜야 한다는 것이다. 〈그림 11.10〉의 초기상태는 (ABC = 001)임을 알 수 있다.

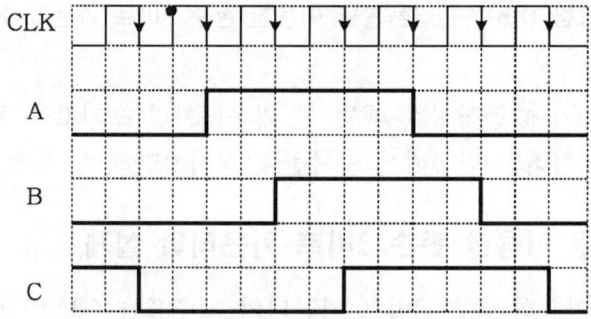

〈그림 11.10〉 3비트 존슨 카운터의 타이밍도

 문제 11-5

➡ 4비트 존슨 카운터를 D 플립플롭으로 설계하라.

(계수표, 회로도, 타이밍도)

⑤ 레지스터

레지스터는 여러 비트를 일시적으로 저장하는 기억장치로 사용하며 클록을 인가함으로써 좌우로 한 비트씩 데이터를 시프트하여 2진수의 곱셈이나 나눗셈을 하는 연산장치에도 사용된다. 그리고 컴퓨터 또는 회로 내의 병렬 데이터를 단일 회선을 통해 전송하고 원래 데이터로 환원하기 위해서도 사용된다.

카운터는 입력 펄스가 들어오면 미리 정해진 상태순서에 따라 변하는 레지스터의 일종으로서 카운터 내부의 게이트가 미리 정해진 상태에 따라서 순서가 변하도록 구성되어 있다.

레지스터는 에지 트리거되는 플립플롭으로 구성되어 있으며 레벨 트리거되는 동기식 래치로 구성되었을 때는 레지스터라 하지 않고 단순히 래치(latch)라고 한다.

1 레지스터의 종류

레지스터를 구성하는 모든 플립플롭들이 동시에 트리거되어 데이터를 받아들이는 병렬 입출력 레지스터를 병렬(parallel) 레지스터라 한다. 그 이외에 데이터가 한 번에 한비트씩 인가되거나 동시에 적재되더라고 한 비트씩 자리 이동을 하면서 출력되는 것을 직렬(serial) 레지스터 또는 시프트(shift) 레지스터라고 한다. 그러므로 레지스터는 이들의 입출력 조합과 데이터 이동방향에 의해서 다음과 같이 4가지로 분류할 수 있다.

① 직렬입력- 병렬출력 레지스터
② 병렬입력- 병렬출력 레지스터
③ 병렬입력- 직렬출력 레지스터
④ 직렬입력- 직렬출력 레지스터

위의 4가지 형태를 그림으로 나타내면 〈그림 11.11〉과 같다.

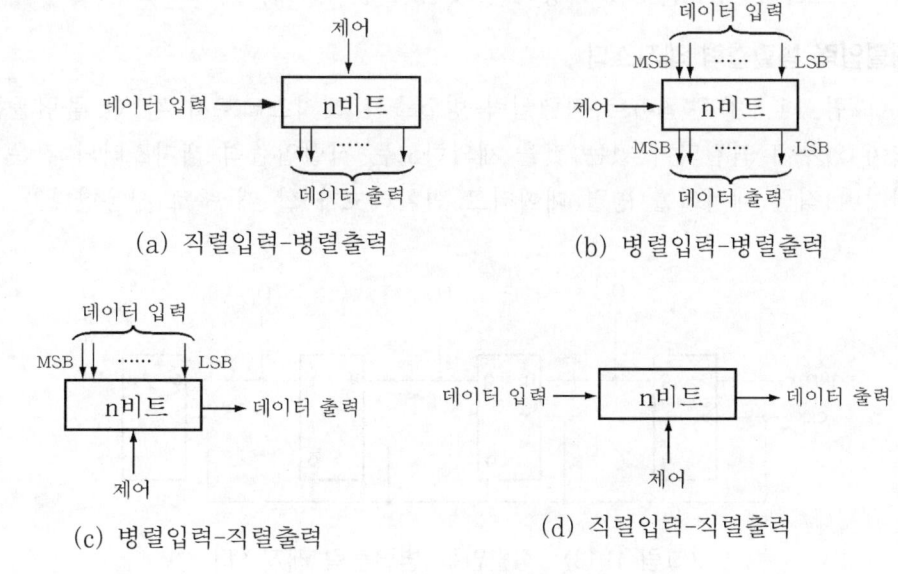

(a) 직렬입력-병렬출력

(b) 병렬입력-병렬출력

(c) 병렬입력-직렬출력

(d) 직렬입력-직렬출력

〈그림 11.11〉 레지스터의 종류

(1) 병렬 입출력 레지스터

〈그림 11.12〉는 4비트 병렬 입출력 레지스터로서 일반적으로 출력단자가 3상태 버퍼로써 버스에 연결되어 있다. $I_3 \sim I_0$의 입력데이터를 $O_3 \sim O_0$ 출력 버스에 전송하기 위해서는 우선 $\overline{WR}$에 의해서 병렬 데이터를 각 단의 플립플롭에 적재한다.

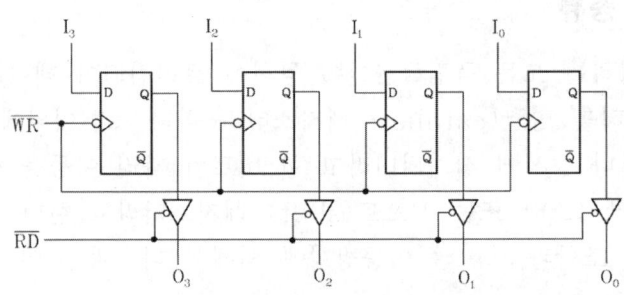

〈그림 11.12〉 병렬 입출력 레지스터

$\overline{RD}$=LOW이면 출력버스에 실리고, $\overline{RD}$=HIGH이면 3상태 버퍼의 출력단이고 임피던스 상태가 되어 다른 레지스터의 데이터를 버스에 실을 수 있다. 이 경우 중요한 것은 각 레지스터에 클록이 인가되지 않고 데이터 전송을 위해서 컴퓨터의 $\overline{WR}$ 제어신호를 사용하였다는 것이다. 병렬 입출력 레지스터의 경우는 클록 펄스보다는 $\overline{WR}$신호를 사용하는 것이 일반적이다.

(2) 직렬입력-병렬출력 레지스터

〈그림 11.13〉은 4비트 직렬입력-병렬출력 레지스터로서 각 단 플립플롭을 출력이 외부에 연결되어 있는 것을 제외하고는 직렬입출력 레지스터와 같은 구조를 가지며 직렬 데이터를 병렬 데이터로 변환하고자 할 때 주로 사용한다.

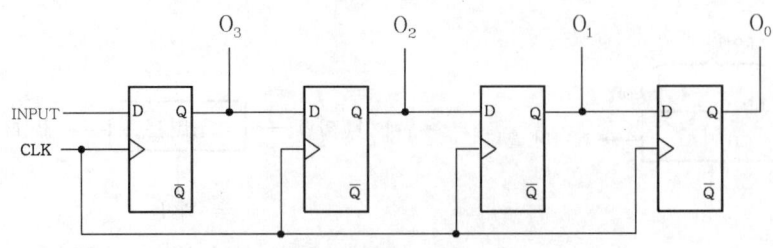

〈그림 11.13〉 직렬입력-병렬출력 레지스터

회로도에서 병렬 데이터를 얻기 위해서는 4비트 데이터가 레지스터에서 시프트가 완료되는 4번째 클록 펄스, 8번째 클록 펄스, 12번째 클록 펄스 등에서 읽어들이면 된다. 이 회로에서는 LSB 비트부터 데이터가 입력되고 있다.

(3) 병렬입력-직렬출력 레지스터

〈그림 11.14〉는 4비트 병렬입력-직렬출력 레지스터로서 병렬 데이터를 직렬 데이터로 변환하고자 할 때 주로 사용된다.

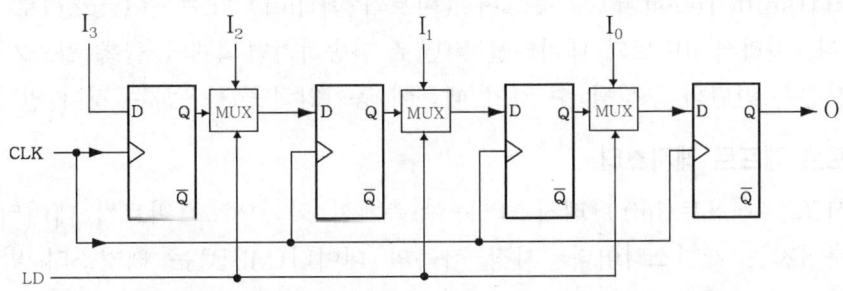

〈그림 11.14〉 병렬입력-직렬출력 레지스터

각 단 플립플롭의 입력 데이터는 병렬 입력 데이터 I와 전단의 출력 Q가 있다. LD=HIGH 이면 I와 D가 연결되고 LD=LOW이면 Q와 D가 연결되므로 LD에 의해서 I나 Q가 플립플롭의 D 단자에 인가되어 클록의 상승 에지 트리거에서 각 출력 Q에 나타난다.

(4) 직렬 입출력 레지스터

〈그림 11.15〉는 4비트 직렬 입출력 레지스터로서 직렬 데이터가 인가되면 클록이 인가될 때마다 다음 단으로 데이터가 시프트된다.

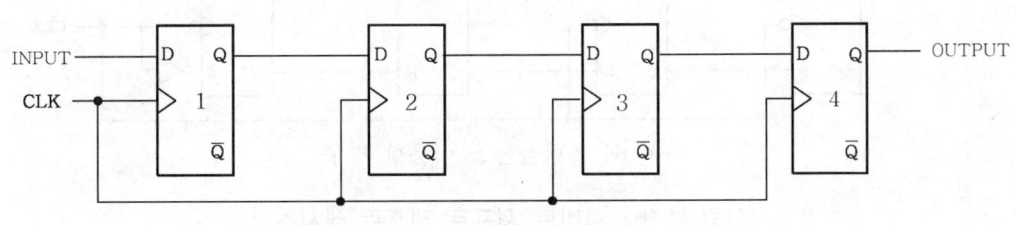

〈그림 11.15〉 직렬 입·출력 레지스터

그러므로 시프트하고자 하는 데이터가 4비트이면 클록 펄스가 4번 인가된 후

Q4에 첫 번째 비트가 나타나고 클록 펄스가 일곱 번 인가된 후에야 4번 비트 전부가 Q4를 통해 출력된다.

❷ 시프트 레지스터

내부적으로 1비트씩의 데이터를 사용할 경우 혹은 먼 거리에 데이터를 전송하기 위하여는 비용의 절감을 위하여 고속의 동작이 필요없는 직렬전송(serial transfer)방식을 사용한다. 이 때 직렬 데이터 전송 레지스터가 필요하다. 직렬전송 레지스터는 시프트 레지스터(shift register)라 부르며 1비트씩 좌(left) 또는 우(right)로 자리 이동(shift)한다. 따라서 4비트의 데이터를 직렬로 전송하려면 4개의 클록 펄스가 필요하다. 또 직렬 전송은 간단히 구성될 수 있기 때문에 동기입력을 사용하는 것이 일반적이다.

(1) 시프트 레프트 레지스터

시프트 레프트(left) 레지스터는 우측에서 좌측으로 1비트씩 데이터의 이동이 이루어지는 레지스터이다. 가장 좌측의 데이터(MSB)는 레지스터 밖으로 출력(shift out)되며 내부에서는 1비트씩 자리 이동(shift left), 가장 우측의 플립플롭은 외부로부터 입력을 받아들일 수 있다. 〈그림 11.16〉은 D 플립플롭과 JK 플립플롭으로 구성된 4비트 시프트 레프트 레지스터를 나타낸 것이다.

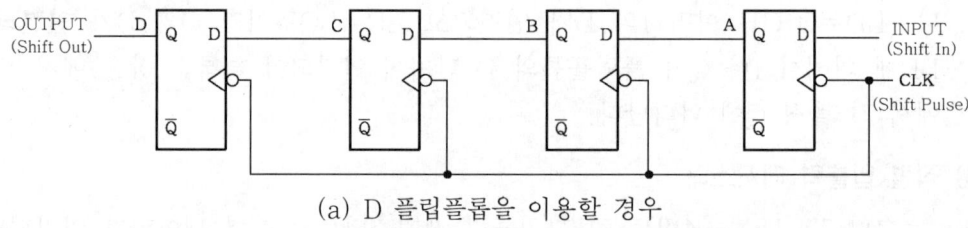

(a) D 플립플롭을 이용할 경우

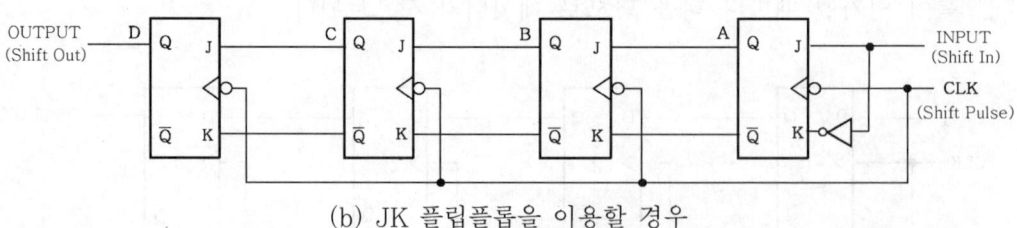

(b) JK 플립플롭을 이용할 경우

〈그림 11.16〉 4비트 시프트 레프트 레지스터

〈표 11.6〉은 초기상태가 0000이었고 외부로부터 입력되는 입력값이 1일 때 클록의 입력에 따라 시프트되는 동작을 보여주고 있다.

〈표 11.6〉 4비트 시프트 레프트 레지스터의 동작(left)

CLK		출력 (shift out)	D	C	B	A	입력 (shift in)
0	⌐↓₀	◎	◎	0	◎	0	●
1	⌐↓₀	◎	0	◎	0	●	1
2	⌐↓₀	0	◎	0	●	1	①
3	⌐↓₀	◎	0	●	1	①	1
4	⌐↓₀	0	●	1	①	1	

② 시프트 라이트 레지스터

시프트 라이트(right) 레지스터는 오른쪽으로 자리 이동이 이루어지는 레지스터로 LSB가 출력되고, MSB로 입력이 이루어진다. 이는 직렬가산기의 논리에 필요한 레지스터이기도 하다. 〈그림 11.17〉은 D 플립플롭과 JK 플립플롭을 이용한 시프트 라이트 레지스터를 나타낸 것이다.

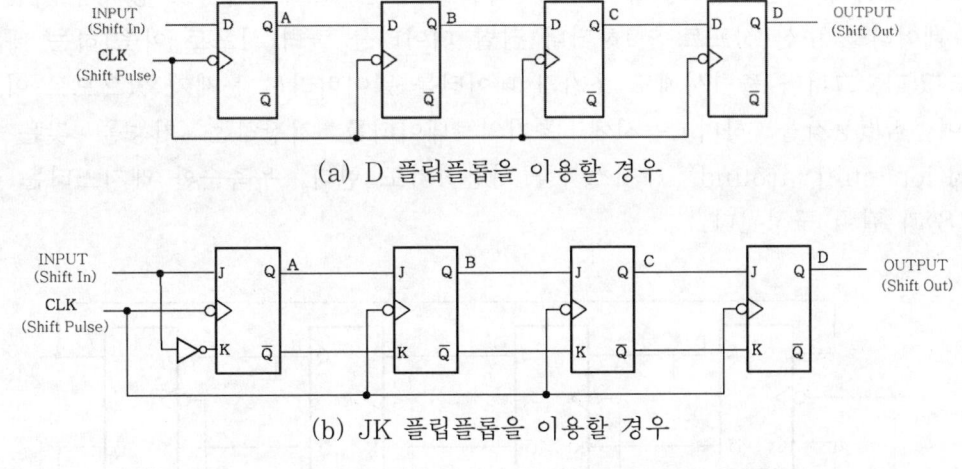

(a) D 플립플롭을 이용할 경우

(b) JK 플립플롭을 이용할 경우

〈그림 11.17〉 4비트 시프트 라이트 레지스터

시프트 라이트 레지스터의 동작은 시프트 레프트 레지스터의 동작과 반대 방향인 점만 제외하면 동일한 동작을 보여준다. 〈표 11.7〉은 초기 상태 1111에서 외부로부터

0101이 입력될 경우의 동작을 보여준다. 4개의 펄스가 인가된 후에는 외부로부터의 입력이 1010(LSB부터 0101)이 저장된 상태가 된다.

〈표 11.7〉 4비트 시프트 라이트 레지스터의 동작

CLK		입력 (shift in)	D	C	B	A	출력 (shift out)
0	↴	⓪	1	❶	1	①	
1	↴	1	Ⓞ	1	❶	1	①
2	↴	⓪	1	Ⓞ	1	❶	1
3	↴	1	Ⓞ	1	Ⓞ	1	❶
4	↴		1	Ⓞ	1	Ⓞ	1

③ 순환 레지스터

순환 레지스터(rotation register 또는 shift around register)는 시프트인과 시프트 아웃 데이터가 존재한다. 즉 시프트 레프트 혹은 시프트 라이트 동작시 직렬 전송되는 데이터를 수신(시프트 인)하거나 직렬 데이터를 출력(시프트 아웃)하는 데 사용할 수 있다. 그러나 출력시에도 초기의 데이터를 잃어버리는 문제가 있으므로 이를 개선하여 직렬동작을 하며 동시에 초기의 데이터를 저장하는 기능을 갖는 순환(rotation shift around) 레지스터를 사용하기도 한다. 우측순환 레지스터는 〈그림 11.18〉과 같이 구성된다.

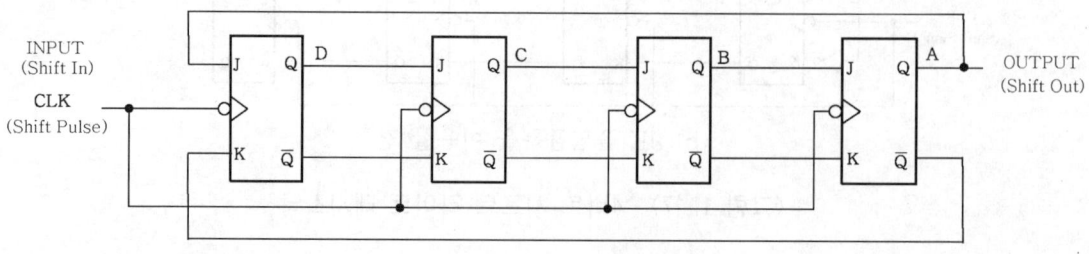

〈그림 11.18〉 우측순환 레지스터

시프트 아웃 동작은 정상적으로할 수 있으며 시프트 아웃되는 데이터는 다시 MSB로 시프트 인시켜 4개의 펄스로 데이터를 직렬출력하며 4개의 펄스 후에는 다시 원래의 데이터를 유지한다. 이 동작과정은 〈표 11.8〉에 나타내었다.

〈표 11.8〉 우측 순환 레지스터의 동작

CLK		D	C	B	A	출력 (shift out)
0	⌐↓	1	❶	◎	①→	①
1	⌐↓	①	1	❶	◎→	◎
2	⌐↓	◎	①	1	❶→	❶
3	⌐↓	❶	◎	①	1→	1
4	⌐↓	1	❶	◎	①→	1

1. 7476IC를 이용하여 동기식 9진 카운터를 설계하라.(여기표를 이용)

(계수표, 회로도, IC를 적용한 회로도)

2. 7474IC를 이용하여 동기식 15진 카운터를 설계하라.(여기표를 이용)

(계수표, 회로도, IC를 적용한 회로도)

3. 7476IC를 이용하여 동기식 11진 카운터를 설계하라.(상태방정식을 이용)

(계수표, 회로도, IC를 적용한 회로도)

4. 7474IC를 이용하여 동기식 15진 카운터를 설계하라.(상태방정식을 이용)

(계수표, 회로도, IC를 적용한 회로도)

5. 74164IC의 기능을 진리표로 설명하고 직렬입력-병렬출력 시프트 레지스터를 구성하라.

6. 74174IC의 기능을 진리표로 설명하고 병렬 입출력 레지스터를 구성하라.

8. 74165IC의 기능을 설명하고 직렬입력-직렬출력 레지스터를 구성하라.

9. 74194IC의 기능을 설명하고 양방향 시프트 레지스터를 구성하라.

경기도 파주시 교하읍 문발리 출판문화정보산업단지 536-3 TEL:031)955-0511 FAX:031)955-0510

패스 통신선로 산업기사

구기준 著/4 · 6배판/1,000p/정가 30,000원

이 책은 최단 시일 내에 통신선로 산업기사 필기 시험에 대비할 수 있도록 출제기준 항목별로 상세히 요점정리한 수험서입니다. 각 단원별로 예상문제, 매년 중점적으로 출제되고 있는 빈도 높은 문제 및 이후 계속해서 출제될 가능성이 높은 문제를 엄선하여 구성하였습니다. 마지막 정리가 필요한 수험생들에게 최적의 지침서가 될 것입니다.

패스 전자회로설계 산업기사

김기준 · 박건우 共著/4 · 6배판/760p/정가 28,000원

전자회로설계 산업기사는 2002년도에 신설된 현대 사회에서 요구하는 기술분야에 대한 미래지향적인 자격 종목으로서 그 중요성은 매우 높다고 할 수 있습니다. 이 책은 좀더 쉽고 빠른 시간에 자격 검정을 대비할 수 있는 수험서로서 출제 기준 항목별로 요점 정리를 하였으며, 빈도 높은 문제 및 이후 계속 출제될 가능성이 높은 문제를 최단 기간 내에 학습할 수 있도록 하여 가장 능률적으로 자격 시험에 대비할 수 있도록 하였습니다.

C 언어를 이용한 80C196KC와 MicroMouse

송봉길 외 2인 共著/4 · 6배판/508p/정가 28,000원/PCB 기판 첨부, CD 포함

이 책은 마이크로 컨트롤러를 배우는 데 가장 어려운 부분인 C 언어를 이용하여 컴파일러를 세팅하는 부분을 초보자와 중급자에게 유용하도록 상세히 설명하였습니다. 그리고 이 책에서 사용하는 PCB 기판을 부록으로 첨부하여 이 보드를 이용하여 테스트 보드를 꾸며 보고, 마이크로마우스를 본문에 실어주어 응용력을 키울 수 있도록 하였습니다.

예제로 배우는 제어용 DSP

김도윤 著/4 · 6배판/412p/정가 20,000원/부록 CD 1매 포함

이 책은 다음과 같은 일을 하고자 하시는 분들께 적합합니다. 1. 마이크로컨트롤러를 이용하여 DC 모터를 제어하고자 할 때 2, 기존에 사용하던 마이크로컨트롤러를 좀더 빠른 마이크로컨트롤러로 대치하고자 할 때 3. 다양한 통신 기능을 가진 마이크로컨트롤러가 필요할 때 4. PWM 파형 생성, A/D 변환기, 시리얼 통신, 엔코더 카운팅 기능들을 원칩으로 구현하고자 할 때 5. 마이크로 마우스, 축구 로봇 등 소형 로봇을 제작하고자 할 때 6. 이 밖의 각종 제어기 설계용으로 마이크로컨트롤러를 사용하고자 할 때

자동화를 위한 센서공학

김원회 · 김준식 共著/4 · 6배판/364p/정가 15,000원

본 교재에서는 Codevision AVR과 IAR C 컴파일러를 중심으로 다루었으며, 특히 C 언어의 사용을 중심으로 설명하였다. 프로세서마다 니모닉이 다르고 소스 프로그램 관리가 어려운 어셈블리 언어에 비해 C 언어로 프로그램을 작성하면 새로운 프로세서로 변경하는 경우에도 소스 프로그램을 조금만 수정함으로써 바로 실행 가능한 프로그램을 만들 수 있다.

패스 전자산업기사

전자기사검정연구회 編/4 · 6배판/1,180p/정가 30,000원

이 책은 출제기준 항목별로 요점정리를 상세하게 하여 내용을 체계적으로 파악할 수 있게 하였으며 적중성 높은 문제들을 엄선하여 기본 문제와 그에 따른 응용, 파생 문제에 대한 해석 능력을 배양할 수 있도록 하였다. 각 문제마다 상세한 해설을 하였으므로 혼자 공부하기에도 역시 어려움이 없도록 하였다. 부록에는 최근에 출제된 전자산업기사 문제를 수록하여 최근의 출제 경향을 쉽게 파악할 수 있도록 하였다.

PIC16F84의 기초+α

이희문 著/4 · 6배판/634p/정가 20,000원/부록 CD 1매 포함

- 여러 가지 실용 표시소자를 다루고 있다.
- 자주 쓰이는 루틴을 독립시켰다.
- 활용도 높은 예제를 다루었다.
- MPLAB-IDE를 구체적으로 설명했다.
- CCS-C를 통한 C언어 프로그래밍을 다루었다.
- 다양한 PIC 시리즈를 활용할 수 있도록 향후 공부할 방향을 제시했다.

AVR ATmega128 마이크로컨트롤러

송봉길 著/심귀보 監修/4 · 6배판/760p/정가 39,000원/부록 CD 1매 포함

이 책은 펌웨어엔지니어가 되고 싶은 분들을 위하여 마이크로컨트롤러의 사용법을 AVR ATmega128을 예로 들어 소개한 것이다. 마이크로컨트롤러는 제조회사마다 동작하는 명령어나 동작 신호가 상이한 것도 있지만 그 기본적인 개념은 거의 동일하다. 이 책을 통하여 AVR ATmega128의 기본적인 사용법을 배움으로써 다른 마이크로컨트롤러에 대해서도 쉽게 이해할 수 있을 것이다.

※본사의 사정에 따라 정가가 변동될 수 있습니다.

디지털공학(논리회로 설계와 응용)

정가 : 18,000원

지은이 : 백주기 · 장홍주
펴낸이 : 이 종 춘

펴낸곳 : 성안당.com

주 소 : 경기도 파주시 교하읍 문발리
출판문화정보산업단지 536-3
전 화 : (031)955-0511
팩 스 : (031)955-0510
등 록 : 1973.2.1 제13-12호

2006. 8. 4 초판1쇄인쇄
2006. 8. 11 초판1쇄발행

© 2006 백주기, 장홍주

ISBN 89-315-3189-3

독자 상담 서비스 : 080-544-0511

홈페이지 : **www.cyber.co.kr**

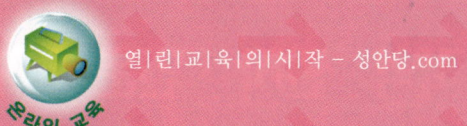

열|린|교|육|의|시|작 – 성안당.com

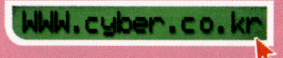
www.cyber.co.kr

철저한 수강자 중심 교육

@인터넷 동영상 강의

www.cyber.co.kr 교육몰

✔ 입증된 저자 직강   ✔ 고화질 · 고음질 등 최상의 온라인 서비스   ✔ 1:1 원격 교육방식을 통한 철저한 회원 관리

기술사분야	소방분야 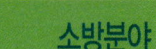	환경분야	컴퓨터분야
IT분야	통신분야 	건축분야	인문/실용분야
전기분야	안전분야	사회복지사분야	공무원분야
기계분야(품질경영)	전자분야	정보처리분야	속독 · 기억/한자분야

성안당과 함께 하는 **인터넷 동영상 강의** 여러분의 실력을 **쑥쑥!!**

since1973 도서출판 · IT
🔺성안당 .com
www.cyber.co.kr / www.sungandang.com

동영상 강의 · 통신판매 · 각종수험정보 · 도서정보

Tel : (031)955-0888

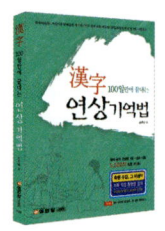

수질환경

→ 수질환경(산업)기사

강사	이승원 선생
수강기간	100일
수강료	200,000원
교재	35,000원

→ 수질환경(산업)기사 실기 (실험)

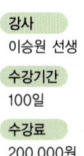

강사	이승원 선생
수강기간	100일
수강료	150,000원
교재	25,000원

→ 수질환경(산업)기사 실기 실험

강사	평혜림 선생
수강기간	100일
수강료	50,000원
교재	25,000원

→ 과년도 수질환경(산업)기사 (30일특강)

강의 준비중

강사	이승원 선생
수강기간	60일
수강료	200,000원
교재	30,000원

대기환경

→ 대기환경(산업)기사

강사	이승원 선생
수강기간	100일
수강료	200,000원
교재	35,000원

→ 대기환경(산업)기사 실기 (실험)

강사	이승원 선생
수강기간	100일
수강료	150,000원
교재	20,000원

→ 대기환경(산업)기사 실기 실험

강사	이철한 선생
수강기간	100일
수강료	50,000원
교재	20,000원

→ 과년도 수질환경(산업)기사 (30일특강)

강의 준비중

강사	이승원 선생
수강기간	60일
수강료	200,000원
교재	28,000원

폐기물

→ 폐기물처리(산업)기사

강사	이승원 선생
수강기간	100일
수강료	200,000원
교재	30,000원

→ 폐기물처리(산업)기사 실기

강사	이승원 선생
수강기간	100일
수강료	150,000원
교재	10,000원

이 책은 성안당의 인터넷 동영상 강의 교재로, 국가기술검정(환경분야)의 다양한 출제경향과 깊이를 가늠하여 출제경향과 수험서의 이질적 공백을 최소화하는데 전력을 다하였다.

특히 암기위주의 단편적인 수험서를 탈피하기 위해서 보편적인 원리와 법칙에 입각한 공정의 이해와 수식의 전개과정, 기초개념을 토대로 한 응용과 단위환산기법에 주력하였다.

토양환경

→ 토양환경기사

강사	이승원 선생
수강기간	100일
수강료	150,000원
교재	25,000원

→ 토양환경기사 실기

강사	이승원 선생
수강기간	100일
수강료	150,000원
교재	25,000원

이 책은 한국산업인력공단의 출제기준에 의거하여 각 단원을 정리하였고, 암기위주의 단편적인 수험서를 탈피하기 위하여 개념과 원리를 보다 세심하게 정리하였으며, 공정의 경우는 독자의 이해를 극대화하기 위해 그 흐름을 도시화 하였다.

특히, 서술형 주관식 또는 기술사시험에 응시할 수 있는 자료로 활용할 수 있도록 각 단원을 서술형 답안지 형태로 편집하였을 뿐만 아니라 용어의 정리를 보다 철저하게 하여 독자들이 사전을 찾는 수고스러움이 없도록 하다. 그리고 반드시 암기해 두어야 할 중요한 내용이나 용어는 진한 고딕체로 표시하여 출제가 예상되는 중요 단원을 한 눈에 파악할 수 있도록 하다.

성안당 인터넷 동영상 강의

환경 분야 Ⅱ

기술사

▶ 대기관리기술사

출간예정

강사
이승원 선생
수강기간
180일
수강료
1,000,000원

▶ 수질관리기술사

출간예정

강사
이승원 선생
수강기간
180일
수강료
1,000,000원
해설집
350,000원

▶ 건설안전기술사

출간예정

강사
김순채 선생
수강기간
365일
수강료
1,000,000원
해설집
300,000원

▶ 건설기계기술사

강사
김순채 선생
수강기간
365일
수강료
1,000,000원
교재
60,000원

▶ 소방기술사

출간예정

강사
김순채 선생
수강기간
365일
수강료
800,000원
해설집
300,000원

▶ 건축시공기술사

강사
박상훈 선생
수강기간
365일
교재
80,000원

▶ 토질 및 기초 기술사

출간예정

강사
김순채 선생
수강기간
365일
수강료
1,000,000원
해설집
350,000원

공무원

▶ 환경공학 개론(3강좌) (수질공학, 대기공학, 폐기물·소음진동)

수강기간
100일
수강료
200,000원
(3강좌 모두 신청시)
교재
39,000원

분야별 신청시

수질공학 개론
- 강 사 : 평혜림 선생
- 수강기간 : 100일
- 수 강 료 : 80,000원

대기공학 개론
- 강 사 : 이철한 선생
- 수강기간 : 100일
- 수 강 료 : 80,000원

폐기물 · 소음진동 개론
- 강 사 : 이승원, 서영민 선생
- 수강기간 : 100일
- 수 강 료 : 80,000원

▶ 9급 공무원 한국사

강사
김대식 선생
수강기간
60일
수강료
50,000원
교재
15,000원

▶ 10급 공무원 한국사

강사
김대식 선생
수강기간
30일
수강료
50,000원
교재
24,000원

▶ 일반 화학 (환경직 공무원)

강사
김경하 선생
수강기간
100일
수강료
120,000원
(교재비 포함)
교재
20,000원

소음

▶ 소음진동(산업)기사 필기

강사
이승원 선생
서영민 선생
수강기간
100일
수강료
200,000원
교재
20,000원

성안당 인터넷 동영상 강의

소방 분야

소방설비 기사 필기 (전기)

강사
공하성 선생

수강기간
100일

수강료
200,000원

교재
33,000원

소방설비 산업기사 필기 (전기)

강사
공하성 선생

수강기간
100일

수강료
200,000원

교재
33,000원

이 책은 학원 강의를 듣듯 정말 자세하게 설명해 놓았습니다. 시험의 기출문제를 분석해 보면 문제은행식으로 과년도 문제가 매년 거듭 출제되고 있음을 알 수 있습니다. 그러므로, 과년도 문제만 충실히 풀어보아도 쉽게 합격할 수 있을 것입니다.

그런데, 2004년 5월 29일부터 소방관련법령이 전면 개정됨으로써 "소방관계법규"는 2005년부터 신법에 맞게 새로운 문제들이 출제됩니다. 본 서는 여기에 중점을 두어 신법에 맞는 출제가능한 문제들을 최대한 많이 수록하였고, 해답의 근거를 표기하여 신뢰성을 높였다.

공하성 저 / 1,064쪽 / 32,000원(요점노트, 모의고사, 해설가리개 포함)

소방설비 기사 실기 (전기)

강사
공하성 선생

수강기간
100일

수강료
150,000원

교재
33,000원

소방설비 산업기사 실기 (전기)

강사
공하성 선생

수강기간
100일

수강료
150,000원

교재
33,000원

이 책은 학원 강의를 듣듯 정말 자세하게 설명해 놓았습니다. 책을 한 장 한 장 넘길 때마다 확연하게 느낄 것입니다. 또한, 기존 시중에 있는 다른 책들의 잘못 설명된 부분에 대해 지적해 놓음으로써 여러 권의 책을 가지고 공부하는 독자들에게 혼동의 소지가 없도록 하였다.

소방설비기사의 기출문제를 분석해보면 문제은행식으로 과년도 문제가 매년 거듭 출제되고 있습니다. 그러므로 과년도 문제만 풀어보아도 충분히 합격할 수 있다는 점에 중점을 두어 국내 최대의 과년도 문제를 실었고, 각 문제마다 중요도를 표시하여 구분을 확실히 하였다.

공하성 저 / 1,032쪽 / 33,000원(요점노트, 모의고사, 해설가리개 포함)

과년도 소방설비 산업기사 실기(전기)

강사
공하성 선생

수강기간
100일

수강료
200,000원

교재
23,000원

소방시설 관리사

강사
공하성 선생

수강기간
100일

수강료
350,000원

교재
50,000원

이 책은 전문 Engineer가 되기 위한 많은 수험생들과 소방공무원, 현장실무자들을 위한 수험서이다.

소방안전관리론 및 화재역학, 소방수리학, 약제화학 및 소방 전기를 비롯하여 위험물의 성상 및 시설기준, 소방시설의 구조 및 원리를 100% 상세히 설명하였고 소방시설관리사의 출제경향을 완전 분석하여 출제 가능한 문제들로만 최대한 많이 수록하였다.

공하성 저 / 1,088쪽 / 50,000원(요점노트, 모의고사, 해설가리개 포함)

소방설비 기사 필기 (기계)

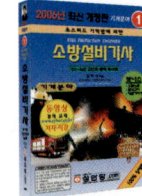

강사
공하성 선생

수강기간
100일

수강료
200,000원

교재
33,000원

소방설비 산업기사 필기 (기계)

강사
공하성 선생

수강기간
100일

수강료
200,000원

교재
33,000원

이 책은 학원 강의를 듣듯 정말 자세하게 설명해 놓았습니다. 시험의 기출문제를 분석해 보면 문제은행식으로 과년도 문제가 매년 거듭 출제되고 있음을 알 수 있습니다. 그러므로, 과년도 문제만 충실히 풀어보아도 쉽게 합격할 수 있을 것입니다.

그런데, 2004년 5월 29일부터 소방관련법령이 전면 개정됨으로써 "소방관계법규"는 2005년부터 신법에 맞게 새로운 문제들이 출제됩니다. 본 서는 여기에 중점을 두어 신법에 맞는 출제가능한 문제들을 최대한 많이 수록하였고, 해답의 근거를 표기하여 신뢰성을 높였다.

공하성 저 / 1,032쪽 / 32,000원(요점노트, 모의고사, 해설가리개 포함)

소방설비 기사 실기 (기계)

강사
공하성 선생

수강기간
100일

수강료
150,000원

교재
33,000원

소방설비 산업기사 실기 (기계)

강사
공하성 선생

수강기간
100일

수강료
150,000원

교재
33,000원

이 책은 학원 강의를 듣듯 정말 자세하게 설명해 놓았습니다. 책을 한 장 한장 넘길 때마다 확연하게 느낄 것입니다. 또한, 기존 시중에 있는 다른 책들의 잘못 설명된 부분에 대해 지적해 놓음으로써 여러 권의 책을 가지고 공부하는 독자들에게 혼동의 소지가 없도록 하였다.

소방설비기사의 기출문제를 분석해보면 문제은행식으로 과년도 문제가 매년 거듭 출제되고 있습니다. 그러므로 과년도 문제만 풀어보아도 충분히 합격할 수 있다는 점에 중점을 두어 국내 최대의 과년도 문제를 실었고, 각 문제마다 중요도를 표시하여 구분을 확실히 하였다.

공하성 저 / 1,072쪽 / 33,000원(요점노트, 모의고사, 해설가리개 포함)

since1973 도서출판·iT
성안당 .com
www.cyber.co.kr / www.sungandang.com

동영상 강의·통신판매·각종수험정보·도서정보

Tel : (031)955-0888

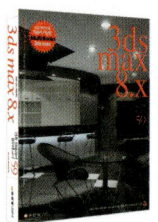

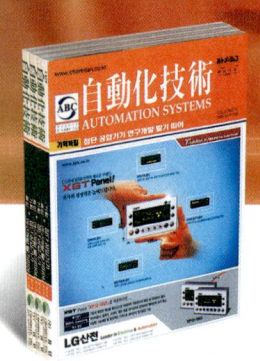

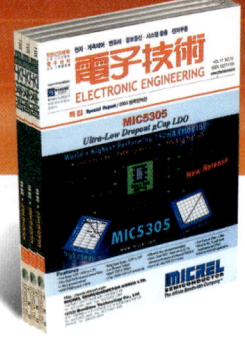

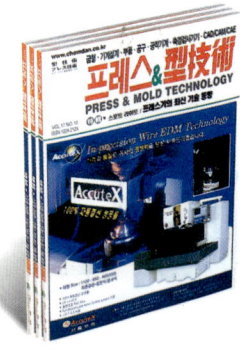

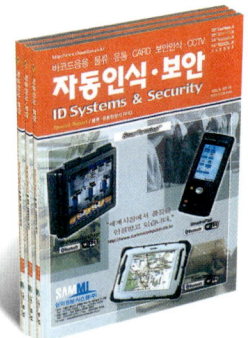
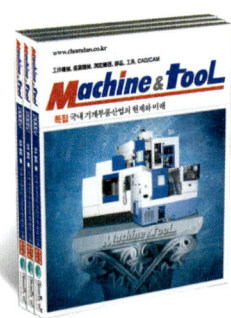